ENERGÍA Y AGUA

Montaje y mantenimiento de instalaciones solares térmicas

Montaje eléctrico de instalaciones solares térmicas

eRodio

FPE FORMACIÓN PROFESIONAL para el EMPLEO

©Ediciones Rodio, S. Coop. And.
Primera edición, agosto 2015 (430 páginas)
Diseño de portada: Ediciones Rodio, S. Coop. And.
Edita: Ediciones Rodio, S. Coop. And.
Alameda de Hércules, 32-33. 1.ª planta. 41002-Sevilla
Teléfono: 955 28 74 84
Fax: 955 09 38 48
www.edicionesrodio.com
info@edicionesrodio.com
ISBN: 978-84-16232-70-3

Índice

Presentación

Este Manual desarrolla, con rigor y profundidad, el Módulo Formativo: MF0603_2: "Montaje eléctrico de instalaciones solares térmicas".

Dicho Módulo pertenece al Certificado de Profesionalidad ENAE0208: "Montaje y mantenimiento de instalaciones solares térmicas" (RD 1967/2008, de 28 de noviembre, modificado por el RD 617/2013, de 2 de agosto) con Nivel de cualificación profesional: 2, de la Familia Profesional de "Energía y agua".

Los contenidos oficiales están desarrollados completamente y expuestos con claridad, dotándolos de una estructura lógica y didáctica adaptada a la materia tratada.

En cada capítulo se incluyen actividades y ejercicios prácticos, con objeto de comprender, asimilar y memorizar los contenidos expuestos. Al final del libro, encontrará el solucionario de dichos ejercicios.

En nuestra página web **www.micertificadoprofesionalidad.com** *encontrará información adicional sobre este Certificado de Profesionalidad.*

La Formación Profesional para el empleo y los certificados de profesionalidad

Los Certificados de Profesionalidad

Regulados por el Real Decreto 34/2008, de 18 de enero, son el instrumento de acreditación oficial de las cualificaciones profesionales del Catálogo Nacional de Cualificaciones Profesionales en el ámbito de la administración laboral.

Acreditan el conjunto de competencias profesionales que capacitan para el desarrollo de una actividad laboral identificable en el sistema productivo sin que ello constituya regulación del ejercicio profesional.

Tienen carácter oficial y validez en todo el territorio nacional y son expedidos por el Servicio Público de Empleo Estatal y los órganos competentes de las Comunidades Autónomas.

Se obtienen a través de dos vías:

- Superando todos los módulos que integran el certificado de profesionalidad.
- Siguiendo los procedimientos establecidos para la evaluación y acreditación de las competencias profesionales adquiridas a través de la experiencia laboral o de vías no formales de formación.

Por otro lado, el Real Decreto 189/2013, de 15 de marzo, tiene por objeto introducir las modificaciones de la regulación de los certificados de profesionalidad en relación con el nuevo contrato para la formación y el aprendizaje, con la formación profesional dual, así como en relación con su oferta e implantación y con aquellos aspectos que dan garantía de calidad al sistema. También, normaliza los requerimientos para la acreditación de centros con oferta de teleformación, así como de sus tutores-formadores, amplía la participación en la oferta formativa a los centros de iniciativa privada y a las empresas y establece medidas para favorecer la gestión eficaz de esta oferta y para mejorar el seguimiento de la calidad en el desarrollo de la actividad formativa.

El Catálogo Nacional de Cualificaciones Profesionales (CNCP)

Es el instrumento del Sistema Nacional de las Cualificaciones y Formación Profesional (SNCFP) que ordena las cualificaciones profesionales susceptibles de reconocimiento y acreditación, identificadas en el sistema productivo en función de las competencias apropiadas para el ejercicio profesional.

Comprende las cualificaciones profesionales más significativas del sistema productivo español, organizadas en familias profesionales y niveles. Constituye la base para elaborar la oferta formativa de los títulos y los certificados de profesionalidad.

El CNCP incluye el contenido de la formación profesional asociada a cada cualificación, de acuerdo con una estructura de módulos formativos articulados.

Familias Profesionales y Niveles de Cualificación

<table>
<tr><th>FAMILIAS PROFESIONALES</th><th colspan="2">NIVELES DE CUALIFICACIÓN</th></tr>
<tr><td rowspan="5">– Agraria
– Marítimo-Pesquera
– Industrias Alimentarias
– Química
– Imagen Personal
– Sanidad
– Seguridad y Medio Ambiente
– Fabricación Mecánica
– Electricidad y Electrónica
– Energía y Agua
– Instalación y Mantenimiento
– Industrias Extractivas
– Transporte y Mantenimiento de Vehículos
– Edificación y Obra Civil
– Vidrio y Cerámica
– Madera, Mueble y Corcho
– Textil, Confección y Piel
– Artes Gráficas
– Imagen y Sonido
– Informática y Comunicaciones
– Administración y Gestión
– Comercio y Marketing
– Servicios Socioculturales y a la Comunidad
– Hostelería y Turismo
– Actividades Físicas y Deportivas
– Artes y Artesanías</td><td>Nivel 1</td><td>Competencia en un conjunto reducido de actividades simples, dentro de procesos normalizados. Conocimientos y capacidades limitados.</td></tr>
<tr><td>Nivel 2</td><td>Competencia en actividades determinadas que pueden ejecutarse con autonomía. Capacidad de utilizar instrumentos y técnicas propias. Conocimientos de fundamentos técnicos y científicos de la actividad del proceso.</td></tr>
<tr><td>Nivel 3</td><td>Competencia en actividades que requieren dominio de técnicas y se ejecutan con autonomía. Responsabilidad de supervisión de trabajo técnico y especializado. Comprensión de los fundamentos técnicos y científicos de las actividades y del proceso.</td></tr>
<tr><td>Nivel 4</td><td>Competencia en un amplio conjunto de actividades complejas. Diversidad de contextos con variables técnicas científicas, económicas u organizativas. Responsabilidad de supervisión de trabajo y asignación de recursos. Capacidad de innovación para planificar acciones, desarrollar proyectos, procesos, productos o servicios.</td></tr>
<tr><td>Nivel 5</td><td>Competencia en un amplio conjunto de actividades muy complejas ejecutadas con gran autonomía. Diversidad de contextos que resultan, a menudo, impredecibles. Planificación de acciones y diseño de productos, procesos o servicios. Responsabilidad en dirección y gestión.</td></tr>
</table>

MINISTERIO DE EMPLEO Y SEGURIDAD SOCIAL — SERVICIO PÚBLICO DE EMPLEO ESTATAL

Familia profesional: **ENERGÍA Y AGUA**

Área profesional: **Energías renovables**

FONDO SOCIAL EUROPEO
El FSE invierte en tu futuro

FICHA DE CERTIFICADO DE PROFESIONALIDAD

(ENAE0208) MONTAJE Y MANTENIMIENTO DE INSTALACIONES SOLARES TÉRMICAS (RD 1967/2008, de 28 de noviembre, modificado por el RD 617/2013, de 2 de agosto)

COMPETENCIA GENERAL: Realizar el montaje, puesta en servicio, operación y mantenimiento de instalaciones solares térmicas, con la calidad y seguridad requeridas y cumpliendo la normativa vigente. Estas actividades se realizarán bajo la supervisión de un técnico que posea el carné profesional en instalaciones térmicas de edificios (RITE).

NIV.	Cualificación profesional de referencia	Unidades de competencia		Ocupaciones o puestos de trabajo relacionados:
2	ENA190_2 MONTAJE Y MANTENIMIENTO DE INSTALACIONES SOLARES TÉRMICAS (RD 1228/2006 de 27 de octubre de 2006)	UC0601_2	Replantear instalaciones solares térmicas	• 3131.1142 Técnicos de sistemas de energías alternativas. • 7294.1010 Instaladores de energía solar por tuberías. • 7294.1032 Montadores de placas de energía solar. • 7294.1021 Instaladores de sistemas de energía solar térmica. • Mantenedor de instalaciones solares térmicas. • Montador de instalaciones solares térmicas.
		UC0602_2	Montar captadores, equipos y circuitos hidráulicos de instalaciones solares térmicas	
		UC0603_2	Montar circuitos y equipos eléctricos de instalaciones solares térmicas	
		UC0604_2	Poner en servicio y operar instalaciones solares térmicas	
		UC0605_2	Mantener instalaciones solares térmicas	

Correspondencia con el Catálogo Modular de Formación Profesional

H. Q	Módulos certificado	H. CP	Unidades formativas	Horas
90	MF00601_2: Replanteo de instalaciones solares térmicas	90		90
180	MF00602_2: Montaje mecánico e hidráulico de instalaciones solares térmicas	120	**UF0189:** Prevención y seguridad en el montaje mecánico e hidráulico de instalaciones solares térmicas	30
			UF0190: Organización y montaje mecánico e hidráulico de instalaciones solares térmicas	90
90	MF00603_2: Montaje eléctrico de instalaciones solares térmicas	90		90
60	MF00604_2: Puesta en servicio y operación de instalaciones solares térmicas	60		60
120	MF00605_2: Mantenimiento de instalaciones solares térmicas	60		60
	MP0043: Módulo de prácticas profesionales no laborales	160		
540	**Duración horas totales certificado de profesionalidad**	580	**Duración horas módulos formativos**	420

Capítulo inicial

El Certificado de Profesionalidad

I. Identificación del certificado

Denominación: **Montaje y mantenimiento de instalaciones solares térmicas.**

Código: **ENAE0208**.

Familia Profesional: **Energía y agua**.

Área profesional: **Energías renovables**.

Nivel de cualificación profesional: **2**

Cualificación profesional de referencia:

ENA190_2: Montaje y mantenimiento de instalaciones solares térmicas (RD 1.228/2006, de 27 de octubre)

Relación de unidades de competencia que configuran el certificado de profesionalidad:

UC0601_2: Replantear instalaciones solares térmicas.

UC0602_2: Montar captadores, equipos y circuitos hidráulicos de instalaciones solares térmicas.

UC0603_2: Montar circuitos y equipos eléctricos de instalaciones solares térmicas.

UC0604_2: Poner en servicio y operar instalaciones solares térmicas.

UC0605_2: Mantener instalaciones solares térmicas.

Competencia general:

Realizar el montaje, puesta en servicio, operación y mantenimiento de instalaciones solares térmicas, con la calidad y seguridad requeridas y cumpliendo la normativa vigente.

Estas actividades se realizarán bajo la supervisión de un técnico que posea el carné profesional en instalaciones térmicas de edificios. (RITE)

Entorno Profesional:

Ámbito profesional:

Desarrolla su actividad profesional en las pequeñas, medianas y grandes empresas, públicas o privadas, dedicadas a realizar el montaje, la explotación y el mantenimiento de instalaciones solares térmicas para la producción de agua caliente sanitaria o para el apoyo a sistemas de calefacción y otros usos.

Sectores productivos:

Se ubica en el sector energético, subsector de energías renovables, en las actividades productivas en que se realiza el montaje, la explotación y el mantenimiento de instalaciones solares térmicas para la producción de agua caliente sanitaria o para el apoyo a sistemas de calefacción y otros usos.

Ocupaciones o puestos de trabajo relacionados:

Técnico de sistemas de energías alternativas.

Instalador de energía solar por tuberías.

Montador de placas de energía solar.

Montador de instalaciones solares térmicas.

Instalador de sistemas de energía solar térmica.

Mantenedor de instalaciones solares térmicas.

Duración de la formación asociada: 580 horas.

Relación de módulos formativos y de unidades formativas.

MF0601_2: Replanteo de instalaciones solares térmicas. (90 horas)

MF0602_2: Montaje mecánico e hidráulico de instalaciones solares térmicas. (120 horas)

UF0189: Prevención y seguridad en el montaje mecánico e hidráulico de instalaciones solares térmicas. (30 horas)

UF0190: Organización y montaje mecánico e hidráulico de instalaciones solares térmicas. (90 horas)

MF0603_2: Montaje eléctrico de instalaciones solares térmicas. (90 horas)

MF0604_2: Puesta en servicio y operación de instalaciones solares térmicas. (60 horas)

MF0605_2: Mantenimiento de instalaciones solares térmicas. (60 horas)

MP0043: Módulo de prácticas profesionales no laborales de Montaje y mantenimiento de instalaciones solares térmicas. (160 horas)

II. Perfil profesional

Unidad de competencia 3

Denominación: **Montar circuitos y equipos eléctricos de instalaciones solares térmicas.**

Nivel: **2**

Código: **UC0603_2**

Realizaciones profesionales y criterios de realización

RP1: Preparar y organizar el montaje de circuitos y equipos eléctricos de instalaciones solares térmicas con arreglo al correspondiente proyecto y programa de montaje.

CR1.1 La secuencia del montaje se establece a partir de planos y documentación técnica, optimizando el proceso en cuanto a seguridad, método y tiempo.

CR1.2 Los materiales, herramientas y otros recursos técnicos necesarios se seleccionan adecuadamente al tipo de instalación a realizar.

CR1.3 La recepción de componentes se realiza inspeccionando y evaluando el estado de los mismos, determinando su adecuación a las prestaciones técnicas y transmitiendo las no conformidades.

CR1.4 El área de trabajo se prepara de acuerdo con los requerimientos de la propia obra y según procedimientos de trabajo establecidos.

CR1.5 La coordinación con las diferentes personas involucradas en la obra se realiza atendiendo a criterios de eficacia y seguridad.

RP2: Actuar según el plan de seguridad de la empresa, llevando a cabo las labores preventivas, correctivas y de emergencia, aplicando la medidas establecidas y cumpliendo las normas y legislación vigente en el montaje de circuitos y equipos eléctricos de instalaciones solares térmicas.

CR2.1 Los riesgos profesionales de identifican, se evalúan y se corrigen, comunicándolo, en su caso, a la persona responsable del plan de seguridad en el montaje de circuitos y equipos eléctricos de la instalación solar térmica.

CR2.2 Los medios de protección, ante los riesgos derivados del montaje y puesta en servicio de la instalación, se seleccionan y utilizan de forma apropiada para evitar accidentes.

CR2.3 Las zonas de trabajo de su responsabilidad se mantienen en condiciones de orden y limpieza con el fin de evitar accidentes.

CR2.4 En casos de emergencia se sigue el protocolo de actuación adaptado a la situación correspondiente.

RP3: Montar circuitos y equipos eléctricos de instalaciones solares térmicas, a partir de planos, y especificaciones técnicas, cumpliendo con los requisitos reglamentados y las normas de aplicación, en las condiciones de calidad y de seguridad establecidas.

CR3.1 El montaje de las canalizaciones, conductores eléctricos y elementos detectores de la instalación se realiza utilizando los medios adecuados y aplicando los procedimientos requeridos.

CR3.2 La construcción y montaje del cuadro de control y de automatismo de la instalación, se realiza de acuerdo al Reglamento Electrotécnico de Baja Tensión.

CR3.3 Las conexiones eléctricas entre elementos y con las instalaciones térmicas auxiliares o de apoyo se realizan según proyecto y normativa vigente.

CR3.4 Los elementos de control se programan según la documentación técnica correspondiente y las condiciones de funcionamiento establecidas.

Contenidos

1. Seguridad en el montaje eléctrico de instalaciones solares térmicas

- Planes de seguridad en el montaje eléctrico en instalaciones solares térmicas.
- Prevención de riesgos profesionales de origen eléctrico en el ámbito de las instalaciones de energía solar térmica.
- Medios y equipos de seguridad:
  - ▷ Equipos de protección personal.
  - ▷ Uso y mantenimiento.
- Prevención y protección medioambiental.
- Emergencias:
  - ▷ Evacuación.
  - ▷ Primeros auxilios.
- Zonas de trabajo:
  - ▷ Señalización de seguridad.
- Normativa de aplicación.

2. Accionamiento y control eléctrico en instalaciones solares térmicas

- Fundamentos de electricidad:
  - ▷ Simbología eléctrica básica.
  - ▷ Esquemas eléctricos.
- Clasificación de instalaciones de suministro de energía eléctrica.

- Acometidas y cuadros de protección general:
  - ▹ Protecciones.
  - ▹ Tipos y características.
  - ▹ Elementos de corte y protección.
  - ▹ Dimensionamiento de interrruptores y protecciones eléctricas.
- Canalizaciones y conducciones:
  - ▹ Tipos de conductores.
  - ▹ Sección de conductores.
- Máquinas de generación de corriente eléctrica.
- Motores y bombas.
  - ▹ Maniobra y protección.
  - ▹ Diferentes elementos de mando.
- Diferentes tipos de motores:
  - ▹ Corriente continua.
  - ▹ Corriente alterna.
  - ▹ Servomotores.
- Medida de magnitudes eléctricas.
- Elementos eléctricos de maniobra en baja tensión.
- Principios de regulación y control.
  - ▹ El control lógico programable.

3. Montaje de circuitos y equipos eléctricos de instalaciones solares térmicas

- Especificaciones de montaje.
  - ▹ Procedimientos y operaciones de preparación del montaje de las instalaciones eléctricas.
- Montaje de circuitos y equipos eléctricos de instalaciones solares térmicas.
  - ▹ Fases.
- Organización del montaje de circuitos y equipos eléctricos de instalaciones solares térmicas.
  - ▹ Técnicas y procedimientos.
- Determinación y selección de equipos y elementos necesarios para el montaje a partir de los planos de la instalación.
- Útiles, herramientas y medios empleados en el montaje.
  - ▹ Técnicas de utilización.
- Soportes y anclajes.
- Montaje y conexión de elementos de protección, mando, regulación y señalización.

- Montaje, conexión y puesta en servicio de circuladores, bombas y motores eléctricos.
- Reglamento Electrotécnico para Baja Tensión y demás normativa de aplicación.

Bloque 1

Seguridad en el montaje eléctrico de instalaciones solares térmicas

Rodio ediciones

Capítulo 1

Planes de seguridad en el montaje eléctrico en instalaciones solares térmicas

Rodio ediciones

Índice

1. Introducción

Para iniciar el desarrollo de este capítulo, consideramos necesario comenzar realizándonos las siguientes preguntas:

a) **¿Qué es un Plan de Seguridad?**

Antes de la realización de una obra, instalación, etc., y en virtud de lo establecido en la Ley 31/1995 de Prevención de Riesgos Laborales, debe realizarse un estudio de seguridad y salud donde se analicen, estudien y desarrollen todos los riegos a que puedan estar expuestos los trabajadores durante el desarrollo de la actividad. A continuación es importante plantearse:

b) **¿Cuál es el objetivo del Plan de Seguridad?**

El objetivo perseguido es la adecuación de los medios de que dispone el promotor de la obra a las necesidades de prevención de riesgos que requiere el desarrollo de las diferentes fases del trabajo a realizar.

Seguidamente es pertinente realizar una tercera pregunta:

c) **¿Quién debe aprobar el Plan de Seguridad?**

El Plan será aprobado por el coordinador de seguridad y salud en fase de ejecución, y estará permanentemente en la obra, en poder del coordinador, y a disposición permanente de la Inspección de Trabajo y Seguridad Social y de los técnicos de los órganos especializados en materia de seguridad y salud en las Administraciones públicas competentes.

No debemos olvidar algo fundamental como son los objetivos perseguidos por el desarrollo de la anteriormente citada Ley de Prevención de Riesgos Laborales y que podemos resumir como:

- Prevención de los riesgos profesionales para la protección de la seguridad y salud.
- Eliminación o disminución de los riesgos derivados del trabajo.
- Información, consulta, participación y formación de los trabajadores en materia preventiva.

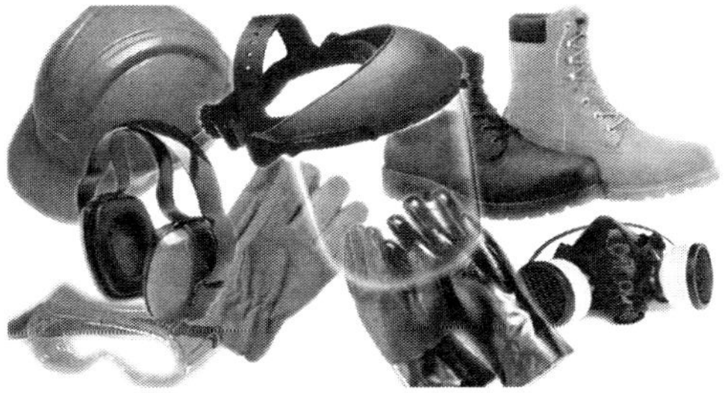

Los principios generales de la prevención de riesgos (art. 15.1 de la ley de PRL) son:

- Evitar los riesgos.
- Evaluar los riesgos que no se puedan evitar.
- Combatir los riesgos en su origen.
- Adaptar el trabajo a la persona, en particular en lo que respecta a la concepción de los puestos de trabajo, así como a la elección de los equipos y los métodos de trabajo y de producción, con miras, en particular, a atenuar el trabajo monótono y repetitivo y a reducir los efectos del mismo en la salud.
- Tener en cuenta la evolución de la técnica.
- Sustituir lo peligroso por lo que entrañe poco o ningún peligro.
- Planificar la prevención, buscando un conjunto coherente que integre en ella la técnica, la organización del trabajo, las condiciones de trabajo, las relaciones sociales y la influencia de los factores ambientales en el trabajo.
- Adoptar medidas que antepongan la protección colectiva a la individual.
- Dar las debidas instrucciones a los trabajadores.

El plan de seguridad está conformado por una serie de documentos que debe redactar el promotor de la obra basándose en el estudio redactado por el responsable de seguridad.

En el plan de seguridad deben incluirse las medidas de protección que serán de aplicación y además, en el caso de tener que aplicar medidas alternativas, incluirá la propuesta de medidas de prevención con la correspondiente justificación técnica, teniendo siempre presente que las nuevas medidas adoptadas tienen que garantizar un nivel de seguridad equivalente.

El plan de seguridad y salud en el trabajo es el documento o conjunto de ellos que permite el desarrollo de los trabajos en las debidas condiciones de seguridad. Hay que tener presente que este es un documento vivo, es decir, durante el desarrollo de la obra, instalación, etc., se puede proceder a su modificación cuando se estime oportuno en función de las necesidades surgidas.

Para que un plan de seguridad sea efectivo debe realizarse de manera adecuada la planificación de la prevención, que se fundamenta en:

- La evaluación de los riesgos.
- La ordenación de las medidas preventivas.
- El control de la efectividad de tales medidas.

2. Definiciones

A continuación exponemos algunas definiciones relacionadas con la seguridad que consideramos importantes en el desarrollo del temario. A lo largo del módulo hablaremos de **Salud** del trabajador, concepto definido por la **Organización Mundial de la Salud** como el estado de bienestar físico, psíquico y social, y no solo como la ausencia de enfermedad.

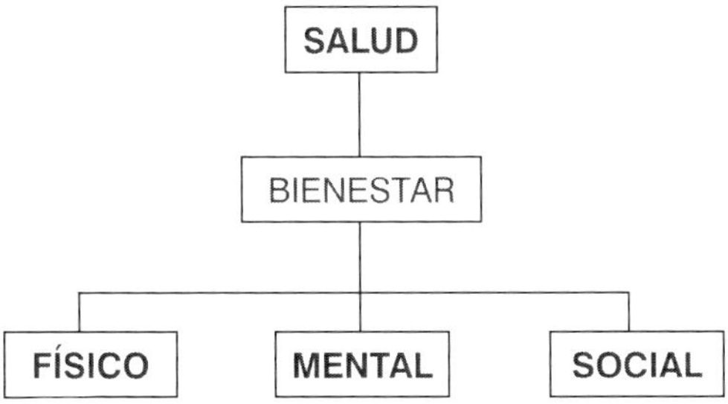

Se define **Riesgo profesional** como toda situación del trabajo que puede romper el equilibrio físico, mental o social de los trabajadores o tal como se indica en la Ley de Prevención de Riesgos Laborales: *la posibilidad de que un trabajador sufra un determinado daño derivado del trabajo*.

Daño se define como la enfermedad, lesión o patología sufridas con motivo u ocasión del trabajo.

Peligro es la propiedad o aptitud intrínseca de algo que puede ocasionar daño, es decir, por sus propias características, máquina, operación, etc., que puede dañar al trabajador.

Prevención: se entiende este término como el conjunto de actividades, medidas adoptadas o previstas en todos los ámbitos de la actividad empresarial, con el fin de evitar o disminuir los riesgos derivados del trabajo.

Seguridad es el conjunto de técnicas, medidas, normas, elementos, mecanismo y métodos de trabajo cuyo objetivo es eliminar o disminuir el riesgo de que se produzcan los accidentes de trabajo.

Accidente de trabajo: se define como cualquier suceso fuera de lo normal, no deseado y que se produce de manera brusca o inesperada que interrumpe la continuidad del trabajo y puede ocasionar lesiones a los trabajadores. Algo característico de los accidentes de trabajo es que normalmente son evitables.

3. Técnicas de seguridad

Son las actuaciones que pueden llevarse a cabo para evitar la aparición de accidentes.

Existen diferentes clasificaciones posibles para las diferentes técnicas de seguridad:

SEGÚN SU ALCANCE	
GENERALES	Son aplicadas a cualquier tipo de riesgo o actividad laboral
ESPECÍFICAS	Van destinadas a un tipo de riesgo concreto o a un determinado campo de actividad (eléctricos, mecánicos, químicos…)

Las técnicas generales pueden a su vez dividirse en función de los objetivos de su actuación.

TÉCNICAS GENERALES EN FUNCIÓN DE SUS OBJETIVOS	
ANALÍTICAS	Destinadas a la detección, evaluación y análisis de riesgos capaces de ocasionar accidentes de trabajo
OPERATIVAS	Dirigidas directamente a evitar, minimizar o controlar los riesgos, actuando sobre los diferentes factores que intervienen

TÉCNICAS ANALÍTICAS	
ANTERIOR AL ACCIDENTE	Inspección de seguridad
	Evaluación de los riesgos
POSTERIORES AL ACCIDENTE	Notificación de accidentes
	Registro de accidentes
	Investigación de accidentes
	Análisis estadístico

TÉCNICAS OPERATIVAS	
De concepción: la seguridad está contemplada en todo proyecto, diseño o métodos de trabajo	Proyecto de instalaciones
	Proyecto de equipos
	Métodos de trabajo
De corrección: actúan para mejorar condiciones de trabajo peligrosas detectadas en equipos, instalaciones o métodos de trabajo	Adaptación de sistemas de seguridad, defensas...
	Mantenimiento de equipos e instalaciones
	Señalización en los lugares de trabajo
	Utilización de EPI

4. Factores causantes de accidentes

Como hemos visto en la definición de accidente de trabajo, una característica fundamental a considerar es que se puede evitar. Debemos ser conscientes de que el accidente de trabajo se produce por una suma de circunstancias que han derivado en la producción del mismo, siendo suficiente la desaparición de una de ellas para evitar que se produzca.

Los accidentes suceden por la realización por parte del trabajador de operaciones incorrectas, por un uso inadecuado o mal mantenimiento de los equipos y herramientas o lugares de trabajo en condiciones inadecuadas... Una clasificación que nos permite hacernos una idea de las causas más frecuentes de los accidentes de trabajo, es la siguiente:

a) **Factores técnicos**: tienen su origen en los equipos de trabajo como máquinas, herramientas presentes en un entorno de trabajo y pueden ser debidos a:

- Mal diseño.
- Falta de mantenimiento preventivo a equipos y maquinaria.
- Falta de equipos de protección individual.
- Mala ubicación.
- Falta de condiciones en lugares de trabajo.
- Falta de señalización.
- Falta de dispositivos de seguridad en los equipos de trabajo.
- Falta de comunicación entre empresa y trabajadores/as.
- Falta de orden y limpieza.
- Uso inadecuado por parte de los trabajadores de equipos, etc.

b) **Factores humanos**: debidos a las condiciones personales del trabajador en el ámbito del trabajo, como son:

- Falta de aptitudes para el trabajo a desarrollar (edad, estado de salud, capacidad física...).
- Falta de experiencia en determinada tarea.
- Exceso de confianza.
- Imprudencia del trabajador.
- Falta de información en cuanto a los riesgos a que se expone.
- Mal procedimiento de trabajo.

c) **Condiciones de trabajo**: relacionadas directamente con los factores existentes en el entorno de trabajo, por ejemplo:

- Temperatura del lugar de trabajo.
- Iluminación del lugar de trabajo.
- Ruido.
- Vibraciones.
- Gases, humos, etc.
- Trabajo a turnos.
- Ritmos de trabajo.
- Monotonía.
- Ergonomía del puesto de trabajo.

5. Actuación preventiva

Requiere la realización de dos etapas fundamentales:

a) **Detección de los riesgos**, de forma que se localizan e identifican las condiciones de trabajo que pueden derivar en la producción de un accidente. Al identificar dichos riesgos debemos tener en cuenta tres aspectos mínimos:

- Forma previsible del posible accidente.
- Agente material del riesgo.
- Causas o factores que pueden dar lugar al accidente.

b) **Evaluación de riesgos**: proceso de valoración de los daños que podrían ocasionarse como consecuencia del riesgo que entraña para la salud y seguridad de los trabajadores la posibilidad de que se verifique un determinado peligro en el lugar de trabajo.

Mediante la evaluación determinamos la magnitud de los riesgos que no se han podido evitar, de forma que obtenemos una información fundamental para que el empresario pueda determinar qué medidas preventivas se van a adoptar.

En la documentación que el empresario debe elaborar y conservar a disposición de la Autoridad Laboral, deberá reflejarse cada puesto de trabajo con los siguientes datos:

- Identificación del puesto de trabajo.
- Riesgos a los que se expone el trabajador.
- Trabajadores expuestos.
- Resultado de la evaluación realizada.
- Medidas preventivas adoptadas.
- Procedimiento de evaluación llevado a cabo.
- Medición, análisis o ensayos utilizados.

Actividades

Práctica

Enumera al menos cuatro factores técnicos y cuatro factores humanos que puedan dar lugar a que se produzca un accidente de trabajo.

Responde a las siguientes cuestiones:

1. **¿Cuál de los siguientes no es un objetivo que persigue la Ley de Prevención de Riesgos Laborales?**
   a) La prevención de riesgos profesionales.
   b) Eliminación de riesgos del trabajo.
   c) Información a los trabajadores en materia preventiva.
   d) Todas las respuestas anteriores son objetivos de la ley de PRL.

2. **Un principio general de la prevención de riesgos laborales es:**
   a) El empresario no tiene obligación de informar de los riesgos.
   b) El trabajador debe adquirir los equipos de protección que necesite para desarrollar su trabajo.
   c) Se deben adoptar medidas de protección colectiva antes que individuales.
   d) Los equipos de protección individual siempre deben ser compartidos por los trabajadores.

3. **El Plan de seguridad una vez elaborado será aprobado por:**
   a) El empresario.
   b) El técnico que lo realiza.
   c) El coordinador de seguridad y salud.
   d) Ninguna de las respuestas anteriores es correcta.

4. ¿Cuál de los siguientes no es un factor causante de accidente relacionado con las condiciones de trabajo?

a) Exceso de confianza.

b) Ruido.

c) Ritmo de trabajo.

d) Trabajo a turnos.

5. ¿Cuál de las siguientes no es una técnica analítica posterior al accidente?

a) Investigación de accidentes.

b) Inspección de seguridad.

c) Análisis estadístico.

d) Notificación de accidentes.

Capítulo 2

Prevención de riesgos profesionales de origen eléctrico en el ámbito de las instalaciones de energía solar térmica

eRodio ediciones

Índice

1. Introducción

Para poder evitar los accidentes derivados del trabajo con corriente eléctrica, se precisa adoptar medidas adecuadas para prevenir contra los riesgos que puedan presentarse.

La energía eléctrica, dado que no se puede percibir por ninguno de los sentidos, hace difícil poder avisar al individuo en situación de riesgo con antelación suficiente, lo que la convierte en uno de los principales peligros existentes en el entorno de trabajo. Los **riesgos** que se derivan son:

- **Choque eléctrico**, paso de la corriente a través del cuerpo humano.
- **Riesgo de incendio** por sobrecarga de los conductores o por cortocircuito.

Si realizamos un análisis estadístico del número de accidentes de trabajo que se producen, observaríamos que los de tipo eléctrico no suponen un porcentaje demasiado elevado pero sí es cierto que los que se producen tienen consecuencias relativamente graves en el trabajador, por los daños que ocasionan en su salud.

2. Efectos de la corriente eléctrica

Los accidentes eléctricos se pueden clasificar en:

- **Accidentes indirectos**: la corriente eléctrica es la causa indirecta del accidente. Ejemplo: un operario que recibe una descarga y como consecuencia se produce su caída de un lugar elevado, siendo las lesiones producidas consecuencia de la caída y no de la descarga eléctrica.
- **Accidentes directos**: proceso mediante el cual una persona recibe energía eléctrica en un accidente. Los efectos de estos se pueden dividir en:
  - ▷ **Efectos inmediatos**: son los que aparecen en el instante del accidente.
  - ▷ **Efectos secundarios**: son las secuelas residuales de accidentes eléctricos. Se pueden presentar en un corto periodo de tiempo posterior al accidente o después de transcurrido un plazo considerable.

EFECTOS DE LA ELECTRICIDAD

EFECTOS FISIOLÓGICOS

- Paro cardiaco.
- Fibrilación ventricular.
- Tetanización (contra. Musc.).
- Dificultad respiratoria, asfixia.
- Quemaduras.
- Pérdida del conocimiento.
- Aumento presión sanguínea.
- Otros.

Factores relacionados con el riesgo del **choque eléctrico**

- Intensidad.
- Tiempo de contacto.
- Recorrido de la corriente a través del cuerpo.
- Impedancia del cuerpo humano.
- Tipo de corriente y frecuencia.
- Capacidad de reacción del organismo.

EFECTOS MATERIALES

Calor + Incendio

Debido a:

Sobreintensidades:
- Sobrecargas
- Cortocircuitos

Sobretensiones:
- Externas
- Internas

Factores relacionados con el riesgo de **incendio**

- Valor de la intensidad.
- Tensión de alimentación.
- Aislamiento del material.

Los efectos fisiológicos producidos por el paso de la corriente eléctrica van a depender directamente de una serie de factores que veremos más adelante, pero como podemos ver en el siguiente gráfico, los efectos son directamente proporcionales al tiempo de paso de la corriente eléctrica y a la intensidad de la misma.

Los efectos derivados del paso de corriente continua son fundamentalmente por calentamiento, aunque puede dar lugar a un efecto electrolítico en el organismo que puede generar riesgo de embolia o muerte por electrólisis de la sangre.

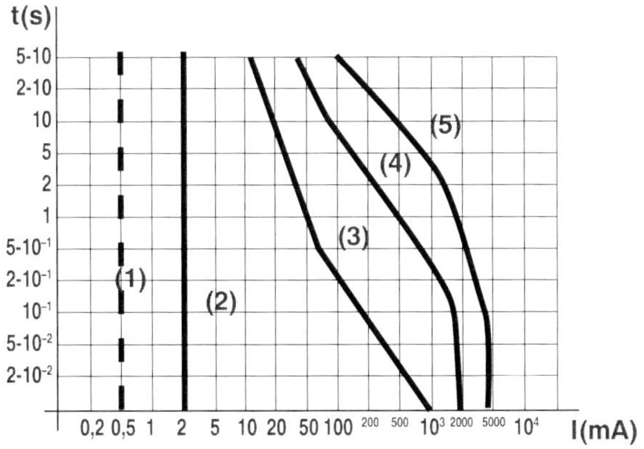

En la imagen anterior podemos ver una gráfica representativa de los efectos de la corriente eléctrica alterna a una frecuencia de 50 Hz, donde aparece en el eje vertical el tiempo de paso de la corriente en segundos y en el eje horizontal la intensidad en miliamperios (mA).

Esta gráfica está dividida en cinco zonas en función de los efectos producidos en cada una de ellas:

- **Zona 1**: para intensidades inferiores a un valor de 0,5 mA para c.a. y de 2 mA para c.c. independientemente del tiempo de contacto, la corriente eléctrica es **imperceptible**. Habitualmente ninguna reacción. Los límites indicados anteriormente es lo que se conoce como **Umbral de percepción**, que es el valor mínimo de intensidad que provoca una sensación en una persona. Cuando se trata de corriente alterna la sensación es continuada a lo largo del tiempo de contacto, si se trata de corriente continua solo se percibe cuando se produce una variación de intensidad, inicio e interrupción del contacto.
- **Zona 2**: aparece la percepción de sensaciones desagradables y movimientos musculares involuntarios. Habitualmente no se produce ningún efecto fisiológico peligroso.
- **Zona 3**: habitualmente en esta zona no se producen daños de tipo orgánico. Existe la posibilidad de que se produzcan contracciones musculares y dificultades de respiración. En esta zona aparece lo que se denomina

Umbral de no soltar y que se define como el valor máximo de la intensidad que permite a una persona soltar unos electrodos que tuviese sujetos. Para la corriente alterna se considera un valor máximo de 10 mA, con independencia del tiempo de exposición. En corriente continua, resulta difícil establecerlo, ya que solo el comienzo y la interrupción del paso de la corriente provocan el dolor y las contracciones musculares.

Tetanización muscular: con este concepto se expresa la anulación de la capacidad muscular, que impide la separación por sí mismo del punto de contacto.

- **Zona 4**: comienzan a producirse contracciones musculares graves, dificultades respiratorias y **asfixia** por el bloqueo de los músculos torácicos.

  Asfixia: se presenta cuando la corriente atraviesa el tórax. Impide la contracción de los músculos de los pulmones y por tanto la respiración.

  Paro respiratorio: se produce cuando la corriente circula de la cabeza a algún miembro, atravesando el centro nervioso respiratorio.

  La paralización puede prolongarse después del accidente, de aquí la necesidad de una práctica continua de la respiración artificial durante varias horas.

- **Zona 5**: además de los efectos producidos en las zonas 3 y 4 aparece la probabilidad de fibrilación ventricular. Además al aumentar la intensidad y el tiempo de exposición se pueden producir efectos pato-fisiológicos, como parada cardiaca, respiratoria y quemaduras graves.

  Fibrilación ventricular: se produce por la ruptura del ritmo cardiaco debida a la circulación de la corriente por el corazón y se caracteriza por la contracción desordenada de las fibras cardíacas ventriculares, lo que impide al corazón latir sincrónicamente y desarrollar su acción de bombeo de la sangre. Se interrumpe la circulación que en pocos minutos conduce a lesiones irreversibles del cerebro.

  Umbral de fibrilación ventricular es el valor más bajo de intensidad al que se puede producir la fibrilación ventricular.

En corriente alterna, depende de la intensidad de corriente y de la duración del contacto en relación con la del ciclo cardíaco, siendo más probable que se produzca cuando la duración del contacto es superior a la del ciclo cardíaco.

En corriente continua, el umbral de fibrilación depende de la dirección de la corriente a su paso por el organismo. En corrientes verticales, si el polo negativo está en los pies el umbral de fibrilación es aproximadamente el doble de lo que sería si fuese el polo positivo el que estuviese en los pies. En corrientes de tipo transversal se producirá con intensidades mucho más elevadas que el caso de corrientes verticales.

3. Factores que intervienen en un accidente eléctrico

Los factores que intervienen de manera más directa en los efectos que puede producir el paso de la corriente eléctrica por el organismo son los que se vieron anteriormente:

- Intensidad de la corriente.
- Tiempo de contacto.
- Trayectoria de la corriente por el cuerpo.
- Impedancia del cuerpo.
- Tipo de corriente y frecuencia.
- Capacidad de reacción del organismo.

A continuación realizamos un resumen de la influencia de los factores más significativos en los efectos producidos en el organismo.

A) Intensidad de la corriente eléctrica

Es uno de los factores que más inciden en la magnitud de las lesiones. Debemos considerar como valor umbral absoluto de intensidad el mayor valor que permita a la persona desprenderse del contacto por sus propios medios.

B) Valor de la tensión

En sí misma no es peligrosa pero, si la resistencia es baja, ocasiona el paso de una intensidad elevada y, por tanto, muy peligrosa. El valor límite de la tensión de seguridad debe ser tal que aplicada al cuerpo humano, proporcione un valor de intensidad que no suponga riesgos para el individuo, pero este va a depender de la resistencia del cuerpo, trayectoria y grado de humedad. El Reglamento Electrotécnico para Baja Tensión fija como valores de tensión de seguridad los siguientes:

- Ambiente seco: 50 voltios.
- Ambiente húmedo: 24 voltios.

C) Tiempo de paso de la corriente eléctrica

Este factor junto con el valor de la intensidad de paso es el que más influye en el resultado del accidente eléctrico. Del umbral máximo de tiempo, que representa el tiempo máximo que una persona puede soportar el paso de corriente de cualquier intensidad por su cuerpo, van a depender los tiempos máximos de respuesta de los elementos de protección.

Para un paso de 30 mA, el tiempo límite por debajo del cual se no se espera que se puedan producir muertes por contacto eléctrico será de 0,5 segundos. Debido a que la sensibilidad de los diferenciales suele ser de 30 mA, para tener una seguridad de protección el tiempo de corte en una corriente de defecto debe ser de 0,1 a 0,2 seg.

D) Trayectoria de la corriente

La gravedad del accidente depende del recorrido de la misma a través del cuerpo. Una trayectoria de mayor longitud tendrá, en principio, mayor resistencia y por tanto menor intensidad; sin embargo, puede atravesar órganos vitales provocando lesiones mucho más graves. Aquellos recorridos que atraviesan el tórax y la cabeza ocasionan los mayores daños. En la imagen vemos las trayectorias más peligrosas debido a los órganos internos por los que atraviesa.

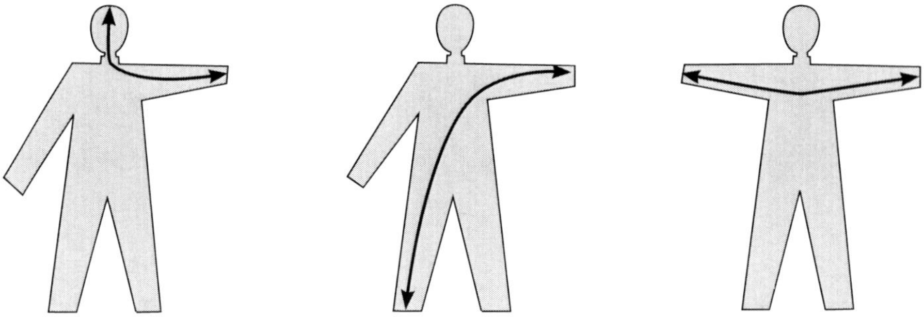

E) Impedancia del cuerpo humano

En el paso de la corriente a través del cuerpo esta se encuentra con tres puntos con una resistencia al paso de la misma:

- Impedancia de la piel en el punto de entrada.
- Impedancia interna del cuerpo.
- Impedancia de la piel en la zona de salida.

El Comité electrotécnico internacional ha tabulado la relación existente entre la tensión de contacto, estado de la piel y resistencia del cuerpo tal y como vemos a continuación:

Tensión de contacto	Resistencia (Ohmios)			
(Voltios)	Piel seca	Piel húmeda	Piel mojada	Piel sumergida
25	5.000	2.500	1.000	500
50	4.000	2.000	875	440

→

→

250	1.500	1.000	650	325
Asíntota	1.000	1.000	650	325

4. Tipos de accidentes eléctricos

Los accidentes debidos a la corriente eléctrica requieren de la necesidad de adoptar medidas para prevenir y proteger de los riesgos que suponen. Los riesgos que se derivan de la energía eléctrica son:

- **Choque eléctrico**, por paso de la corriente a través del cuerpo humano.
- **Riesgo de incendio** o deterioro de las instalaciones por sobrecarga o por cortocircuito.

  Los accidentes eléctricos que se producen por el contacto de las personas con partes de la instalación que se encuentran bajo tensión, se pueden clasificar en:

- **Contactos eléctricos directos**: se producen por el contacto de personas con partes activas de la instalación siendo estas aquellas que normalmente están bajo tensión. El contacto eléctrico directo se puede producir:
  - ▹ Por contacto con dos conductores activos.
  - ▹ Por contacto con un conductor activo y masa o tierra.
  - ▹ Por descarga disruptiva.
- **Contactos eléctricos indirectos**: se producen por contacto de personas con partes que se han puesto bajo tensión como resultado de un fallo de aislamiento.

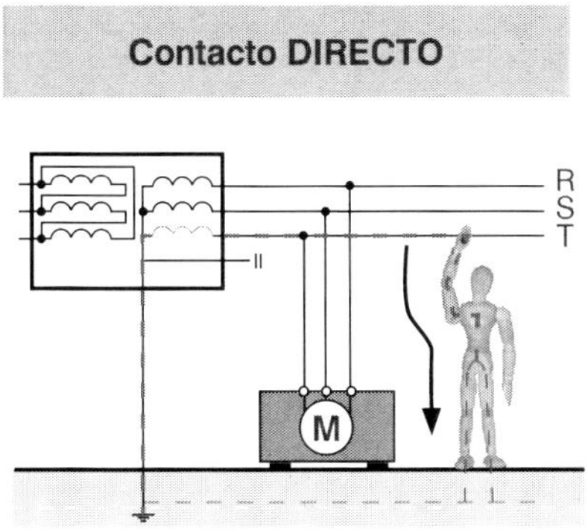

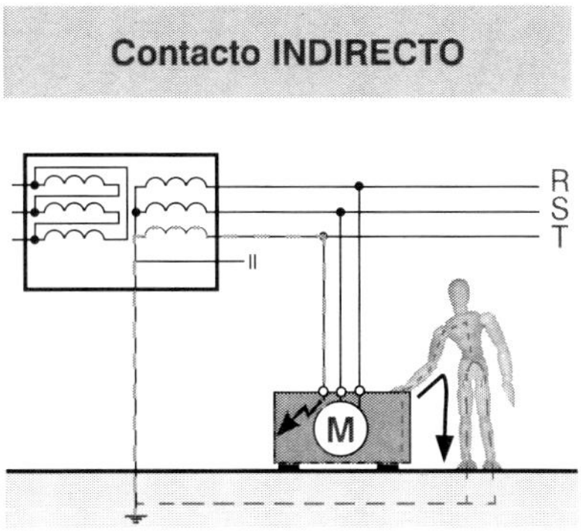

5. Prevención de accidentes eléctricos

Los métodos más utilizados para la prevención de accidentes son:

- Información.
- Métodos de aseguramiento de la calidad de las instalaciones.
- Métodos de protección.

La protección contra choques eléctricos tal y como establece el REBT se aplicará para:

- Protección contra los contactos directos e indirectos, se realiza mediante la utilización de muy baja tensión de seguridad MBTS.
- Protección contra contactos directos.
- Protección contra contactos indirectos.

5.1. Protección contra contactos directos

La norma UNE 20460-4-41 define los siguientes medios de protección:

- **Aislamiento de las partes activas**: estas deben estar recubiertas por un aislamiento que no pueda ser eliminado más que destruyéndolo.

- **Protección por medio de barreras o envolventes**: las partes activas deben estar situadas en el interior de las envolventes o detrás de barreras. Solo deben poder suprimirse si se cumplen las siguientes condiciones:
  - Con ayuda de una llave o herramienta.
  - Después de quitar tensión de las partes activas.
  - Si existe una segunda barrera que no puede ser quitada sin una llave o herramienta.

- **Protección por medio de obstáculos**: se limita su aplicación a locales de servicio eléctrico solo accesible a personal autorizado. Los obstáculos pueden ser desmontables sin la ayuda de una herramienta o de una llave; no obstante, deben estar fijados de manera que se impida todo desmontaje involuntario.
- **Protección mediante puesta fuera de alcance por alejamiento**: se limita su aplicación a locales de servicio eléctrico solo accesible a personal autorizado. Está destinada únicamente a impedir los contactos fortuitos con las partes activas.
- **Protección complementaria por dispositivos de corriente diferencial residual**: esta medida se destina a complementar las otras medidas de protección. Aquellos cuyo valor de corriente diferencial asignada de funcionamiento sea inferior o igual a 30 mA, se reconoce como medida de protección complementaria en caso de fallo de otra medida de protección contra los contactos directos o en caso de imprudencia de los usuarios.

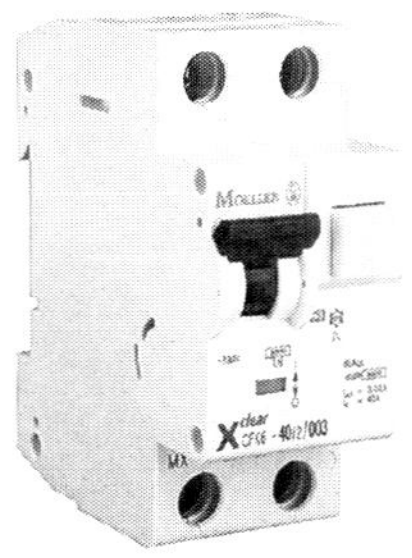

5.2. Protección contra contactos indirectos

La protección frente a contactos eléctricos indirectos se puede conseguir aplicando alguna de las siguientes medidas:

- **Protección por corte automático de la alimentación**: el corte automático de la alimentación después de la aparición de un fallo está destinado a impedir que una tensión de contacto de valor suficiente, se mantenga durante un tiempo tal que puede dar como resultado un riesgo.
- **Protección por empleo de equipos de clase II o por aislamiento equivalente**: esta protección se asegura mediante:
    - ▹ Utilización de equipos con aislamiento doble.
    - ▹ Conjuntos de aparamenta construidos en fábrica y que posean aislamiento equivalente.
    - ▹ Aislamientos suplementarios montados en el curso de la instalación eléctrica y que aíslen equipos eléctricos que posean únicamente un aislamiento principal.
    - ▹ Aislamientos reforzados montados en el curso de la instalación eléctrica y que aíslen las partes activas descubiertas, cuando por construcción no sea posible la utilización de un doble aislamiento.

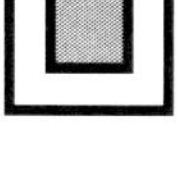

- **Protección en los locales o emplazamientos no conductores**: esta medida de protección está destinada a impedir en caso de fallo del aislamiento principal de las partes activas, el contacto simultáneo con partes que pueden ser puestas a tensiones diferentes.
- **Protección mediante conexiones equipotenciales en locales no conectados a tierra**: los conductores de equipotencialidad deben conectar todas las masas y todos los elementos conductores que sean simultáneamente accesibles.

  La conexión equipotencial local así realizada no debe estar conectada a tierra, ni directamente ni a través de masas o de elementos conductores.
- **Protección por separación eléctrica**: el circuito debe alimentarse a través de una fuente de separación, es decir:
  - ▹ Un transformador de aislamiento.
  - ▹ Una fuente que asegure un grado de seguridad equivalente al transformador de aislamiento anterior, por ejemplo un grupo motor generador que posea una separación equivalente.

5.3. Trabajos y maniobras en instalaciones eléctricas

Anterior a la realización de cualquier tipo de maniobra a llevar a cabo en una instalación eléctrica, el trabajador debe inspeccionar la misma, teniendo presente que siempre se considerará por seguridad que se encuentra bajo tensión hasta que se compruebe lo contrario.

Para la realización de estos trabajos debemos tener presente el Real Decreto 614/2001, sobre disposiciones mínimas para la protección de la salud y seguridad de los trabajadores frente al riesgo eléctrico.

Algunos de los preceptos que establece el RD 614/2001 anteriormente mencionado son:

- Los trabajos en instalaciones eléctricas o sus proximidades que conlleven riesgo eléctrico deberán efectuarse sin tensión. La zona de la instalación donde se va a realizar el trabajo debe aislarse de todas las fuentes de alimentación.
- Se podrán realizar con tensión las operaciones elementales de conexión y desconexión de elementos concebidos para tal fin, además de los trabajos en instalaciones con tensiones de seguridad siempre que no exista posibilidad de confusión en la identificación de las mismas.
- Se podrán realizar con tensión las maniobras, mediciones, ensayos y verificaciones que así lo exijan.

Actividades

Práctica

Indica contra qué tipo de contacto nos protegen cada uno de los siguientes sistemas de protección.

a) Protección por aislamiento de las partes activas.
b) Protección por separación de circuitos.
c) Protección mediante conexiones equipotenciales.
d) Protección por alejamiento.
e) Protección mediante envolventes.
f) Protección por corte automático de la alimentación.

Responde a las siguientes cuestiones:

1. **Es un efecto indirecto de un accidente eléctrico:**
   a) Los efectos de la caída, si un operario recibe una descarga eléctrica estando subido en un andamio y cae.
   b) Quemaduras por arco al acercarse a una parte activa de la instalación.
   c) Tetanización muscular al recibir una descarga eléctrica.
   d) Ninguna de las respuestas es correcta.

2. **El umbral de no soltar, es la máxima intensidad que permite a una persona soltarse en caso de paso de la misma a través de su cuerpo. Este valor se considera en c.a.:**
   a) 30 mA.
   b) 10 mA.
   c) 300 mA.
   d) 25 mA.

3. Los factores que más influyen en la gravedad de un accidente eléctrico son:

a) La intensidad y el tiempo de paso de la corriente eléctrica a través del cuerpo.

b) La tensión en combinación con la frecuencia.

c) La intensidad en combinación con la resistencia del cuerpo.

d) La frecuencia de la corriente eléctrica junto con la trayectoria.

4. La forma de producirse un contacto eléctrico directo puede ser:

a) Contacto directo de dos conductores activos de una línea.

b) Contacto directo con un conductor activo de línea y masa o tierra.

c) Por descarga disruptiva.

d) Todas las respuestas anteriores son correctas.

5. La fibrilación ventricular se produce por:

a) Paso de la corriente por la cabeza, anulando el centro nervioso.

b) Paso de la corriente por el corazón, provocando la ruptura del ritmo cardiaco.

c) Paso de la corriente por el tórax, provocando la tetanización muscular de los pulmones.

d) Ninguna de las respuestas anteriores es correcta.

Capítulo 3

Medios y equipos de seguridad

Rodio ediciones

Índice

1. Introducción

En el siguiente capítulo vamos a describir los **equipos** utilizados en la protección de los trabajadores, tanto los denominados equipos de protección individual como los colectivos.

Recuerda que...

La Ley de Prevención de Riesgos Laborales establece como uno de sus principios generales que se antepondrán las medidas de Protección colectiva a las medidas de Protección individual.

Los equipos de seguridad se deben emplear para evitar que los riesgos a los que se expone el trabajador puedan derivar en un accidente laboral.

2. Equipos de protección personal

Antes de comenzar a describir los diferentes equipos, consideramos necesario realizar una introducción que nos permita adquirir unos conocimientos básicos.

2.1. Definiciones básicas

A continuación definimos algunos conceptos elementales para el conocimiento de los equipos de protección personal:

- **Equipo de trabajo**: cualquier máquina, aparato, instrumento o instalación utilizada en el ámbito laboral.
- **Equipo de protección individual**: equipo destinado a ser llevado o sujetado por el trabajador, para que le proteja de uno o varios riesgos que puedan amenazar su seguridad o salud en el trabajo, así como cualquier complemento o accesorio destinado a tal fin.

- **Condición de trabajo**: cualquier característica de este que pueda tener una influencia significativa en generar riesgos para la salud y seguridad del trabajador.

- **Factores de riesgo**: se considera un factor de riesgo todo elemento presente en las condiciones de trabajo, que por sí mismo o en combinación, puede producir alteraciones negativas en la salud de los trabajadores. Los factores de riesgo se pueden dividir en cinco grupos:
  - **Condiciones de seguridad**: locales de trabajo (suelos, pasillos, etc.), equipos de trabajo (máquinas, herramientas, aparatos a presión, etc.), manipulación de cargas...
  - **Condiciones ambientales físicas**: ruido, vibraciones, campos electromagnéticos, calor, frío, humedad...
  - **Contaminantes químicos y biológicos**: bacterias, virus, gases, aerosoles...
  - **Carga de trabajo**: física (esfuerzos, posturas, manipulación de cargas...) y mentales (nivel de atención y concentración, exceso de trabajo...).
  - **Organización del trabajo**: distribución de tareas, horarios, turnos de trabajo, descansos, ritmo de trabajo, relaciones personales...

2.2. Exposición de riesgos

En la actividad laboral a la que pertenece este módulo formativo estamos expuestos a ciertos riesgos que conviene tener presentes para poder evitar la posibilidad de sufrir un accidente. En este apartado vamos a realizar un repaso por ellos dando ejemplos de cada situación:

- **Caída de personas a distinto nivel**: riesgo de accidente laboral cuando se realizan trabajos, aunque sea muy ocasionalmente, en zonas elevadas sin protección adecuada, como barandilla, murete, antepecho, barrera, etc., en los accesos a estas zonas y en huecos existentes en pisos y zonas de trabajo. Ejemplos: *escaleras de peldaños, estructuras y andamios, zanjas, cajas y cabinas de camión, etc.*

- **Caída de personas al mismo nivel**: riesgo de accidente de trabajo cuando existen en el suelo obstáculos o sustancias que pueden provocar una caída por tropiezo o resbalón. Ejemplos: *objetos abandonados en los pisos (tornillos, herramientas, piezas, materiales, cables, tubos, etc.), terreno en mal estado, etc.*
- **Caída de objetos en manipulación**: riesgo de accidente derivado del trabajo cuando existe la posibilidad de caída de objetos o materiales durante la ejecución de trabajos o en operaciones de transporte y elevación por medios manuales o mecánicos. Ejemplos: *carga y descarga de paneles del medio de transporte, herramientas manuales, etc.*
- **Caída de objetos desprendidos**: riesgo de accidente de trabajo cuando existe la posibilidad de caída de objetos que no se están manipulando y se caen de su emplazamiento. Ejemplos: *materiales situados sobre zonas de trabajo, aparatos suspendidos, conductos, objetos y herramientas dejados en puntos elevados, etc.*
- **Pisadas sobre objetos**: riesgo de accidente laboral cuando existe la posibilidad de lesiones (torceduras, esguinces, pinchazos, etc.) por pisar o tropezar con objetos abandonados o irregulares del suelo, sin producir caída. Ejemplos: *herramientas, desniveles, tubos, cables, etc.*
- **Choques contra objetos inmóviles**: riesgo de accidente de trabajo cuando existe la posibilidad de choques y golpes con elementos tales como partes salientes de máquinas, instalaciones o materiales, estrechamiento de zonas de paso, conductos de baja altura, etc.
- **Choques contra objetos móviles**: riesgo de accidente derivado del trabajo cuando existe la posibilidad de recibir un choque o un golpe por

partes móviles de maquinaria fija y objetos. Ejemplos*: brazo articulado, mecanismos de pistón, grúas, etc.*

- **Golpes y/o cortes por objetos o herramientas**: riesgo de accidente laboral cuando existe la posibilidad de lesión producida por objetos o superficies cortantes o punzantes, herramientas y útiles manuales o eléctricos, etc.
- **Proyección de fragmentos o partículas**: riesgo de accidente de trabajo cuando existe la posibilidad de lesiones producidas por piezas, fragmentos o pequeñas partículas sólidas o líquidas proyectadas por una máquina, herramienta o acción mecánica. Ejemplos: *virutas, chispas de amolado, esquirlas, astillas, proyecciones líquidas originadas por fugas, etc.*
- **Atrapamiento por o entre objetos**: riesgo de accidente derivado del trabajo cuando existe la posibilidad de sufrir una lesión por atrapamiento o aplastamiento de cualquier parte del cuerpo por mecanismos de máquinas o entre objetos, piezas o materiales. Ejemplos: *engranajes, rodillos, correas de transmisión, árboles de transmisión, mecanismos en movimiento, piezas pesadas, bobinas de hilo, etc.*
- **Atrapamiento por vuelco de máquina o vehículo**: riesgo de accidente laboral cuando existe la posibilidad de que se produzca un atrapamiento por vuelco al utilizar maquinaria y/o vehículos. Ejemplo: *carretilla elevadora, grúas, maquinaria movimiento de tierras, etc.*
- **Sobreesfuerzos**: riesgo de accidente de trabajo cuando existe la posibilidad de lesiones músculo-esqueléticas al producirse un desequilibrio acusado entre las exigencias de la tarea y la capacidad física del individuo. Ejemplo: *empujar o tirar de conductores, izado manual de paneles solares, levantar o sostener cargas, al usar maquinaria o herramientas pesadas.*
- **Contactos eléctricos**: riesgo de accidente de trabajo cuando existe la posibilidad de una lesión por el paso de la corriente eléctrica por el cuerpo del trabajador a consecuencia de la descarga eléctrica al entrar en contacto con algún elemento sometido a tensión eléctrica. Ejemplo: *conexiones, regletas, cuadros eléctricos, bornes, líneas eléctricas, transformadores, soldadura eléctrica, etc.*
- **Atropellos o golpes con vehículos**: riesgo de accidente derivado del trabajo cuando existe la posibilidad de que se produzcan golpes al utilizar maquinaria y/o vehículos o por atropellos de estos elementos en el lugar de trabajo. Excluye los accidentes de trabajo al ir o volver del trabajo.
- **Exposición a ruido**: riesgo de enfermedad derivada del trabajo cuando existe la posibilidad de producirse una lesión auditiva por exposición al ruido a nivel de dosis superior al permitido. *Utilización de máquinas de corte, etc.*
- **Exposición a vibraciones**: riesgo de enfermedad laboral cuando existe la posibilidad de lesiones por exposición prolongada a vibraciones mecánicas.

Ejemplos: *utilización de martillos neumáticos, vibradores de hormigón, operaciones de conducción de vehículos o maquinaria, etc.*

- **Exposición a estrés térmico**: riesgo de enfermedad derivada del trabajo cuando existe la posibilidad de lesiones por la permanencia prolongada en ambientes con calor o frío excesivo. *Malas condiciones meteorológicas.*
- **Fatiga física dinámica**: riesgo de fatiga laboral a consecuencia del gasto energético derivado de la actividad física del trabajador en su puesto de trabajo.
- **Tiempo de trabajo**: riesgo de fatiga laboral a consecuencia de la organización del tiempo de trabajo. Ejemplo: *turnos, rotaciones de turnos, trabajos nocturnos, horarios de trabajo excesivos, posibilidad de pausas, etc.*
- **Monotonía y repetitividad**: riesgo de insatisfacción laboral por la escasa variedad de tareas, la ausencia de incidencias y rotaciones de los trabajadores.
- **Autonomía y decisiones**: riesgo de insatisfacción laboral por la falta de capacidad de actuar o intervenir autónomamente en las tareas a partir de la planificación normal del trabajo.

2.3. Equipos de Protección Individual y Colectiva

Una vez identificados los riesgos más importantes a que se puede ver expuesto el trabajador como consecuencia del desarrollo de su actividad laboral, vamos a realizar una descripción de los Equipos de Protección Individual y Colectiva (EPI), destinados a evitar o minimizar los daños que pudiera sufrir el trabajador en caso de accidente.

A) Categorías de los equipos de protección individual

Los EPI se clasifican en tres categorías:

- **Categoría I**: de diseño sencillo: protege de riesgos leves o menores. Son autocertificados por el distribuidor o fabricante. Marcado: anagrama del distribuidor o fabricante, modelo, talla y CE.

  Ejemplo: jardinería, limpieza.
- **Categoría II**: de diseño intermedio: protege de riesgos intermedios habituales en la industria. Son certificados por un laboratorio u organismo notificado. Marcado: anagrama del distribuidor o fabricante, modelo, talla y CE + pictograma del riesgo testado con los resultados.

  Ejemplo: industria general.
- **Categoría III:** de diseño completo: protege riesgos de lesiones irreversibles, con peligro mortal o que pueda causar lesiones muy graves. Son

certificados por un laboratorio u organismo notificado más un control de la fabricación por parte del mismo organismo. Marcado: anagrama del distribuidor o fabricante, modelo, talla, y CE + número de laboratorio que realiza el control.

Ejemplo: bomberos, electricidad de alto voltaje.

B) Protección para trabajos en altura

Para los **trabajos en altura** el equipo fundamental es el arnés anticaída. No obstante, es necesario complementarlo con un elemento de amarre adecuado o incluso, si es el caso, con un absorbedor de energía. Estos dispositivos complementarios también se consideran EPI y deben utilizarse conjuntamente.

En la imagen superior podemos observar al operario con su equipo de protección formado por arnés de protección y el elemento denominado "línea de vida", en este caso horizontal, y que consiste en un elemento flexible (cable de acero, cuerda, etc.) a lo largo de la estructura y sobre el cual va sujeto el arnés del operario de forma que este se puede desplazar libremente de forma segura a lo largo de toda la zona de trabajo.

C) Protección del cráneo

Son equipos que protegen la cabeza contra la proyección de objetos o partículas, choques, golpes, caídas y contactos eléctricos.

Las diferentes partes que podemos distinguir en un casco son:

- **Casquete**: es el material que conforma el exterior del casco. Es un elemento duro y con terminación lisa, con la resistencia suficiente para resistir impactos hasta un nivel de energía de choque determinado.
- **Visera**: este elemento constituye la prolongación del casquete por encima de los ojos.
- **Ala**: borde alrededor del casquete.
- **Arnés**: es el conjunto de elementos que mantienen el casco en posición sobre la cabeza y están diseñados para absorber la energía cinética durante un impacto.
- **Banda de cabeza**: es la parte del arnés que rodea total o parcialmente la cabeza por encima de los ojos.

- **Banda de nuca**: es una banda regulable que se ajusta detrás de la cabeza y que puede ser una parte de la banda de cabeza.
- **Barboquejo**: es una banda que se acopla bajo la barbilla para ayudar a sujetar el casco sobre la cabeza. Este elemento es opcional.

D) Protección auditiva

Los protectores auditivos son equipos de protección individual cuya función principal es atenuar el ruido molesto que se pudiera producir en el desarrollo del trabajo, con el fin de evitar daños en el oído del usuario debido a niveles sonoros elevados.

Existen diferentes tipos de protectores auditivos en función de su forma, capacidad de atenuación, etc. Podemos dividirlos en:

- **Tapones auditivos**: son elementos que se introducen en el canal auditivo externo, cerrándolo de una forma hermética. Están diseñados para pequeños niveles de ruido. Pueden ser desechables o reutilizables y se presentan en el mercado con o sin cordón.

- **Arcos aurales**: de similar protección auditiva que los tapones auditivos, su diferencia radica en que ambos tapones están unidos por un arco rígido.

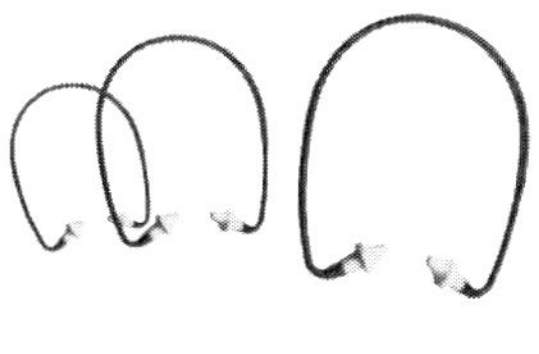

- **Orejeras**: son dos casquetes que cubren las orejas adaptados a la cabeza por medio de almohadillas blandas, generalmente rellenas de espuma plástica y forrados normalmente con un material con capacidad para absorber el sonido. Están unidos entre sí por una banda de presión denominada arnés. Tienen una mayor capacidad de protección que los tapones auditivos y los arcos aurales.

E) Protección ocular y/o facial

El equipo está destinado a proteger los ojos y la cara del trabajador ante riesgos externos tales como la proyección de partículas o cuerpos sólidos. Por tanto, dependiendo de la zona que se pretenda proteger, existen dos grandes grupos de protectores:

- **Gafas**: su capacidad de protección se limita a los ojos. Dentro de las mismas podemos distinguir:
  - ▷ Gafas de montura universal: protectores de los ojos cuyos oculares están acoplados a/en una montura con patillas. Pueden contar o no con protectores laterales.

  - ▷ Gafas de montura integral: son protectores de los ojos que rodean de manera estanca la región ocular y están en contacto con la cara.

- **Pantallas**: en este caso el protector resguarda los ojos y parte o la totalidad de la cara u otras zonas de la cabeza. En función de su uso y diseño podemos distinguir:
  - ▷ Pantalla facial: es un protector de los ojos que cubre la totalidad o una parte del rostro.

- Pantalla de mano: son pantallas faciales que se sostienen con la mano.

- Pantalla facial integral: son protectores de los ojos que, además de los ojos, cubren cara, garganta y cuello, pudiendo ser llevados sobre la cabeza, bien directamente mediante un arnés de cabeza o con un casco protector.

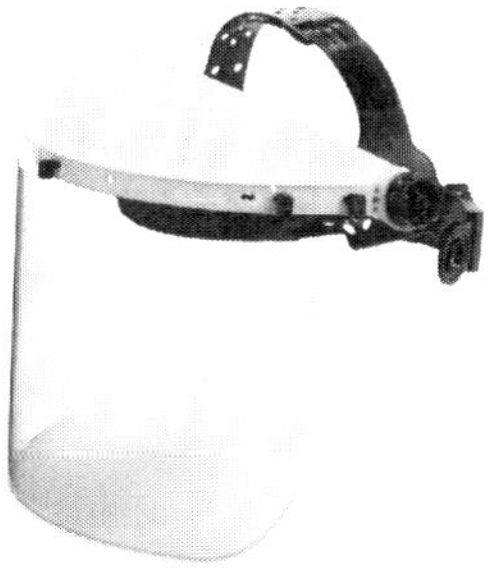

- Pantalla facial montada: este término se acuña al considerar que los protectores de los ojos con protección facial pueden ser llevados directamente sobre la cabeza mediante un arnés de cabeza, o conjuntamente con un casco de protección.

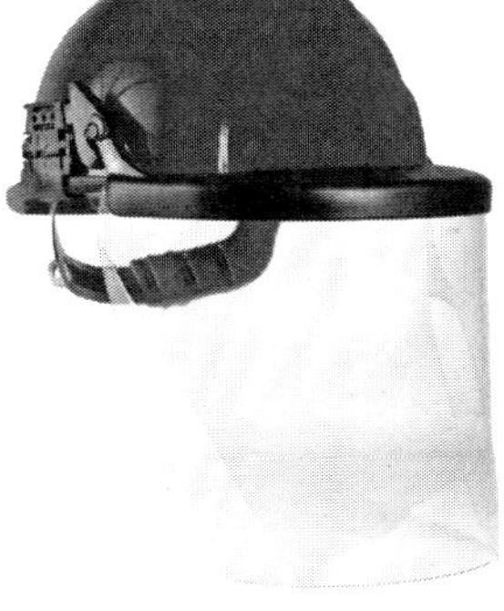

F) Protección de manos y brazos

En este apartado vamos a comentar los tipos de guantes y manoplas utilizados para la protección de manos y brazos contra los distintos riesgos. Podemos encontrar los siguientes tipos de guantes:

- Guantes contra agresiones mecánicas, perforaciones, cortes, vibraciones, etc.
- Guantes contra las agresiones químicas.
- Guantes contra las agresiones de origen térmico (guante para soldadura o calor).

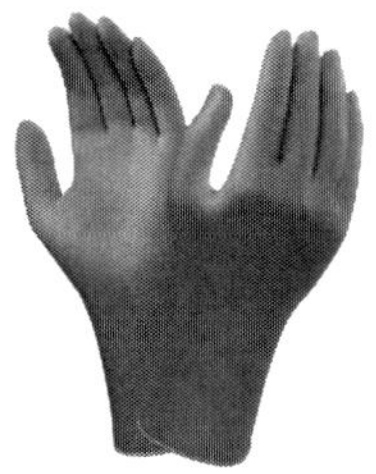

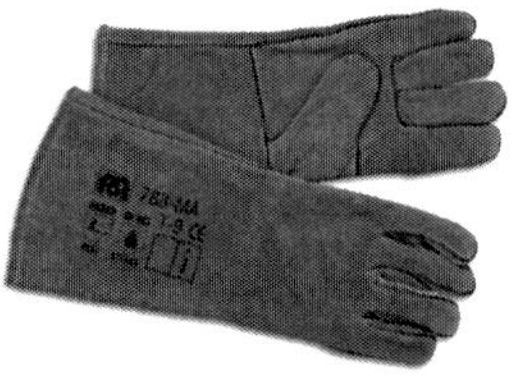

- Manoplas.
- Manguitos y mangas (manguito para soldador).

G) Protección de los pies

En este apartado vemos el calzado utilizado como protección contra riesgo de tipo mecánico.

La norma EN 20344-1 define las exigencias generales y los métodos de prueba para el calzado de seguridad, el calzado de protección y el calzado de trabajo de uso profesional. Esta norma solo es aplicable en conjunción con las normas EN20345-1, EN20346-1 y EN20347-1, que detallan las exigencias del calzado en función del nivel de riesgo.

La siguiente tabla establece aquellos riesgos contra los cuales nos protege el calzado en función de la designación de este: en la siguiente tabla podemos ver en función de la designación del calzado aquellos riesgos que se consideran cubiertos:

EL MARCADO INDICA EL NIVEL DE PROTECCIÓN DEL CALZADO					
Uso profesional		Categoría			
EN20345 Calzado de seguridad (puntera 200 J)		SB	S1	S2	S3
EN20346 Calzado de protección (puntera 100 J)		PB	P1	P2	P3
EN20347 Calzado de trabajo (sin puntera)			01	02	03
Riesgo cubierto					
	Fundamentales*	0	0	0	0
A	Calzado antiestático	+	0	0	0
E	Protección del talón contra choques	+	0	0	0
WRU	Resistencia a la absorción de agua	+	–	0	0
P	Resistencia a la perforación	+	+	–	0
C	Calzado conductor	+	+	+	+
HI	Aislamiento del calor	+	+	+	+
CI	Aislamiento del frío	+	+	+	+
HRO	Suela resistente al calor	+	+	+	+

0 protección opcional adicional.

\+ Exigencias obligatoriamente satisfechas.

* Calidad y rendimiento de los materiales de fabricación (pieles, forros, suelas, etc.), resistencia a la abrasión, al corte, la flexión, permeabilidad al vapor de agua y propiedades antideslizantes de la suela.

Bota de seguridad.

Zapato de seguridad.

3. Uso y mantenimiento

Debemos tener presente que tal y como establece la Ley 31/1995 de Prevención de Riesgos Laborales, los **equipos de protección individual** deberán utilizarse cuando existan riesgos para la seguridad o salud de los trabajadores que no hayan podido evitarse o limitarse suficientemente por medios técnicos de **protección colectiva** o mediante medidas, métodos o procedimientos de organización del trabajo.

Estos equipos deberán proteger frente a los riesgos que hacen necesaria su utilización sin suponer por sí mismos o elementos complementarios un riesgo. A tal fin deberán:

a) Responder a las condiciones existentes en el lugar de trabajo.
b) Tener en cuenta las condiciones anatómicas y fisiológicas y el estado de salud del trabajador.
c) Adecuarse al trabajador, tras los ajustes necesarios.

Como trabajadores debemos saber que:

> La Ley 31/1995, de Prevención de Riesgos Laborales, en su artículo 17.2, establece la obligación del ***empresario*** de proporcionar a sus trabajadores equipos de protección adecuados para el desempeño de sus funciones y de velar por el uso efectivo de los mismos cuando, por la naturaleza de los trabajos realizados, sean necesarios.

Pero no solo el empresario tiene obligaciones en lo que respecta a los equipos de protección individual.

Para que estos mantengan sus condiciones óptimas de trabajo y cumplan las prescripciones para las que fueron diseñados, es necesario seguir unas normas de mantenimiento básicas que garanticen que dichos equipos mantienen todas sus características y pueden cumplir su función adecuadamente.

En cuanto al uso y mantenimiento de los equipos de protección individual, el RD 773/1997 establece que:

> La utilización, el almacenamiento, el mantenimiento, la limpieza, la desinfección cuando proceda, y la reparación de los equipos de protección individual deberán efectuarse de acuerdo con las instrucciones del fabricante.
>
> El tiempo durante el cual se considere necesaria su utilización, se determinará en función de:
>
> a) La gravedad del riesgo.
> b) Tiempo o frecuencia de exposición.
> c) Condiciones del puesto de trabajo.
> d) Prestaciones del equipo.
> e) Riesgos derivados de la propia utilización del equipo, que no se hayan podido evitar.
>
> Su utilización está prevista en principio para uso personal. Si fuese necesaria su utilización por varios trabajadores, se adoptarán medidas para evitar cualquier problema de salud o de higiene.
>
> El artículo 10 del RD773/1997 sobre Equipos de Protección Individual, establece las obligaciones de los trabajadores en materia de prevención, con arreglo a su formación y siguiendo las instrucciones del empresario, deberán:
>
> 1. Utilizar y cuidar correctamente los equipos de protección facilitados por el empresario, de acuerdo con las instrucciones recibidas de este.

2. Colocar el equipo de protección individual después de su utilización en el lugar indicado para ello.
3. Informar de inmediato a su superior jerárquico directo de cualquier defecto, anomalía o daño del equipo de protección que pueda entrañar una pérdida de su eficacia protectora.

Actividades

Práctica

Relaciona cada tipo de riesgo con cada una de las situaciones siguientes:

1. Caída desde los peldaños de una escalera.
2. Partícula de metal introducida en el ojo.
3. Resbalón al pisar herramientas en el suelo.
4. Montaje de paneles con elevada temperatura ambiente.

a) Caída al mismo nivel.

b) Estrés térmico.

c) Proyección de partículas.

d) Caída a distinto nivel.

Responda a las siguientes cuestiones:

1. ¿Cuál de los siguientes no se considera equipo de tra-bajo?

a) Cualquier máquina utilizada en el trabajo.

b) Todo instrumento utilizado en el trabajo.

c) Las instalaciones que forman parte del lugar de trabajo.

d) Ninguna de las respuestas anteriores es correcta.

2. ¿Cuál de las siguientes no es una parte de un casco de seguridad?

a) Visera.

b) Casquete.

c) Bartolejo.

d) Arnés.

3. Indica qué factor de riesgo de los siguientes no se encuentra agrupado en los que dependen de la organización del trabajo.

a) Temperatura del lugar de trabajo.

b) Turnos de trabajo.

c) Ritmos de trabajo.

d) Relaciones personales.

4. ¿Cuál de los siguientes sistemas proporciona mayor protección auditiva?

a) Tapones auditivos.

b) Orejeras.

c) Arcos aurales.

d) Todos los anteriores proporcionan protección similar.

5. Indica cuál de las siguientes no es una obligación del trabajador respectos a los EPI.

a) Utilizar correctamente los EPI proporcionados por el empresario.

b) Colocar los EPI después de su utilización en el lugar indicado para ellos.

c) Reponer aquellos EPI deteriorados por el uso.

d) Informar al superior inmediato del deterioro o daño producido en un EPI.

Capítulo 4

Prevención y protección medioambiental

eRodio ediciones

Índice

1. Introducción

Actualmente el concepto de medioambiente es muy conocido y manejado por todos pero, realmente sabemos lo que significa o simplemente imaginamos que es el campo, lo natural, etc.

Para aclarar este concepto, a continuación exponemos la definición dada en la Conferencia de las Naciones Unidas sobre Medio Ambiente en Noruega:

> El medio ambiente es el conjunto de componentes físicos, químicos, biológicos y sociales capaces de causar efectos directos o indirectos, en un plazo corto o largo, sobre los seres vivos y las actividades humanas.

Esta definición no solo tiene en cuenta los seres vivos, también hace referencia a todos los elementos en los que se desarrollan estos. Es decir, no es suficiente con el mantenimiento de la vida tanto de las personas como de los animales, sino que la definición nos lleva a tener en cuenta todos los elementos que les rodean, el aire, el agua, la sociedad, etc.

Cuando hablamos de Medio Ambiente aparecen una serie de conceptos ligados entre sí pero con significados distintos unos de otros:

- **Ecología**: ciencia que estudia a los seres vivos, su ambiente, sus relaciones y el medio que les rodea. El medio ambiente forma parte de la ecología, pero solo una parte. El estudio de la ecología implica evaluar las relaciones entre todos los seres vivos. Y esto va más allá de los componentes físicos, químicos y biológicos.

- **Ecosistema**: sistema natural que está formado por un conjunto de organismos vivos y el medio físico en donde se relacionan. El estudio se centra en lo que está sucediendo en el momento en que se realiza el mismo. Por ejemplo, puede estudiarse el ecosistema que se produce en los alrededores de un vertedero industrial y esto no significa que sea bueno o malo, simplemente que existe.

- **Biodiversidad:** término por el que se hace referencia a la amplia variedad de seres vivos sobre la Tierra, los patrones naturales y la influencia creciente de las actividades del ser humano. La biodiversidad comprende igualmente la variedad de ecosistemas y las diferencias genéticas dentro de cada especie que permiten la combinación de múltiples formas de vida y cuyas interacciones mutuas y con el resto del entorno, fundamentan el sustento de la vida sobre el planeta.

  Se trata de conservar el número de especies presentes en la actualidad. Naturalmente, mantener el medio en el que se desarrollan resulta imprescindible para que las especies se perpetúen. Pero lo importante en este caso es mantener la vida, no el entorno. Así, una de las herramientas para la conservación de la biodiversidad, cuando ya no se puede recurrir a otras, es la cría en cautividad o el establecimiento de reservas.
- **Impacto ambiental**: efecto directo o indirecto que producen las acciones del hombre sobre el medio ambiente. Estos efectos son más dañinos y más a corto plazo que los que puede producir cualquier otro ser vivo en la tierra.

- **Desarrollo sostenible**: aquel capaz de satisfacer las necesidades actuales sin comprometer los recursos y posibilidades de las futuras generaciones. Se basa en dejar para las futuras generaciones los suficientes recursos sociales, económicos y ambientales para que puedan disfrutar de, al menos, el mismo grado de bienestar que el actual. Además de un componente ambiental, tiene una dimensión económica y social.

El desarrollo sostenible consiste en potenciar las áreas más desfavorecidas, la calidad de vida, el bienestar económico y social, el comercio justo y el mantenimiento de los recursos.

Uno de los aspectos fundamentales para favorecer el cuidado del medio ambiente consiste en darnos cuenta de que el hombre es un ser vivo más entre los que habitan la Tierra. El ser humano tiene la capacidad de manipular y explotar los recursos y, por lo tanto, es el que puede realizar mayor número de alteraciones en el entorno.

El ser humano tiene la capacidad de modificar el entorno tanto en aspectos positivos (actuaciones de conservación y protección) como negativos (generación de residuos y contaminación).

Recuerda que...

El medio ambiente es todo lo que nos rodea, sin excepción alguna.

2. Efectos medioambientales

Los efectos derivados de la actividad humana sobre el medio ambiente se denominan **impacto ambiental**. Uno de nuestros objetivos debe ser disminuir en la medida de lo posible los impactos ambientales negativos.

El ser humano se ha convertido en el principal protagonista del deterioro del planeta. A lo largo del tiempo el hombre ha mejorado sus condiciones de vida en detrimento de aspectos fundamentales como la conservación del entorno.

La utilización de combustibles y de nuevas maquinarias hace que los procesos productivos se aceleren, sin evaluar los cambios del entorno natural.

Algunos de los principales efectos negativos producidos como consecuencia de la manipulación y explotación de recursos por parte del ser humano son:

- **Cambio climático**: definido como un cambio en el clima, atribuible directa o indirectamente a la actividad humana, que altera la composición de la atmósfera mundial y que se suma a la variabilidad climática natural observada durante períodos de tiempo comparables.

- **Deforestación**: es la pérdida de vegetación, incluyendo plantas, árboles, etc. en un lugar determinado. En ocasiones es consecuencia de la propia acción de la naturaleza: los incendios, erosión, etc.; en otros casos es la acción del hombre la que provoca este efecto, eliminando bosques para convertirlos en campos de cultivo, para explotación ganadera, infraestructuras (carreteras, vías, etc.)...

- **Efecto invernadero**: fenómeno por el cual determinados gases, que son componentes de la atmósfera, retienen parte de la energía que el suelo emite por haber sido calentado por la radiación solar. Según un determinado sector de la comunidad científica, el efecto invernadero se estaría viendo acentuado por la emisión de ciertos gases, como el dióxido de carbono y el metano, debida a la actividad humana.

- **Lluvia ácida**: se forma cuando la humedad en el aire se combina con los óxidos de nitrógeno y el dióxido de azufre emitidos por fábricas, centrales eléctricas y vehículos que queman carbón o derivados del petróleo. Esta combinación forma ácido sulfúrico y ácidos nítricos. Finalmente, estas sustancias químicas caen a la tierra acompañando a las precipitaciones, formando lo que se denomina lluvia ácida.

- **Agotamiento del agua**: recurso imprescindible para la vida en la Tierra, del que disponemos en abundancia aunque únicamente podemos utilizar una pequeña cantidad para consumo humano.

  La parte del agua que podemos utilizar para consumo es la que se encuentra en los ríos y acuíferos, motivo más que suficiente para luchar contra la contaminación que el hombre provoca en ellos.

- **Contaminación**: introducción de agentes biológicos, químicos o físicos en un medio al cual no pertenecen. Afecta al suelo, agua y aire, provocando graves problemas como generación de residuos de tipo urbano, inertes, peligrosos, contaminación lumínica, acústica, etc.

Recuerda que...

El deterioro medioambiental está causado mayoritariamente por la acción humana.

3. Protección medioambiental

La energía es indispensable en la vida cotidiana. Esto implica la necesidad de afrontar cambios que mejoren aspectos de consumo energético dañinos para el medioambiente. La excesiva dependencia de los recursos energéticos fundamentalmente del petróleo y sus derivados hace necesario plantear la necesidad de hacer llegar a los consumidores energía alternativa segura y a precios asequibles.

Actualmente existe desde los gobiernos europeos una política que abarca todas las fuentes de energía, ya sean fósiles (petróleo, gas, carbón), nuclear o renovables (solar, eólica, resultante de la biomasa, geotérmica, hidráulica, mareomotriz) y que tiene como objetivo iniciar una nueva revolución industrial que transformará a la UE en una economía con un bajo consumo de energía más segura, más competitiva y más sostenible.

Uno de los objetivos principales es la reducción del consumo de energía y la prevención del derroche energético.

Mejorando la eficiencia energética se contribuye a ser más competitivos, aseguramos el abastecimiento y contribuimos al cuidado del medio ambiente.

Para alcanzar el objetivo planteado es necesario mentalizar a los ciudadanos, a los responsables públicos y a los protagonistas del mercado, y además se han establecido, entre otras, normas mínimas de rendimiento energético y normas sobre el etiquetado, aplicables a los productos, a los servicios y a las infraestructuras.

3.1. Eficiencia energética

La Eficiencia Energética se puede definir como la reducción del consumo de energía manteniendo los mismos servicios energéticos, sin disminuir nuestro confort y calidad de vida, protegiendo el medio ambiente, asegurando el abastecimiento y fomentando un comportamiento sostenible en su uso.

Partiendo de la definición anterior podemos aplicar el concepto a gran diversidad de aspectos de nuestra sociedad. En el tema que nos compete, la aplicación se realiza en la configuración de instalaciones de abastecimiento de agua caliente sanitaria en edificios principalmente. Por consiguiente nos centraremos en este punto.

- **Eficiencia energética de un edificio**: cantidad de energía calculada o medida que se necesita para satisfacer la demanda de energía asociada a un uso normal del edificio, que incluirá, entre otras cosas, la energía consumida en la calefacción, la refrigeración, la ventilación, el calentamiento del agua y la iluminación.

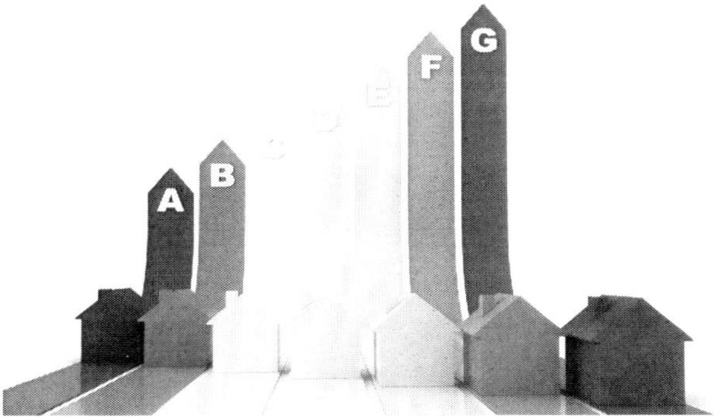

En el Código Técnico de la Edificación, documento básico (HE) Ahorro de Energía, sección HE4 "Contribución solar mínima de agua caliente sanitaria", se establecen los términos mínimos de cumplimiento para edificios de nueva construcción y rehabilitados existentes de cualquier uso en los que exista una demanda de agua caliente sanitaria y/o climatización de piscina cubierta.

Los **edificios nuevos** deben respetar estas exigencias y, antes del inicio de su construcción, ser objeto de un estudio de viabilidad relativo a la instalación de sistemas de abastecimiento de energías renovables, bombas de calor, sistemas de calefacción y refrigeración urbanos o colectivos y sistemas de cogeneración.

Los **edificios existentes**, cuando son objeto de trabajos de renovación importantes, deben beneficiarse de una mejora de su eficiencia energética de tal forma que pueda satisfacer igualmente los requisitos mínimos. Quedan excluidos de la aplicación de los requisitos mínimos:

- Los edificios protegidos oficialmente (por ejemplo, edificios históricos).
- los edificios utilizados como lugares de culto.
- las construcciones provisionales.
- los edificios residenciales destinados a una duración de uso anual limitada.
- los edificios independientes de una superficie útil total inferior a 50 m^2.

Las contribuciones solares que aparecen en el documento recordemos que tienen carácter de mínimos, lo que implica que el promotor o las administraciones competentes pueden ampliar dichas exigencias.

La contribución solar mínima se calcula como el cociente entre los valores anuales de la energía solar aportada exigida y la demanda energética anual, obtenidos a partir de los valores mensuales. Para el cálculo de estas aportaciones también se tienen en consideración datos como la zona climática donde se encuentre la instalación, el agua caliente sanitaria (ACS) demandada y el origen de la fuente energética de apoyo (gasóleo, gas natural, propano, electricidad, etc.).

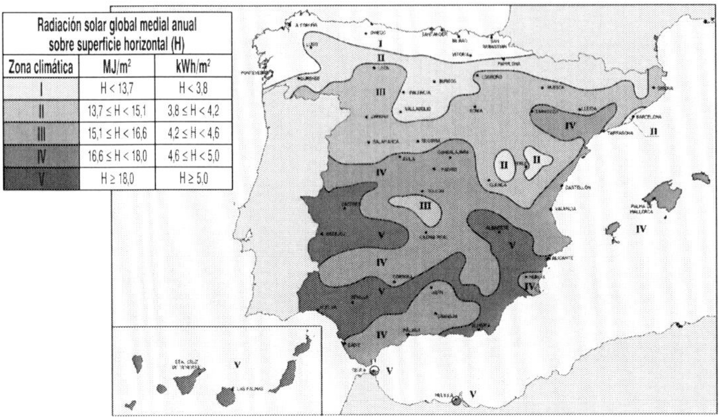

Radiación solar global medial anual sobre superficie horizontal (H)		
Zona climática	MJ/m^2	kWh/m^2
I	$H < 13,7$	$H < 3,8$
II	$13,7 \leq H < 15,1$	$3,8 \leq H < 4,2$
III	$15,1 \leq H < 16,6$	$4,2 \leq H < 4,6$
IV	$16,6 \leq H < 18,0$	$4,6 \leq H < 5,0$
V	$H \geq 18,0$	$H \geq 5,0$

En el mapa anterior podemos ver las zonas climáticas definidas en España, teniendo en cuenta la Radiación Solar Global media diaria anual sobre superficie horizontal (H).

Actividades

Práctica

Indica al menos 5 problemas medioambientales que se vean agravados por la acción del hombre.

Responde a las siguientes cuestiones:

1. **Medio ambiente es:**
   a) Ciencia que estudia a los seres vivos, su ambiente, la distribución y abundancia.
   b) Conjunto de componentes físicos, químicos, etc., capaces de causar efectos sobre los seres vivos y las actividades humanas.
   c) Ciencia que estudia los seres vivos, su ambiente, la distribución y abundancia.
   d) Ninguna de las respuestas anteriores es correcta.

2. **El principal causante del efecto invernadero es:**
   a) H_2O.
   b) CO.
   c) CO_2.
   d) Ozono.

3. **¿En qué sección del documento básico (HE) Ahorro de Energía, del Código Técnico de la Edificación, hace referencia a la "Contribución solar mínima de agua caliente sanitaria"?**
   a) Sección HE4.
   b) Sección HE3.

c) Sección HE2.

d) Sección HE1.

4. ¿Cuál de los siguientes edificios no está excluido de la aplicación de requisitos mínimos establecidos en cuanto a Contribución solar mínima de agua caliente sanitaria?

a) Los edificios protegidos oficialmente.

b) Las construcciones provisionales.

c) Los edificios utilizados como lugares de culto.

d) Los edificios rehabilitados con piscina climatizada cubierta.

5. ¿Qué aspecto de los siguientes se debe considerar para realizar el cálculo de Contribución solar mínima de agua caliente sanitaria de un edificio?

a) La zona climática donde se encuentre la instalación.

b) El agua caliente sanitaria (ACS) demandada.

c) El origen de la fuente energética de apoyo.

d) Todas las respuestas anteriores son correctas.

Capítulo 5

Emergencias

Rodio ediciones

Índice

1. Introducción

La primera pregunta que debemos plantearnos es: ¿Qué entendemos por una situación de emergencia? Podemos encontrar diferentes definiciones de este concepto, una de ellas puede ser la siguiente:

Estado caracterizado por la alteración o interrupción intensa y grave de las condiciones normales de funcionamiento u operación de una comunidad, causada por un suceso o por la inminencia del mismo, que requiere de una reacción inmediata y que exige la atención o preocupación de las diferentes instituciones y de la comunidad en general.

En esta definición caben aspectos como los climatológicos (inundación, huracán...), incendio, amenaza de bomba, explosión, accidente, terremotos, etc. que puedan dar lugar a lo expuesto en la misma.

Ante una situación de este tipo es importante que los trabajadores sepan actuar y que la empresa tenga establecida la forma de actuación en cada momento. La ley de Prevención de Riesgos Laborales en su artículo 20 establece lo siguiente:

> El empresario, teniendo en cuenta el tamaño y la actividad de la empresa, así como la posible presencia de personas ajenas a la misma, deberá analizar las posibles situaciones de emergencia y adoptar las medidas necesarias en materia de primeros auxilios, lucha contra incendios y evacuación de los trabajadores, designando para ello al personal encargado de poner en práctica estas medidas y comprobando periódicamente, en su caso, su correcto funcionamiento. El citado personal deberá poseer la formación necesaria, ser suficiente en número y disponer del material adecuado, en función de las circunstancias antes señaladas.

2. Plan de autoprotección

El plan de autoprotección es el documento que recoge la previsión de situaciones de emergencia que se pueden presentar en la empresa y donde se especifican las medidas que hay que adoptar en materia de primeros auxilios, lucha contra incendios y evacuación de los trabajadores para la seguridad de las personas y bienes.

Los objetivos que se persiguen mediante el desarrollo y aplicación del plan de autoprotección son:

- Velar por la vida de las personas y su integridad física.
- Reducir las pérdidas materiales que se puedan ocasionar ante una situación de emergencia.
- Estar preparados y organizados, sabiendo actuar y teniendo el equipamiento necesario para abordar situaciones de emergencia que pudieran presentarse.
- Optimizar los recursos disponibles tanto humanos como materiales en la protección y control de emergencias.
- Facilitar la coordinación y colaboración con la "ayuda externa" que pudiera precisarse en una emergencia.

El Manual de Autoprotección debe tener el contenido estructurado de forma que en cada apartado se describan los aspectos fundamentales que realmente sean de interés. Los documentos que debe contener son los siguientes:

1. **Características y evaluación del riesgo.** Se describen gráfica y brevemente las características del lugar de trabajo, diseño y todas las instalaciones.
2. **Medios de protección.** Se deben enumerar los medios e instalaciones de protección de que se dispone (sistemas de alarma y extinción de incendios, equipos de primeros auxilios, equipos de emergencias...), además se debe indicar claramente la localización de cada uno de ellos.
3. **Plan de emergencia.** En él se describe la organización de seguridad interior, la organización prevista en caso de emergencia, los "equipos de intervención" y las instrucciones y normas de actuación y comportamiento previstas.
4. **Implantación.** Especifica el procedimiento para llevar a la práctica el manual de autoprotección y garantizar su mantenimiento y actualización permanente.

Debe recoger el nombre de las personas que constituyen la organización prevista y sus funciones.

2.1. Evacuación

Dentro del Manual de autoprotección comentado en el punto anterior, se establece el Plan de Evacuación, donde se determina el conjunto de instrucciones a seguir para el desalojo parcial o total del edificio o lugar de trabajo. En este Plan de Evacuación se establecerán:

- Señal de alarma general.
- Itinerarios.

- Opciones de salida.
- Puntos de reunión exterior.
- Normas de conducta.
- Información y simulacro.

¿En qué consiste la evacuación?

Se define evacuación como la acción de desocupar ordenada y planificadamente un lugar y es realizada por los ocupantes por razones de seguridad ante un peligro potencial o inminente.

El principal objetivo que pretende alcanzar es el de evitar pérdidas humanas. Para poder alcanzar el objetivo planteado es primordial que se realice teniendo en cuenta que debe ser:

1. Organizada.
2. Rápida.
3. Oportuna.

En el momento de realizar una evacuación se debe partir de un análisis de la situación por parte de la persona responsable para estimar el riesgo de las personas, los bienes e instalaciones, ya que en ocasiones no es necesario realizar la evacuación total del edificio, industria, etc. Las evacuaciones pueden ser:

- Evacuación parcial de personas.
- Evacuación total.

Una vez dada la orden de evacuación y para que esta se realice de manera correcta es necesario respetar una serie de normas básicas, indicadas a continuación:

- Siempre se deben seguir las indicaciones de las personas integrantes de los equipos de emergencia.
- Desconectar los equipos eléctricos de trabajo.
- Abandonar el lugar de trabajo de manera ordenada y con rapidez, evitando la formación de aglomeraciones y crear confusión.
- No se debe perder tiempo en recoger objetos personales.
- Se debe prestar ayuda a las personas que tengan dificultades o sufran caídas.
- No se debe volver atrás con el pretexto de buscar a una persona o un objeto.
- No usar ascensores ni montacargas.
- No usar una escalera de bajada en la que se observe humo en su parte inferior.

- Usar las vías de evacuación establecidas.

- No bloquear las salidas.
- Acudir al punto de encuentro una vez se encuentre en el exterior.

2.2. Primeros auxilios

Los primeros auxilios son la primera ayuda que se presta al herido antes de ser asistido por el personal sanitario o ser trasladado a un centro de asistencia.

La finalidad de esta primera asistencia es:

- Aliviar las molestias del herido/a.
- Confortarle con nuestra presencia y ánimo.
- Garantizar que esté en las mejores condiciones posibles, hasta que llegue la ayuda facultativa o sea trasladado.

Dado que la persona que debe prestar la primera ayuda a un accidentado suele ser un compañero de trabajo, es importante que el mayor número de personas posible tenga nociones básicas sobre primeros auxilios.

Con demasiada frecuencia cuando se produce un accidente la reacción más frecuente es la de meter al herido en un vehículo y trasladarlo al centro de salud más próximo sin haber realizado una valoración de lo que tiene y sin saber si con nuestra actuación estamos agravando su situación más que ayudándole. En esto no consiste la prestación de primeros auxilios, el traslado es la última etapa.

A) Actuación en caso de accidente

Debemos tener presente que una rápida actuación ante un accidente puede salvar la vida de una persona o evitar el empeoramiento de las posibles lesiones que padezca.

El procedimiento a seguir es el conocido término PAS (**P**roteger, **A**visar, **S**ocorrer), que está formado por las iniciales de las tres secuencias que debe comprender la atención al accidentado:

- **Proteger**: hay que acercarse para ver lo sucedido, qué tipo de accidente se ha producido y si existen heridos. En caso de haber heridos, antes de actuar, tenemos que asegurarnos que tanto el accidentado como nosotros mismos estamos fuera de todo peligro.

  Ejemplo: en caso de un accidente de tipo eléctrico donde se ha producido la electrocución de un trabajador, debemos asegurarnos que se ha desconectado la instalación eléctrica o bien protegernos adecuadamente antes de atender al accidentado.
- **Avisar**: dar aviso a los servicios sanitarios (médico, ambulancia, etc.) de la existencia del accidente. Es muy importante dar la alerta de forma correcta y estructurada. Para ello se debe tener claro, quién tiene que avisar, cómo tiene que dar el mensaje, y a quién debe dar el mensaje. Un error en la forma de alertar supone una pérdida de tiempo que en ocasiones puede ser suficiente para la pérdida de vida del accidentado. Como norma general, cualquier emergencia debe ser comunicada al inmediato superior o al teléfono de emergencias 112.
- **Socorrer**: una vez se ha protegido y avisado, se procederá a ver qué se puede hacer por el accidentado hasta que llegue el personal sanitario o un médico. Para ello se reconocerán sus signos vitales siempre por este orden:
  - ▹ Consciencia.
  - ▹ Respiración.
  - ▹ Pulso.

B) Valoración de la víctima

Lo primero que debemos realizar ante un accidentado será realizar una valoración de sus funciones vitales o lo que es lo mismo, comprobaremos el estado de los tres sistemas fundamentales del cuerpo humano.

- Sistema circulatorio, formado por el corazón, los vasos sanguíneos y la sangre.
- Sistema respiratorio, formado por las vías respiratorias y los pulmones.
- Sistema nervioso, formado por el sistema nervioso central y el sistema nervioso periférico.

Las constantes vitales nos dan datos sobre el funcionamiento de estos tres sistemas:

- Consciencia, nos da datos sobre el sistema nervioso central. Si no hay daño cerebral, la persona estará despierta y su respuesta a los estímulos externos como el ruido, la luz, el dolor, el calor, etc. estará presente. Cuando la respuesta a los estímulos es vigorosa indica un buen estado del sistema nervioso central. Si la respuesta es apagada indica que hay un deterioro o depresión del mismo. Si no hay respuesta a ningún estímulo, ni tan siquiera el estímulo doloroso, es que la persona está inconsciente.
- El pulso, nos informa del estado del sistema circulatorio y el funcionamiento del corazón. El pulso debe ser regular, rítmico y con cierta intensidad. La frecuencia cardíaca normal en un adulto en reposo es de 60-80 latidos por minuto. El pulso debe tomarse con dos dedos, índice y corazón.

- La respiración, nos informa sobre el sistema respiratorio. Debe ser rítmica, no ruidosa y profunda. La respiración puede percibirse si nos acercamos a la persona y ponemos nuestra mejilla próxima a su boca y su nariz. También podemos mirar al pecho de la persona para ver si se eleva con los movimientos respiratorios.

  La frecuencia respiratoria normal en un adulto en reposo es de 12 a 15 respiraciones completas por minuto.

  Una vez comentadas las nociones más generales sobre la forma de actuar en caso de tener que prestar auxilio, vamos a dar una serie de indicaciones a tener presentes:

- Es importante transmitir calma a la persona accidentada evitando la acumulación de personas a su alrededor, hecho que puede perturbar al accidentado.

- A no ser que la situación sea de riesgo extremo, como una inminente explosión, desplome, etc., no se debe mover al accidentado sin haber evaluado su estado.
- No proporcionar líquidos ni alimentos a la persona accidentada.
- Siempre que sea posible, se debe cubrir al accidentado con una manta o similar.
- No se deben aplicar técnicas de primeros auxilios si no se tiene conocimientos de estos, podría ser muy perjudicial.
- Avisar a los servicios sanitarios o a las personas que tengan conocimientos de técnicas de primeros auxilios.
- Hasta la llegada de las personas capacitadas, no se debe abandonar al accidentado.

C) Accidentes más frecuentes

A continuación se hacen una serie de indicaciones a tener presentes a la hora de prestar primeros auxilios en los casos más comunes que nos podemos encontrar en el desarrollo de nuestra profesión:

a) **Golpe de calor**:

- ▷ Avisar a las personas capacitadas y a los servicios sanitarios.
- ▷ Trasladar a la persona afectada a un lugar fresco y aireado. Se le debe retirar las prendas innecesarias y enfriar al afectado, usando, por ejemplo, paños humedecidos con agua fría que se aplican en la cabeza, empapar el cuerpo con agua fresca, abanicar al afectado, etc.
- ▷ Si el afectado sufre convulsiones, estas no deben ser bloqueadas, ya que se trata de movimientos musculares incontrolados por un fallo nervioso, y el bloqueo de estas convulsiones puede provocar lesiones importantes. Es aconsejable poner un objeto blando a modo de almohada bajo la cabeza del afectado para evitar que se golpee contra el suelo.

b) Heridas: entendiéndose esta como un desgarre de la piel.

- ▷ Lavarse las manos.
- ▷ Preparar el material de cura necesario y tenerlo a mano.
- ▷ Retirar joyas y ropa que puedan dificultar nuestra actuación.
- ▷ Si la herida sangra poco, dejar que salga un poco de sangre antes de actuar, si por el contrario sangra de forma abundante, se presionará la herida para evitar el sangrado.
- ▷ Limpiar la herida retirando los cuerpos extraños con suero fisiológico, agua y jabón o agua oxigenada, si hay algún objeto clavado, este no debe retirarse ya que se puede provocar una hemorragia.
- ▷ Secar la herida desde dentro hacia fuera, con gasas estériles.

- ▹ Aplicar antiséptico, salvo en aquellas heridas que deban ser revisadas por un médico.
- ▹ Colocar apósito estéril.
- ▹ En heridas graves, trasladar al Centro de Salud.

Nunca debemos:

- ▹ Poner sobre la herida algodón, servilletas o pañuelos de papel, para evitar que queden restos de estos sobre la misma.
- ▹ Utilizar alcohol o lejía.
- ▹ Usar pomadas.
- ▹ Retirar objetos clavados.

c) Quemaduras:

- ▹ Enfriar el área quemada durante varios minutos (suero fisiológico o agua fría).
- ▹ El enfriamiento de la quemadura nunca se debe realizar usando hielo. Tampoco se debe aplicar pomadas sobre las quemaduras, salvo que sean específicas y la quemadura no requiera de intervención posterior.
- ▹ Para cubrir el área quemada, haremos uso de un apósito o una compresa húmeda en solución salina fisiológica o agua fría limpia y lo sujetaremos con un vendaje para evitar la contaminación de la lesión.
- ▹ Si hay parada cardiorrespiratoria, iniciar RCP.
- ▹ Traslado al Centro Sanitario.

d) Esguinces y fracturas: un esguince es la rasgadura, torsión, distensión o estiramiento excesivo de algún ligamento (banda resistente de tejido elástico que une los extremos óseos en una articulación). Se produce debido a un movimiento brusco, caída, golpe o una fuerte torsión de la misma, que hace superar su amplitud normal. La fractura es una discontinuidad en los huesos, a consecuencia de golpes, fuerzas o tracciones cuyas intensidades superen la elasticidad del hueso. El término es extensivo para todo tipo de roturas de los huesos, desde aquellas en que el hueso se destruye amplia y evidentemente, hasta aquellas lesiones muy pequeñas e incluso microscópicas.

- ▹ Tanto el esguince como la fractura se acompañan de gran dolor e inflamación, pero la incapacidad para mover la zona afectada y la deformidad son propias de las lesiones óseas. Hasta que se descarte una fractura, los esguinces graves se deben tratar como lesiones óseas; solo la radiografía puede confirmar el diagnóstico.
- ▹ Si la víctima tiene heridas o marcas de golpe del cuello para arriba, no debe moverse.
- ▹ Si la persona accidentada está consciente, debemos tranquilizarla, evitar que se mueva y buscar ayuda médica profesional.

- ▹ Si hay una herida, con hueso salido o no, hay que parar el sangrado y limpiarla.
- ▹ Es necesario que no se mueva la parte fracturada. Para esto hay que "entablillar" usando objetos cercanos que nos lo permitan, como pueden ser ramas, tablillas o revistas, amarradas con vendas, pañuelos, cinturones, ligas, sábanas.
- ▹ Llevar a la persona al centro de salud más cercano.

D) Respiración artificial

La parada respiratoria o asfixia se produce cuando se para la respiración, el cerebro deja de recibir oxígeno y la persona pierde la consciencia. Tras cinco minutos de parada respiratoria el corazón deja de funcionar por falta de oxígeno y nos encontramos ante una parada cardiorrespiratoria.

La respiración puede pararse por:

a) Cuerpos extraños que obstruyen la vía respiratoria.

b) Inhalación de humos o gases tóxicos. En atmósfera con un bajo contenido de oxígeno, se inhibe el centro respiratorio que hay en el cerebro, produciéndose una parada respiratoria.

c) Estrangulamiento o golpes fuertes sobre la tráquea.

d) Electrocución. Cuando se produce una descarga eléctrica la persona que recibe el choque eléctrico puede sufrir una parada de los músculos respiratorios. También se puede producir cuando la descarga pasa a través del cerebro.

e) Ahogamiento. En estos casos también se produce una obstrucción de la vía aérea y en consecuencia una parada respiratoria.

A continuación se describe la maniobra de Reanimación Cardio-Pulmonar (RCP):

- **Determinar la falta de respuesta**. Sacuda a la víctima por los hombros y realice preguntas a la persona afectada de respuesta fácil e inmediata, como por ejemplo: ¿Está Ud. bien?

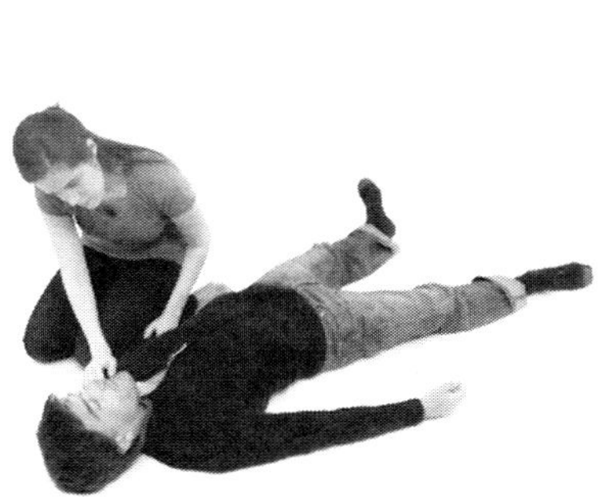

- **Si la víctima no responde**, debe ser colocada boca arriba sobre una superficie dura y plana y se debe pedir ayuda.
- **Se procede a continuación a la apertura de la vía aérea**. En la víctima relajada, la lengua impide la entrada y salida de aire. Se debe abrir la

vía aérea extendiendo la cabeza hacia atrás, colocando una mano en la frente y otra en mentón, a continuación, se acerca el oído a la boca de la víctima con el fin de escuchar si hay entrada y salida de aire, al mismo tiempo que se observará si se produce una elevación del tórax.

- **Realizar la respiración de boca a boca**. Para ello, deben taponarse las fosas nasales y realizar un sello de la boca de la víctima con la boca de la persona que la socorre.

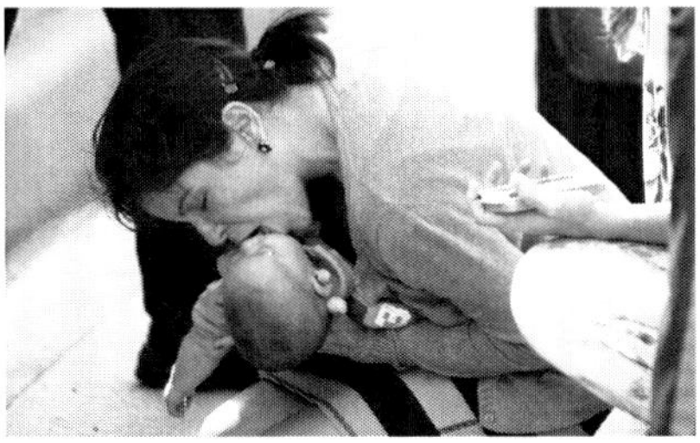

- **Soplar** (como para inflar un globo) dos veces. Debe lograrse que el pecho se eleve con cada soplido.
- **Circulación**. Luego de las dos respiraciones se busca el pulso en el cuello. Para ubicarlo, se sitúan los dos dedos sobre la nuez de Adán y se deslizan hasta su lado. Tal y como veíamos anteriormente.

  Dejar transcurrir aproximadamente cinco segundos para estar seguro de que no hay pulso.
- **Si no ha hay pulso se procede a iniciar la reanimación**. Ubicar el borde inferior de las costillas y recorrerlas hasta donde se unen con el esternón. A continuación se señala el lugar con sus dedos y se colocará la otra mano a continuación de los dedos. Debe situarse una mano sobre la otra y apoyar solo el talón de la mano. Finalmente, iniciar las compresiones empujando el esternón hacia abajo de 4 a 5 centímetros.

  No deben flexionarse los brazos manteniéndolos perpendicularmente sobre el esternón. Alternar 15 compresiones con dos respiraciones a un ritmo de 80 a 100 por minuto.

  No interrumpir la RCP. Debe repetirse esta actuación en un ciclo de 15 compresiones y 2 respiraciones hasta que llegue la ayuda.

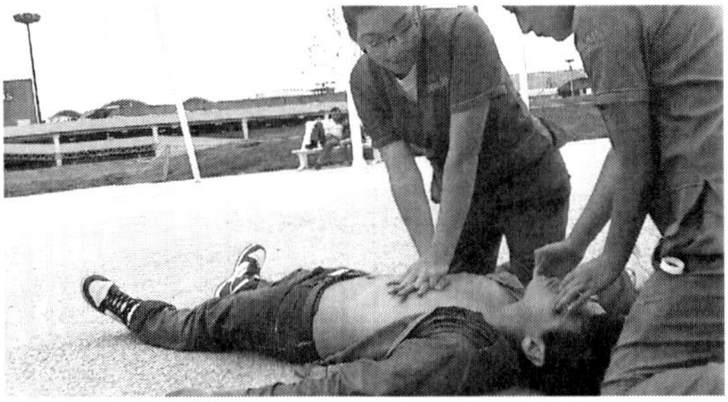

Actividades

Práctica

1. **Enumere las pautas a seguir en caso de tener que realizar la reanimación cardio-pulmonar.**

2. **¿Qué puntos deben quedar establecidos en el Plan de Evacuación?**

Responde a las siguientes cuestiones:

1. **Una de las medidas fundamentales de los primeros auxilios es:**
   a) Movilizar lo menos posible a la víctima.
   b) Mantener a la víctima sentada.
   c) Movilizar las extremidades inferiores y superiores de la víctima.
   d) Todas las respuestas anteriores son correctas.

2. **¿Cuál de las siguientes acciones no se debe realizar en caso de accidente?**
   a) No mover al accidentado sin haber valorado su estado.
   b) Proporcionar líquidos al accidentado.
   c) Cubrir al accidentado siempre que sea posible con una manta.
   d) Avisar a personas capacitadas o a servicios sanitarios.

3. **En caso de encontrarnos ante una persona que sufre un golpe de calor, ¿cuál de las siguientes actuaciones es incorrecta?**
   a) Colocar a la persona afectada en un lugar fresco y aireado.
   b) Retirar las prendas innecesarias.
   c) Abanicar al afectado para refrescarle la piel.
   d) Si la persona afectada sufre convulsiones, tratar de bloquearlas.

4. **En caso de atender a una persona que ha sufrido una quemadura, ¿cuál de las siguientes actuaciones es incorrecta?**
   a) Enfriar el área quemada durante varios minutos.
   b) Usar hielo sobre la herida.
   c) Cubrir el área quemada con un apósito o una compresa húmeda en solución salina fisiológica o agua fría limpia y sujetar con un vendaje para evitar la contaminación de la lesión.
   d) Si hay parada cardiorrespiratoria, iniciar RCP.

5. **En caso de haberse dado la orden de evacuación, ¿qué acción no debemos ejecutar?**
   a) Usar las vías de evacuación establecidas.
   b) Prestar atención a las indicaciones de la persona responsable de emergencias.
   c) Usar ascensores o montacargas para la rápida evacuación.
   d) Desconectar si se puede los equipos de trabajo eléctricos.

Capítulo 6

Zonas de trabajo

eRodio ediciones

Índice

1. Introducción

Según el Real Decreto 486/1997, de 14 de abril, que establece las disposiciones mínimas de seguridad y salud en los lugares de trabajo, se entiende que:

> Lugar de trabajo son las áreas del centro de trabajo, edificadas o no, en las que los trabajadores deban permanecer o a las que puedan acceder en razón de su trabajo. Esta definición incluye los servicios higiénicos y locales de descanso, los locales de primeros auxilios y los comedores. Las instalaciones de servicio o protección anejas a los lugares de trabajo (calefacción, subestaciones, etc.) se consideran parte integrante de ellos.

Aunque en la definición aparece suficientemente claro, se exponen a continuación de manera más detallada y aportando una serie de ejemplos los lugares de aplicación del Real Decreto 486/1997 y que serán los siguientes:

- Instalaciones industriales, fábricas y oficinas, además de escuelas, hoteles, hospitales, universidades, etc. El término "lugar de trabajo" también incluye cualquier local, pasillo, escalera, vía de circulación, etc, situado dentro de las instalaciones citadas.
- "Instalaciones de Servicio": se entenderá lugares tales como salas de calderas, salas de compresores, salas de máquinas de ascensores, centros de transformación, etc.

- "Instalaciones de Protección": se entenderá por estas las destinadas a proteger contra algún tipo de riesgo, como por ejemplo, las instalaciones de protección contra incendios.

Igualmente consideramos necesario indicar que no serán de aplicación las disposiciones de este Real Decreto en:

- Los medios de transporte utilizados fuera de la empresa o centro de trabajo, así como los lugares de trabajo situados dentro de los medios de transporte.
- Las obras de construcción temporales o móviles.

- Las industrias de extracción.
- Los buques de pesca.
- Los campos de cultivo, bosques y otros terrenos que formen parte de una empresa o centro de trabajo agrícola o forestal pero que estén situados fuera de la zona edificada de los mismos.

2. Normas de seguridad en los lugares de trabajo

Los lugares de trabajo han de cumplir las disposiciones mínimas citadas en los siguientes artículos y anexos del RD 486/1997 y de otras disposiciones reglamentarias:

- Condiciones constructivas: artículo 4 y Anexo I.
- Orden, limpieza y mantenimiento. Señalización: artículo 5, Anexo II y Real Decreto 485/1997.
- Instalaciones de servicio y protección: artículo 6 y las derivadas de las reglamentaciones específicas de seguridad que resulten de aplicación.
- Condiciones ambientales: artículo 7 y Anexo III.
- Iluminación: artículo 8 y Anexo IV.
- Servicios higiénicos y locales de descanso: artículo 9 y Anexo V.
- Material y locales de primeros auxilios: artículo 10 y Anexo VI.

2.1. Condiciones generales de seguridad

Los lugares de trabajo deberán cumplir las disposiciones mínimas en cuanto a seguridad, el diseño y sus características constructivas deben evitar el riesgo de resbalones o caídas, choques o golpes contra objetos, caídas de material, etc. Además deben favorecer el control de situaciones de emergencia tales como incendios y una rápida y segura evacuación.

A) Espacios de trabajo y zonas peligrosas

Los locales de trabajo deberían tener suficiente espacio para permitir a los trabajadores acceder con facilidad a los puestos de trabajo y moverse fácilmente dentro de los mismos.

Tal y como se especifica en el Anexo I:

> Deberán tomarse las medidas adecuadas para la protección de los trabajadores autorizados a acceder a las zonas de los lugares de trabajo donde la seguridad de los trabajadores pueda verse afectada por riesgos de caída, caída de objetos y contacto o exposición a elementos agresivos.

Este es el caso de trabajos realizados en cubiertas de tejados o zonas elevadas, donde se instalen sistemas de captación para la producción de agua caliente mediante paneles solares.

En los trabajos en techos y cubiertas se suelen producir numerosos accidentes graves y mortales por rotura del material que lo constituyen, normalmente durante trabajos ocasionales, tales como limpieza o mantenimiento. El acceso a estas zonas de trabajo que no ofrezcan suficientes garantías de resistencia solo podrá autorizarse cuando se proporcionen los equipos necesarios para que el trabajo pueda realizarse de forma segura.

B) Suelos, aberturas y desniveles y barandillas

Las estadísticas de accidentes de trabajo muestran que en torno al 10% de los accidentes en jornada de trabajo con baja tuvieron como causa las caídas al mismo nivel. Estas caídas, en especial las que tienen como causa el resbalamiento se deben, la mayoría de las veces, al tipo de construcción del suelo, a su coeficiente de fricción y a la suciedad depositada en él (líquidos, grasa, polvo, materiales, etc.).

Los suelos de los locales de trabajo deberán ser fijos, estables y no resbaladizos, sin irregularidades ni pendientes peligrosas. Los suelos, pasillos, escaleras, etc. deberán tener una buena resistencia al deslizamiento y mantenerse en el tiempo.

Los suelos serán resistentes a las cargas estáticas y dinámicas, a los productos químicos que se utilicen y a los factores ambientales.

Las aberturas o desniveles que supongan un riesgo de caída de personas se protegerán mediante barandillas u otros sistemas de protección de seguridad equivalente.

C) Tabiques, ventanas y vanos

Los tabiques transparentes o translúcidos y, en especial, los tabiques acristalados situados en los locales o en las proximidades de los puestos de trabajo y vías de circulación, deberán estar claramente señalizados y fabricados con materiales seguros, o bien estar separados de dichos puestos y vías, para impedir que los trabajadores puedan golpearse con los mismos o lesionarse en caso de rotura.

D) Vías de circulación

Deberán poder utilizarse conforme a su uso previsto, de forma fácil y con total seguridad para los peatones o vehículos que circulen por ellas y para el personal que trabaje en sus proximidades.

El número, situación, dimensiones y condiciones constructivas de las vías de circulación de personas o de materiales deberán adecuarse al número potencial de usuarios y a las características de la actividad y del lugar de trabajo.

Las vías de circulación destinadas a vehículos deberán pasar a una distancia suficiente de las puertas, portones, zonas de circulación de peatones, pasillos y escaleras.

Siempre que sea necesario para garantizar la seguridad de los trabajadores, el trazado de las vías de circulación deberá estar claramente señalizado.

E) Puertas y portones

La señalización de las puertas transparentes se deberá efectuar mediante elementos, si es preciso reflectantes, que resalten sobre el color de fondo y la luz ambiental existente.

Las puertas correderas deben tener un sistema que impida que la puerta se caiga, bien por un fallo del sistema de suspensión, bien porque los rodillos salgan del carril.

Las puertas y portones mecánicos deberán tener los dispositivos de seguridad adecuados que impidan lesiones a los trabajadores si estos son golpeados o atropellados por ellas.

F) Rampas, escaleras fijas y de servicio

Los pavimentos de las rampas, escaleras y plataformas de trabajo serán de materiales no resbaladizos o dispondrán de elementos antideslizantes. En el caso de existir elementos antideslizantes en la escalera, se mantendrán en todo momento en buen estado, sustituyéndose por otros cuando haya perdido sus propiedades.

Se entiende por escaleras de servicio aquellas cuyo uso es esporádico y restringido a personal autorizado.

Las escaleras mecánicas y cintas rodantes deberán tener las condiciones de funcionamiento y dispositivos necesarios para garantizar la seguridad de los trabajadores que las utilicen. Sus dispositivos de parada de emergencia serán fácilmente identificables y accesibles.

G) Escalas fijas

Las escalas fijas que tengan una altura superior a 4 metros dispondrán, al menos a partir de dicha altura, de una protección circundante. Esta medida no será necesaria en conductos, y otras instalaciones que, por su configuración, ya proporcionen dicha protección.

Si se emplean escalas fijas para alturas mayores de 9 metros se instalarán plataformas de descanso cada 9 metros o fracción.

H) Escaleras de mano

Las escaleras de mano tendrán la resistencia y los elementos de apoyo y sujeción necesarios para que su utilización en las condiciones requeridas no suponga un riesgo de caída, por rotura o desplazamiento de las mismas. En particular, las escaleras de tijera dispondrán de elementos de seguridad que impidan su apertura al ser utilizadas.

Las escaleras de mano se utilizarán de la forma y con las limitaciones establecidas por el fabricante. No se emplearán escaleras de mano y, en particular, escaleras de más de 5 metros de longitud, de cuya resistencia no se tengan garantías. Queda prohibido el uso de escaleras de mano de construcción improvisada.

Antes de utilizar una escalera de mano deberá asegurarse su estabilidad. La base de la escalera deberá quedar sólidamente asentada. En el caso de escaleras simples la parte superior se sujetará, si es necesario, al paramento sobre el que se apoya y cuando este no permita un apoyo estable se sujetará al mismo mediante una abrazadera u otros dispositivos equivalentes.

Las escaleras de mano simples se colocarán, en la medida de lo posible, formando un ángulo aproximado de 75 grados con la horizontal. Cuando se utilicen para acceder a lugares elevados sus largueros deberán prolongarse al menos 1 metro por encima de ésta.

El ascenso, descenso y los trabajos desde escaleras se efectuarán de frente a las mismas. Los trabajos a más de 3,5 metros de altura, desde el punto de operación al suelo, que requieran movimientos o esfuerzos peligrosos para la estabilidad del trabajador, solo se efectuarán si se utiliza cinturón de seguridad o se adoptan otras medidas de protección alternativas. Se prohíbe el transporte y manipulación de cargas por o desde escaleras de mano cuando su peso o dimensiones puedan comprometer la seguridad del trabajador. Las escaleras de mano no se utilizarán por dos o más personas simultáneamente.

Las escaleras de mano se revisarán periódicamente. Se prohíbe la utilización de escaleras de madera pintadas, por la dificultad que ello supone para la detección de sus posibles defectos.

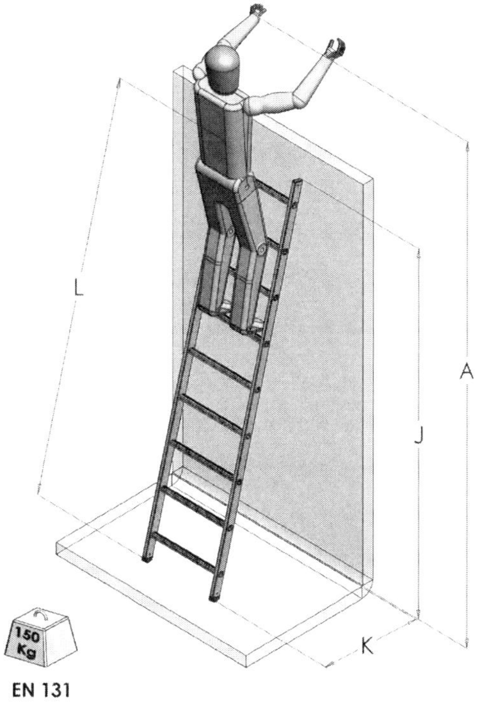

l) Orden, limpieza y mantenimiento

Las zonas de paso, salidas y vías de circulación de los lugares de trabajo y, en especial, las salidas y vías de circulación previstas para la evacuación en casos de emergencia, deberán permanecer libres de obstáculos de forma que sea posible utilizarlas sin dificultades en todo momento.

Los lugares de trabajo, incluidos los locales de servicio, y sus respectivos equipos e instalaciones, se limpiarán periódicamente y siempre que sea necesario para mantenerlos en todo momento en condiciones higiénicas adecuadas.

Se eliminarán con rapidez los desperdicios, las manchas de grasa, los residuos de sustancias peligrosas y demás productos residuales que puedan originar accidentes o contaminar el ambiente de trabajo.

Las operaciones de limpieza no deberán constituir por sí mismas una fuente de riesgo para los trabajadores que las efectúen o para terceros, realizándose a tal fin en los momentos, de la forma y con los medios más adecuados.

DECÁLOGO DEL ORDEN Y LA LIMPIEZA

1. Mantén ordenado y limpio tu puesto de trabajo.
2. Recuerda que existe un sitio para cada cosa y que cada cosa tiene su sitio.
3. Las herramientas defectuosas deben ser desechadas por el trabajador.
4. Utiliza cada herramienta para su uso específico.
5. Guarda en su sitio las herramientas una vez limpias.
6. Despeja escaleras, pasillos, puertas y salidas de emergencia de todo tipo de obstáculos.
7. No dejes objeto alguno alrededor de las máquinas o equipos productivos, sitúalos en el lugar asignado.
8. Limpia la basura, aceite o grasa que encuentres en pasillos o en tu lugar de trabajo.
9. Recoge recortes de chapas, tablas con clavos o trapos impregnados, etc. y depositalos en el lugar de almacenaje de residuos.
10. Da aviso de las condiciones inseguras o que suponen peligro.

2.2. Señalización

Cuando tras la evaluación de riesgos y las actuaciones pertinentes sobre los mismos no son suficientes para la eliminación del mismo, se hace preciso realizar una serie de actuaciones sobre el agente material del riesgo, sobre el operario (mediante EPI) y sobre el uso de **señalizaciones** y normas que refuercen las anteriores.

Las disposiciones mínimas en materia de señalización de seguridad y salud en el trabajo quedan establecidas en el Real Decreto 485/1997 de 14 de Abril.

La señalización de seguridad se define como el *conjunto de estímulos que condicionan la actuación de la persona que los capta, frente a determinadas situaciones que se pretenden resaltar*.

Los objetivos de la señalización de seguridad son:

- Llamar la atención sobre los objetos o situaciones que pueden provocar un accidente.
- Indicar la localización de dispositivos y equipos que tengan importancia desde el punto de vista de seguridad en el lugar de trabajo.

La necesidad de señalización se presenta:

- Cuando, como consecuencia de la evaluación de riesgos y las acciones requeridas para su control, no existan medidas técnicas u organizativas de protección colectiva, de suficiente eficacia.
- Como complemento a cualquier medida implantada, cuando la misma no limite el riesgo en su totalidad.

La señalización es una información y como tal un exceso de ella puede generar confusión. Las situaciones que deben ser señalizadas son:

- Acceso a zonas o locales donde se precise el uso de EPI.
- Zonas o locales cuyo acceso está restringido a personal autorizado.
- Señalización que permita a los trabajadores conocer situaciones de emergencia y/o instrucciones de protección en su caso.
- Señalización de los equipos de lucha contra incendios, salidas y recorridos de evacuación y ubicación de equipos de primeros auxilios.

Recuerda que...

La señalización en sí no constituye un medio de protección ni de prevención, sino que complementa la acción preventiva evitando accidentes al actuar sobre la conducta humana.

A) Formas de señalizar

La señalización empleada como técnica de seguridad puede clasificarse, según su forma de realizarse, en:

- **Señalización óptica**. Símbolo o pictograma: una imagen que describe una situación u obliga a un comportamiento determinado, utilizada sobre una señal en forma de panel o sobre una superficie luminosa.
- **Señalización luminosa**. Una señal emitida por medio de un dispositivo formado por materiales transparentes o translúcidos, iluminados desde atrás o desde el interior, de tal manera que aparezca por sí misma como una superficie luminosa.
- **Señalización acústica**. Una señal sonora codificada, emitida y difundida por medio de un dispositivo apropiado, sin intervención de voz humana o sintética.

- **Señalización verbal**. Un mensaje verbal predeterminado, en el que se utiliza voz humana o sintética.
- **Señales gestuales**. Un movimiento o disposición de los brazos o de las manos en forma codificada para guiar a las personas que estén realizando maniobras que constituyan un riesgo o peligro para los trabajadores.
- **Señal en forma de panel**. Señal que, por la combinación de una forma geométrica, de colores y de un símbolo o pictograma, proporciona una determinada información, cuya visibilidad está asegurada por una iluminación de suficiente intensidad.

En función de su aplicación, las señales de seguridad se clasifican en los siguientes grupos:

1. ***Señal de prohibición***: una señal que prohíbe un comportamiento susceptible de provocar un peligro.

   Forma redonda. Pictograma negro sobre fondo blanco, bordes y banda (transversal descendente de izquierda a derecha atravesando el pictograma a 45° respecto a la horizontal) rojos (el rojo deberá cubrir como mínimo el 35% de la superficie de la señal).

2. ***Señal de advertencia***: una señal que advierte de un riesgo o peligro.

   Forma triangular. Pictograma negro sobre fondo amarillo (el amarillo deberá cubrir como mínimo el 50% de la superficie de la señal), bordes negros.

   Como excepción, el fondo de la señal sobre "materias nocivas o irritantes" será de color naranja, en lugar de amarillo, para evitar confusiones con otras señales similares utilizadas para la regulación del tráfico por carretera.

3. ***Señal de obligación***: una señal que obliga a un comportamiento determinado.

   Forma redonda. Pictograma blanco sobre fondo azul (el azul deberá cubrir como mínimo el 50% de la superficie de la señal).

4. ***Señal de salvamento o socorro***: una señal que proporciona indicaciones relativas a las salidas de socorro, a los primeros auxilios o a los dispositivos de salvamento.

   Forma rectangular o cuadrada. Pictograma blanco sobre fondo verde (el verde deberá cubrir como mínimo el 50% de la superficie de la señal).

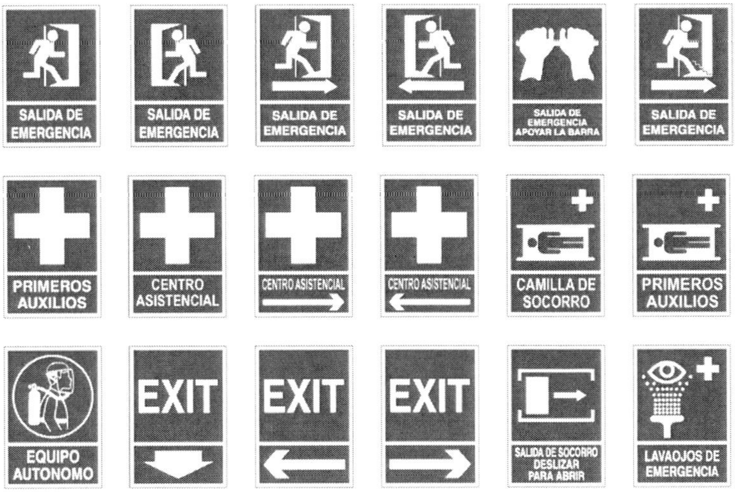

5. ***Señal lucha contra incendios***: una señal que proporciona información de los elementos de lucha contra incendios existentes en el lugar donde se encuentran.

Forma rectangular o cuadrada. Pictograma blanco sobre fondo rojo (el rojo deberá cubrir como mínimo el 50% de la superficie de la señal).

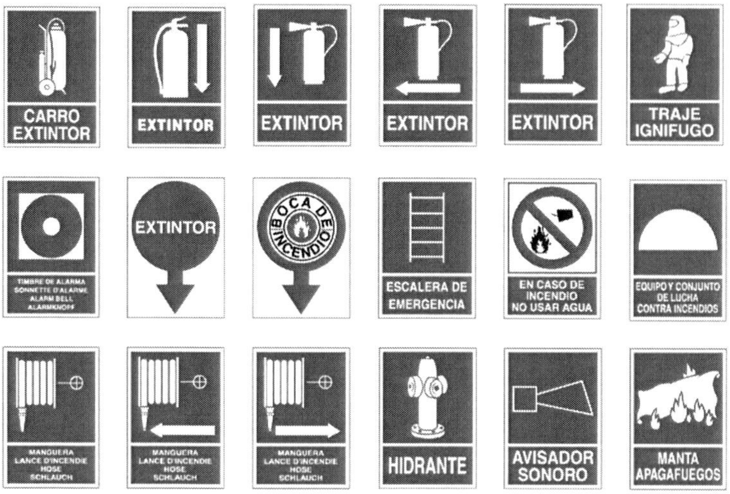

6. ***Señal indicativa***. Se trata fundamentalmente de aquellas informaciones de señalización que no están específicamente codificadas.

   Por ejemplo, supongamos que se trata de advertir del peligro de intervención en un equipo fuera de servicio. En tal caso podría utilizarse la señal de advertencia de "peligro en general" y junto a la misma un texto en letras negras sobre fondo amarillo indicando: "EQUIPO FUERA DE SERVICIO. NO TOCAR".

7. ***Señal adicional***: es una señal utilizada junto a otra señal y que facilita informaciones complementarias.

   Por ejemplo: junto a la prohibición de fumar y encender fuego, colocar la señal de productos inflamables, esta segunda nos indica una información complementaria.

   Otro ejemplo podría ser el de una señal relativa a la ubicación de un elemento de lucha contra incendios con otra del mismo apartado, con el contenido gráfico de una flecha que indica la dirección a seguir para encontrar el citado elemento.

Actividades

Práctica

Completa la siguiente tabla referente a la relación entre el tipo de señal, su forma geométrica y los colores usados:

TIPO DE SEÑAL DE SEGURIDAD	FORMA GEOMÉTRICA	COLOR			
		PICTOGRAMA	FONDO	BORDE	BANDA
ADVERTENCIA			AMARILLO	NEGRO	
PROHIBICIÓN	REDONDA	NEGRO	BLANCO		
	REDONDA	BLANCO	AZUL	BLANCO O AZUL	
LUCHA CONTRA INCENDIOS	RECTANGULAR O CUADRADA		ROJO		
SALVAMENTO O SOCORRO			VERDE	BLANCO O VERDE	

Responde a las siguientes cuestiones

1. **¿Cuál de las siguientes opciones no queda excluida de la aplicación del RD 486/97 como lugar de trabajo?**
   a) Los servicios higiénicos y locales de descanso.
   b) Los medios de transporte utilizados fuera de la empresa.
   c) Las obras de construcción temporales o móviles.
   d) Las industrias de extracción.

2. **Entre los requisitos mínimos de seguridad que deben cumplir los lugares de trabajo, se encuentran:**
    a) Seguridad estructural.
    b) Suelos, aberturas y desniveles, y barandillas.
    c) Puertas y portones.
    d) Todas son ciertas.

3. **Las señales de advertencia tienen como color de fondo:**
    a) Verde.
    b) Azul.
    c) Amarillo.
    d) Rojo.

4. **¿Cuál es la forma geométrica de las señales de obligación?**
    a) Redondeada.
    b) Triangular.
    c) Cuadrada o redonda.
    d) Rectangular.

5. **El objetivo de una Señalización de seguridad es:**
    a) Asegurarse de que el personal conoce las normas internas de la empresa.
    b) Indicar en el tablón de anuncios todas las noticias de la empresa.
    c) Indicar objetos o situaciones que pueden poner en peligro la salud del trabajador.
    d) Todas las respuestas anteriores son ciertas.

Capítulo 7

Normativa de aplicación

Rodio ediciones

Índice

1. Normativa aplicable en la instalación de energía solar térmica

A continuación enumeramos la normativa aplicable en materia de prevención de riesgos laborales:

- **Ley 31/1995, de 8 de noviembre, de Prevención de Riesgos Laborales**.

  La presente Ley tiene por objeto promover la seguridad y la salud de los trabajadores mediante la aplicación de medidas y el desarrollo de las actividades necesarias para la prevención de riesgos derivados del trabajo.

  Para el correcto cumplimiento de los fines para los que ha sido dispuesta, la presente Ley regula las actuaciones a desarrollar por las Administraciones públicas, así como por los empresarios y los trabajadores.

- **Real Decreto 39/1997, de 17 de enero, por el que se aprueba el Reglamento de los Servicios de Prevención**.

  El presente establece en su art. 1°. Integración de la actividad preventiva en la empresa que:

  La prevención de riesgos laborales deberá integrarse en el sistema general de gestión de la empresa, comprendiendo tanto al conjunto de las actividades como a todos sus niveles jerárquicos, a través de la implantación y aplicación de un plan de prevención de riesgos laborales.

  Lo comentado anteriormente implica la obligación de incluir la prevención de riesgos en cualquier actividad que realice y en todas las decisiones que adopten.

  Los trabajadores y sus representantes deberán contribuir a la integración de la prevención de riesgos laborales en la empresa y colaborar en la adopción y el cumplimiento de las medidas preventivas a través de su participación.

- **Real Decreto 485/1997, de 14 de abril, por el que se establecen las Disposiciones mínimas en materia de Señalización de Seguridad y Salud en el trabajo**.

  La señalización de seguridad y salud en el trabajo deberá utilizarse siempre que el análisis de los riesgos existentes, de las situaciones de emergencia previsibles y de las medidas preventivas adoptadas, ponga de manifiesto la necesidad de:

  - Llamar la atención de los trabajadores sobre la existencia de determinados riesgos, prohibiciones u obligaciones.
  - Alertar a los trabajadores cuando se produzca una determinada situación de emergencia que requiera medidas urgentes de protección o evacuación.

- Facilitar a los trabajadores la localización e identificación de determinados medios o instalaciones de protección, evacuación, emergencia o primeros auxilios.
- Orientar o guiar a los trabajadores que realicen determinadas maniobras peligrosas.

La señalización no deberá considerarse una medida sustitutoria de las medidas técnicas y organizativas de protección colectiva y deberá utilizarse cuando mediante estas últimas no haya sido posible eliminar los riesgos o reducirlos suficientemente. Tampoco deberá considerarse una medida sustitutoria de la formación e información de los trabajadores en materia de seguridad y salud en el trabajo.

- **Real Decreto 486/1997, de 14 de abril, por el que se establecen las Disposiciones mínimas de Seguridad y Salud en los Lugares de Trabajo**.

Según lo establecido en el presente Real Decreto se entenderá por lugares de trabajo las áreas del centro de trabajo, edificadas o no, en las que los trabajadores deban permanecer o a las que puedan acceder en razón de su trabajo.

Se consideran incluidos en esta definición los servicios higiénicos y locales de descanso, los locales de primeros auxilios y los comedores.

Las instalaciones de servicio o protección anejas a los lugares de trabajo se considerarán como parte integrante de los mismos.

El empresario deberá adoptar las medidas necesarias para que la utilización de los lugares de trabajo no origine riesgos para la seguridad y salud de los trabajadores o, si ello no fuera posible, para que tales riesgos se reduzcan al mínimo.

- **Real Decreto 487/1997, de 14 de abril, por el que se establecen las Disposiciones mínimas de Seguridad y Salud relativas a la Manipulación Manual de Cargas**.

El presente Real Decreto establece las disposiciones mínimas de seguridad y de salud, relativas a la manipulación manual de cargas que entrañe riesgos, en particular **dorso-lumbares**, para los trabajadores.

Se considerará **manipulación manual de cargas** cualquier operación de transporte o sujeción de una carga por parte de uno o varios trabajadores, como el levantamiento, la colocación, el empuje, la tracción o el desplazamiento, que por sus características o condiciones ergonómicas inadecuadas entrañe riesgos, en particular dorso-lumbares, para los trabajadores.

- **Real Decreto 773/1997, de 30 de mayo, sobre disposiciones mínimas de Seguridad y Salud relativas a la utilización por los trabajadores de Equipos de Protección Individual**.

  Lo primero que debe conocer el trabajador es qué se entiende por equipo de protección individual (EPI) y que en este Real Decreto queda claramente definido como: "cualquier equipo destinado a ser llevado o sujetado por el trabajador para que le proteja de uno o varios riesgos que puedan amenazar su seguridad o su salud, así como cualquier complemento o accesorio destinado a tal fin".

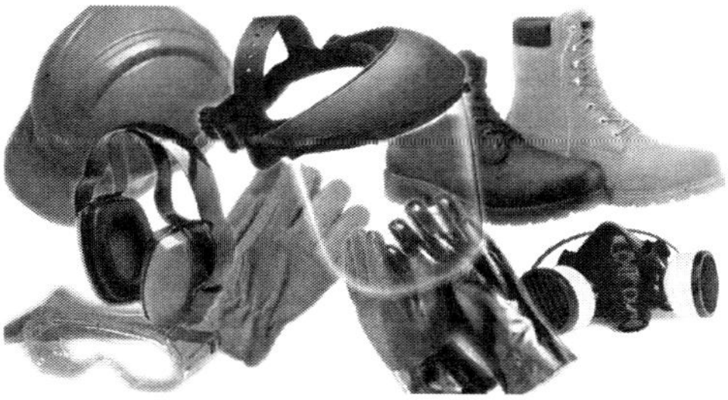

Es preciso indicar que existen una serie de obligaciones tanto para el empresario como para los trabajadores en lo relativo a los EPI y que pasamos a enumerar a continuación.

Obligaciones generales del empresario:

▹ Determinar los puestos de trabajo en los que sea precisa la utilización de equipos de protección individual, contra qué riesgos deben proteger y qué tipo deberá utilizarse.

- Elegir los equipos de protección individual conforme a las condiciones que deben reunir y las características del riesgo contra el cual han de proteger.
- Proporcionar gratuitamente a los trabajadores los equipos de protección individual que deban utilizar, reponiéndolos cuando resulte necesario.
- Velar por la correcta utilización de los equipos por parte de los trabajadores.
- Asegurar que se realiza el adecuado mantenimiento de los equipos.

Obligaciones del trabajador:

- Utilizar y cuidar correctamente los equipos de protección individual.
- Colocar el equipo de protección individual después de su utilización en el lugar indicado para ello.
- Informar de inmediato a su superior jerárquico directo de cualquier defecto, anomalía o daño apreciado en el equipo de protección individual utilizado que, a su juicio, pueda entrañar una pérdida de su eficacia protectora.

- **Real Decreto 1215/1997, de 18 de julio, por el que se establecen las disposiciones mínimas de Seguridad y Salud para la utilización por los trabajadores de los Equipos de Trabajo**.

A continuación se exponen algunas de las definiciones establecidas en el presente Real Decreto y que se consideran necesarias para que el alumno pueda entender el contenido del mismo.

- **Equipo de trabajo**: cualquier máquina, aparato, instrumento o instalación utilizado en el trabajo.
- **Utilización de un equipo de trabajo:** cualquier actividad referida a un equipo de trabajo, tal como la puesta en marcha o la detención, el empleo, el transporte, la reparación, la transformación, el mantenimiento y la conservación, incluida, en particular, la limpieza.

- **Zona peligrosa:** cualquier zona situada en el interior o alrededor de un equipo de trabajo en la que la presencia de un trabajador expuesto entrañe un riesgo para su seguridad o para su salud.
- **Trabajador expuesto:** cualquier trabajador que se encuentre total o parcialmente en una zona peligrosa.
- **Operador del equipo:** el trabajador encargado de la utilización de un equipo de trabajo.

En este Decreto se hace referencia a disposiciones de seguridad referentes a:

- Órganos de accionamiento de los equipos de trabajo.
- Forma de realizar la puesta en marcha de un equipo de trabajo.
- Dispositivos de protección de que deben estar dotados los equipos de trabajo.
- Etc.

- **REAL DECRETO 769/1999, de 7 de mayo, por el que se dictan las disposiciones de aplicación de la Directiva del Parlamento Europeo y del Consejo, 97/23/CE, relativa a los equipos a presión y se modifica el Real Decreto 1244/1979, de 4 de abril, que aprobó el Reglamento de Aparatos a Presión (BOE n.º 129 de 31/05/1999).**

Este Real Decreto se aplica al diseño, la fabricación y la evaluación de la conformidad de los equipos a presión y de los conjuntos sometidos a una presión máxima admisible PS superior a 0,5 bar.

En el presente se especifica lo que se entiende por una serie de términos que enumeramos a continuación de manera resumida:

1. ***Equipos a presión***: los recipientes, tuberías, accesorios de seguridad y accesorios a presión.

2. ***Recipiente***: una cubierta diseñada y fabricada para contener fluidos a presión.
3. ***Tuberías***: los elementos de canalización destinados a la conducción de fluidos, cuando estén conectados para integrarse en un sistema a presión.
4. ***Accesorios de seguridad***: dispositivos destinados a la protección de los equipos a presión frente a una posible sobre-presión.

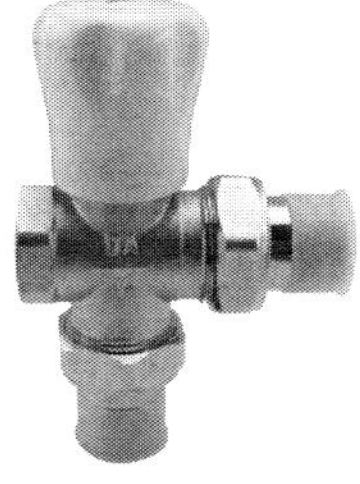

- **Real Decreto 614/2001, de 8 de junio, sobre disposiciones mínimas para la Protección de la Salud y Seguridad de los trabajadores frente al Riesgo Eléctrico**.

  Es de aplicación a las instalaciones eléctricas de los lugares de trabajo y a las técnicas y procedimientos para trabajar en ellas, o en sus proximidades.

  El empresario deberá adoptar las medidas necesarias para que la utilización o presencia de la energía eléctrica en los lugares de trabajo no suponga riesgo para la salud y seguridad de los trabajadores.

  En este RD se establecen las Técnicas y Procedimientos de trabajo que se deben llevar a cabo para realizar los trabajos en instalaciones eléctricas o en sus proximidades.

- **Real Decreto 842/2002, de 2 de agosto, por el que se aprueba el Reglamento Electrotécnico para Baja Tensión**.

  En el presente Real Decreto se aprueba el REBT y sus instrucciones técnicas complementarias (ITC) BT 01 a BT 51.

  Tiene por objeto establecer las condiciones técnicas y garantías que deben reunir las instalaciones eléctricas conectadas a una fuente de suministro en los límites de baja tensión, con la finalidad de:

  a) Preservar la seguridad de las personas y los bienes.

  b) Asegurar el normal funcionamiento de dichas instalaciones y prevenir las perturbaciones en otras instalaciones y servicios.

  c) Contribuir a la fiabilidad técnica y a la eficiencia económica de las instalaciones.

- **Real Decreto 865/2003, de 4 de julio, por el cual se establecen los criterios higiénicos sanitarios para la prevención y control de la legionelosis**.

Recuerda...

La legionelosis es una enfermedad bacteriana de origen ambiental que suele presentar dos formas clínicas diferenciadas: la infección pulmonar o Enfermedad del Legionario, que se caracteriza por neumonía con fiebre alta, y la forma no neumónica, conocida como Fiebre de Pontiac, que se manifiesta como un síndrome febril agudo y de pronóstico leve.

El objeto es la prevención y control de la legionelosis mediante la adopción de medidas higiénico-sanitarias en aquellas instalaciones en las que la Legionella es capaz de proliferar y diseminarse.

A efectos de lo establecido en el mismo las instalaciones se pueden clasificar en:

1. Instalaciones con mayor probabilidad de proliferación y dispersión de Legionella:
   - Torres de refrigeración y condensadores evaporativos.
   - Sistemas de agua caliente sanitaria con acumulador y circuito de retorno.
   - Sistemas de agua climatizada con agitación constante y recirculación a través de chorros de alta velocidad o la inyección de aire (spas, jacuzzis, piscinas, vasos o bañeras terapéuticas, bañeras de hidromasaje, tratamientos con chorros a presión, otras).
   - Centrales humidificadoras industriales.

2. Instalaciones con menor probabilidad de proliferación y dispersión de Legionella:
   - Sistemas de instalación interior de agua fría de consumo humano (tuberías, depósitos, aljibes), cisternas o depósitos móviles y agua caliente sanitaria sin circuito de retorno.
   - Equipos de enfriamiento evaporativo que pulvericen agua, no incluidos en el apartado anterior.
   - Humectadores.
   - Fuentes ornamentales.
   - Sistemas de riego por aspersión en el medio urbano.
   - Sistemas de agua contra incendios.
   - Elementos de refrigeración por aerosolización, al aire libre.
   - Otros aparatos que acumulen agua y puedan producir aerosoles.

3. Instalaciones de riesgo en terapia respiratoria:
   - Equipos de terapia respiratoria.
   - Respiradores.
   - Nebulizadores.
   - Otros equipos médicos en contacto con las vías respiratorias.

Hay que indicar que en un principio y mientras no se produzca la aparición de casos de legionelosis, quedan excluidas del ámbito de aplicación de este Real Decreto las instalaciones ubicadas en edificios dedicados al uso exclusivo en vivienda, excepto aquellas que afecten al ambiente exterior de estos edificios.

- **Real Decreto 314/2006, de 17 de marzo, por el cual se aprueba el Código Técnico de la Edificación (CTE) (en vigor desde el 29 de septiembre de 2006)**.
  - ▷ Dentro del Código Técnico de la Edificación, el Documento Básico HE Ahorro de Energía en su sección HE-4: "Contribución solar mínima de agua caliente sanitaria", establece la exigencia de instalar energía solar térmica para la producción de parte del agua caliente sanitaria y climatización de piscinas de edificios nuevos o a rehabilitar.
  - ▷ El art. 3.2 Ley 38/1999, de Ordenación de la Edificación, dispone que el Código Técnico de la Edificación "es un marco normativo que establece las exigencias básicas de calidad de los edificios y de sus instalaciones". Por lo tanto, las exigencias establecidas en la sección HE-4 son unas exigencias de mínimos, que podrán ser incrementadas por los Ayuntamientos.
- **Real Decreto 47/2007, de 19 de enero, por el cual se aprueba el Procedimiento Básico para la certificación de eficiencia energética de edificios de nueva construcción**.

La finalidad de este procedimiento es la promoción de la eficiencia energética, mediante la información objetiva que obligatoriamente se ha de proporcionar a los compradores y usuarios en relación con las características energéticas de los edificios, materializada en forma de un certificado de eficiencia energética que permita valorar y comparar sus prestaciones.

Este Procedimiento básico es de aplicación en:

a) Edificios de nueva construcción.

b) Modificaciones, reformas o rehabilitaciones de edificios existentes, con una superficie útil superior a 1.000 m^2 donde se renueve más del 25% del total de sus cerramientos.

La calificación de eficiencia energética es la expresión del consumo de energía que se estima necesario para satisfacer la demanda energética del edificio en unas condiciones normales de funcionamiento y ocupación.

- **ORDEN ITC/71/2007, de 22 de enero, por la que se modifica el anexo de la Orden de 28 de julio de 1980, por la que se aprueban las normas e instrucciones técnicas complementarias para la homologación de paneles solares**.

  A efectos de su certificación, a los captadores solares de calentamiento líquido y a los sistemas solares térmicos de calentamiento prefabricados, serán exigibles, respectivamente, las normas UNE-EN 12975 y UNE-EN 12976.

- **Real Decreto 1027/2007, de 20 de julio, por el cual se aprueba el Reglamento de Instalaciones Térmicas en los Edificios (RITE)**.

  Este nuevo reglamento es una medida de desarrollo del Plan de acción de la estrategia de ahorro y eficiencia energética en España.

  Su principal objetivo es contribuir a alcanzar los objetivos establecidos por el Plan de fomento de las energías renovables, fomentando una mayor utilización de la energía solar térmica sobre todo en la producción de agua caliente sanitaria.

  Tiene por objeto establecer las exigencias de eficiencia energética y seguridad que deben cumplir las instalaciones térmicas en los edificios destinadas a atender la demanda de bienestar e higiene de las personas, durante su diseño y dimensionado, ejecución, mantenimiento y uso, así como determinar los procedimientos que permitan acreditar su cumplimiento.

  Se considerarán como instalaciones térmicas las instalaciones fijas de climatización (calefacción, refrigeración y ventilación) y de producción de agua caliente sanitaria, destinadas a atender la demanda de bienestar térmico e higiene de las personas.

2. Normas técnicas específicas de energía solar térmica

- Pliego de condiciones técnicas de instalaciones de baja temperatura (IDAE octubre 2002).
- Instrucciones Técnicas Complementarias (ITE), que sean de aplicación, en particular:
  - ▷ ITE 10.1 Producción de ACS mediante sistemas solares activos.
  - ▷ ITE 10.2 Acondicionamiento de piscinas.
- Normas UNE:
  - ▷ UNE-EN 12975-1:2006. Sistemas solares térmicos y componentes. Captadores solares. Parte 1: Requisitos generales.
  - ▷ UNE-EN 12975-2:2006. Sistemas solares térmicos y componentes. Captadores solares. Parte 2: Métodos de ensayo.
  - ▷ UNE-EN 12976-1:2006. Sistemas solares térmicos y componentes. Sistemas solares prefabricados. Parte 1: Requisitos generales.
  - ▷ UNE-EN 12976-2:2006. Sistemas solares térmicos y componentes. Sistemas solares prefabricados. Parte 2: Métodos de ensayo.
  - ▷ UNE-ENV 12977-1:2002. Sistemas solares térmicos y componentes. Sistemas solares a medida. Parte 1: Requisitos generales.
  - ▷ UNE-ENV 12977-2:2002. Sistemas solares térmicos y componentes. Sistemas solares a medida. Parte 2: Métodos de ensayo.
  - ▷ UNE-ENV 12977-3:2002. Sistemas solares térmicos y componentes. Sistemas solares a medida. Parte 3: Caracterización del funcionamiento de acumuladores para las instalaciones de calefacción solares.
  - ▷ UNE 94002:2005. Instalaciones solares térmicas para producción de agua caliente sanitaria. Cálculo de la demanda de energía térmica.
  - ▷ UNE-EN ISO 9488:2001. Energía solar. Vocabulario (ISO 9488:2001).
  - ▷ UNE-EN 806-1:2001. Especificaciones para instalaciones de conducción de agua destinada al consumo humano en el interior de edificios. Parte 1: Generalidades.
  - ▷ UNE-EN 1717:2001. Protección contra la contaminación del agua potable en las instalaciones de aguas y requisitos generales de los dispositivos para evitar la contaminación por reflujo.
  - ▷ UNE-EN 60335-1:1997. Seguridad de los aparatos electrodomésticos y análogos. Parte 1: Requisitos generales.
  - ▷ UNE-EN 60335-2-21:2001. Seguridad de los aparatos electrodomésticos y análogos. Parte 2: Requisitos particulares para los termos eléctricos.

  - ▹ UNE ENV 1991-2-3 "Eurocódigo 1: Bases de proyecto y acciones en estructuras. Parte 2-3: Acciones en estructuras. Carga de nieve".
  - ▹ UNE ENV 1991-2-4 "Eurocódigo 1: Bases de proyecto y acciones en estructuras. Parte 2-4: Acciones del viento".
- Norma INTA 61 00 01 "Ensayo de colectores solares en régimen estacionario".
- Norma INTA 61 00 02 "Ensayo de resistencia y durabilidad de colectores solares planos".

Actividades

Práctica

Relaciona los números de los siguientes Reales Decretos con su texto correspondiente:

1. Real Decreto 1.027/2007, de 20 de julio.
2. Real Decreto 865/2003, de 4 de julio.
3. Real Decreto 1.215/1997, de 18 de julio.
4. Real Decreto 614/2001, de 8 de junio.

a) Criterios higiénicos sanitarios para la prevención y control de la legionelosis.

b) Reglamento de Instalaciones Térmicas en los Edificios.

c) Disposiciones mínimas para la Protección de la Salud y Seguridad de los trabajadores frente al Riesgo Eléctrico.

d) Disposiciones mínimas de Seguridad y Salud para la utilización por los trabajadores de los Equipos de Trabajo.

Responde a las siguientes cuestiones:

1. **La señalización de seguridad se utilizará cuando sea necesario:**

   a) Llamar la atención de los transeúntes que circulan cerca de un lugar de trabajo.

   b) Alertar a los trabajadores en situaciones de normalidad en el trabajo.

   c) Facilitar a los trabajadores la localización de los medios de extinción de incendios.

   d) Ninguna de las respuestas anteriores es correcta.

2. Qué sección del Documento Básico HE Ahorro de Energía del Código Técnico de la Edificación hace referencia a la "Contribución solar mínima de agua caliente sanitaria"?

a) Sección HE-4.

b) Sección HE-3.

c) Sección HE-2.

d) Sección HE-1.

3. ¿Qué es el RITE?

a) Reglamento interno de trabajadores de empresas.

b) Reglamento de Instalaciones Térmicas Especiales.

c) Reglamento de Instalaciones Térmicas de Edificios.

d) Ninguna de las respuestas anteriores es correcta.

4. ¿Cuál de las siguientes instalaciones no se encuentra entre las de mayor probabilidad de proliferación de Legionella?

a) Torres de refrigeración.

b) Circuitos cerrados de calefacción.

c) Sistemas de agua caliente sanitaria con acumulador y circuito de retorno.

d) Centrales humidificadoras industriales.

5. ¿Cuál de las siguientes forma parte de las finalidades del Reglamento Electrotécnico de Baja Tensión?

a) Preservar la seguridad de las personas.

b) Prevenir las perturbaciones en otras instalaciones y servicios.

c) Contribuir a la eficiencia económica de las instalaciones.

d) Todas las respuestas anteriores son correctas.

Bloque 2

Accionamiento y control eléctrico en instalaciones solares térmicas

Rodio ediciones

Capítulo 1

Fundamentos de electricidad

Rodio ediciones

Índice

1. Fundamentos de electricidad

1.1. Simbología eléctrica básica

Los símbolos son la representación de cada uno de los dispositivos que están presentes en una instalación eléctrica. Los símbolos deben ser lo más simples posible, y con diferencia entre cada uno de ellos para que al representarlos en un esquema no nos lleve a error en la interpretación de su lectura. Por otra parte es conveniente también que los símbolos representativos de una misma clase de dispositivo sean de las mismas proporciones ya que así el esquema se verá de forma más clara.

Los símbolos utilizados en los esquemas eléctricos se rigen por la Norma UNE-EN-60617 (CEI -617), aprobada en 1996 y acorde con la Norma Europea. Cada país tiene una entidad dedicada al desarrollo de la normalización y certificación, en España, ese organismo es AENOR.

La Norma UNE-EN-60617 se divide en varios apartados:

- 60617-2: Elementos de símbolos. Símbolos distintivos. Símbolos de aplicación general.
- 60617-3: Conductores y dispositivos de conexión.
- 60617-4: Componentes pasivos básicos.
- 60617-5: Semiconductores y tubos electrónicos.
- 60617-6: Producción, transformación y conversión de la energía eléctrica.
- 60617-7: Aparamenta y dispositivos de control y protección.
- 60617-8: Instrumentos de medida, lámparas y dispositivos de señalización.
- 60617-9: Telecomunicaciones: Conmutación y equipos periféricos.
- 60617-10: Telecomunicaciones: transmisión.
- 60617-11: Esquemas y planos de instalación, arquitectónicos y topográficos.
- 60617-12: Operadores lógicos binarios.
- 60617-13: Operadores analógicos.

A lo largo de este tema se va a poder observar la simbología correspondiente a los distintos elementos que pueden formar parte de una instalación eléctrica.

Conductores, componentes pasivos y elementos de control

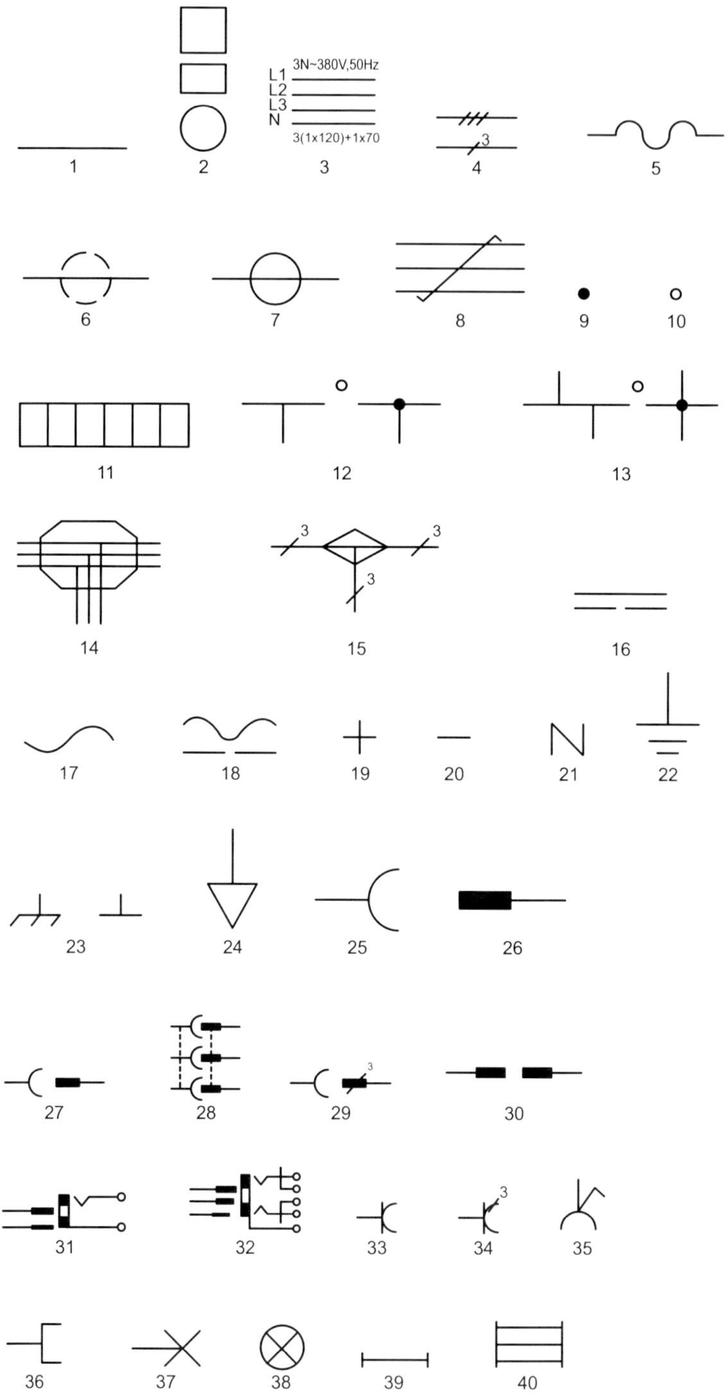

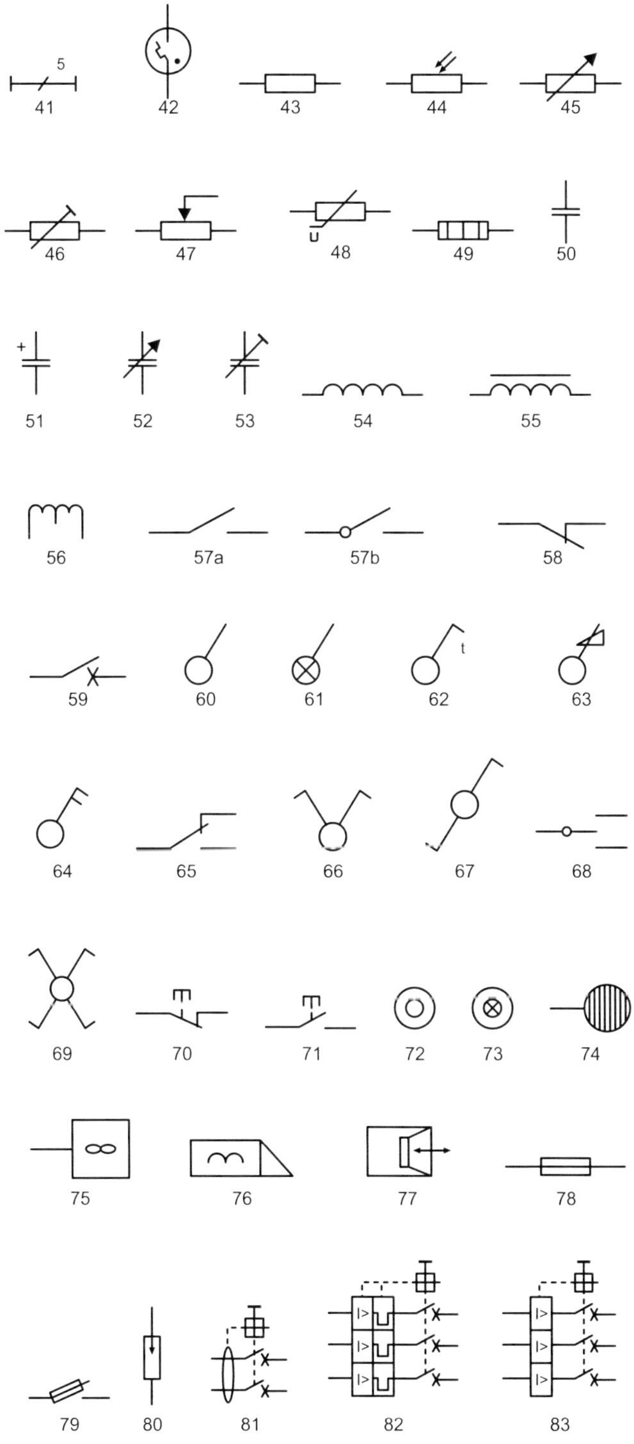
5
41 42 43 44 45
46 47 48 49 50
51 52 53 54 55
56 57a 57b 58
t
59 60 61 62 63
64 65 66 67 68
69 70 71 72 73 74
75 76 77 78
79 80 81 82 83

1. Conductor.
2. Objeto. Contorno de un objeto como puede ser un equipo, un dispositivo, unidad funcional, componente, función. Se añaden al símbolo o deben situarse junto al mismo otros símbolos o descripciones apropiadas para precisar el tipo de objeto. Puede utilizarse un contorno de otra forma si la representación así lo requiere.
3. Representación de conductores. Puede añadirse información adicional, en este caso, podríamos decir que se trata de un circuito trifásico de 380 V de tensión, a la frecuencia de 50 Hz, y formado por 3 conductores de 120 mm^2 de sección, más un hilo neutro de sección 70 mm^2.
4. Representación de conductores (unifilar). Ambas representaciones nos indican que existen 3 conductores.
5. Conexión flexible.
6. Conductor apantallado.
7. Cable coaxial.
8. Símbolo que representa una conexión trenzada. Se muestran 3 conexiones.
9. Unión, punto de conexión.
10. Terminal.
11. Regleta de terminales.
12. Conexión en T.
13. Unión doble de conductores. La forma 2° se utilizará solamente en caso de que sea necesario, por razones de representación.
14. Caja de empalme. Representación multifilar, 3 conductores con T conexiones.
15. Caja de empalme. Representación unifilar, 3 conductores con T conexiones.
16. Corriente continua.
17. Corriente alterna.
18. Corriente rectificada con componente alterna.
19. Polaridad positiva.
20. Polaridad negativa.
21. Neutro.
22. Tierra. Se puede añadir información acerca del estado de tierra si su finalidad no es evidente.
23. Masa, chasis. Si se omiten las rayas completa o parcialmente la línea deberá ser más gruesa.
24. Equipotencialidad.
25. Contacto hembra de una clavija (base de enchufe). Representación unifilar parte hembra de un conector multicontacto.
26. Contacto macho de una clavija (clavija de enchufe). Representación unifilar parte macho de un conector multicontacto.
27. Base y clavija.
28. Base y clavijas multipolares. Representación multifilar, tres contactos hembra y tres contactos macho.
29. Base y clavija multipolares. Representación unifilar, tres contactos hembra y tres contactos macho.
30. Conector a presión.
31. Clavija y conector tipo jack.
32. Clavija y conector tipo jack con contactos de ruptura.
33. Base con contacto para conductor de protección.
34. Toma de corriente múltiple. Tres contactos hembra con conductor de protección.
35. Base de enchufe con interruptor unipolar.
36. Símbolo general de base de enchufe para telecomunicaciones. Se pueden utilizar las diferentes designaciones para distintos tipos de tomas:

    TP: Teléfono;

    FX: Telefax;

    M: Micrófono;

FM: Modulación de frecuencia;
TV: Televisión.
TX: Telex.

37. Punto de salida para aparato de iluminación. El símbolo está representado con cableado.
38. Símbolo general de lámpara o punto de luz.
39. Luminaria, símbolo general. Símbolo general para lámpara fluorescente.
40. Luminaria con tres tubos fluorescentes. Esquema multifilar.
41. Luminaria con cinco tubos fluorescentes. Esquema unifilar.
42. Cebador: tubo de descarga de gas con estárter térmico para lámpara fluorescente.
43. Símbolo general para resistencia.
44. Fotorresistencia.
45. Símbolo general resistencia variable.
46. Resistencia variable de valor preajustado.
47. Potenciómetro con contacto móvil.
48. Resistencia dependiente de la tensión.
49. Elemento calefactor.
50. Símbolo general para un condensador.
51. Símbolo para condensador polarizado (condensador electrolítico).
52. Condensador variable.
53. Condensador con ajuste predeterminado.
54. Símbolo general para bobina, inductancia, arrollamiento o reactancia.
55. Símbolo de bobina con núcleo magnético.
56. Símbolo de bobina con toma fija, se muestra toma intermedia.

57a. Símbolo de interruptor normalmente abierto (NA).
57b. Símbolo de interruptor normalmente abierto (NA) (tanto el 57 a. como el 57 b. son válidos).

58. Interruptor normalmente cerrado (NC).
59. Símbolo general de interruptor automático.
60. Símbolo de interruptor en su forma unifilar.
61. Símbolo de interruptor con luz piloto. Unifilar.
62. Símbolo de interruptor unipolar con tiempo de conexión limitado, forma unifilar.
63. Interruptor graduador, regulador de intensidad luminosa, forma unifilar.
64. Interruptor bipolar. Forma unifilar.
65. Símbolo para conmutador.
66. Símbolo de conmutador unipolar. Forma unifilar.
67. Símbolo de interruptor unipolar de dos posiciones. Conmutador de vaivén. Forma unifilar.
68. Conmutador con posicionamiento intermedio de corte.
69. Conmutador intermedio. Conmutador de cruce. Forma unifilar. Diagrama equivalente de circuitos.
70. Símbolo de pulsador normalmente cerrado.
71. Símbolo de pulsador normalmente abierto.
72. Símbolo de pulsador en su forma unifilar.
73. Símbolo de pulsador con lámpara indicadora en forma unifilar.
74. Símbolo de calentador de agua, representado con cableado.
75. Símbolo de ventilador representado con cableado.
76. Símbolo para cerradura eléctrica.
77. Símbolo de interfono, por ejemplo un intercomunicador.
78. Símbolo general para fusible.

79. Símbolo general para fusible interruptor.
80. Pararrayos.
81. Símbolo de interruptor automático diferencial, representado por dos polos.
82. Símbolo de interruptor automático magnetotérmico o guardamotor, representado por tres polos.
83. Símbolo de interruptor automático de máxima intensidad. Interruptor automático magnetotérmico.

A continuación se observa la simbología correspondiente a dispositivos de conmutación de potencia, relés, contactos y accionamientos.

Accionadores de dispositivos

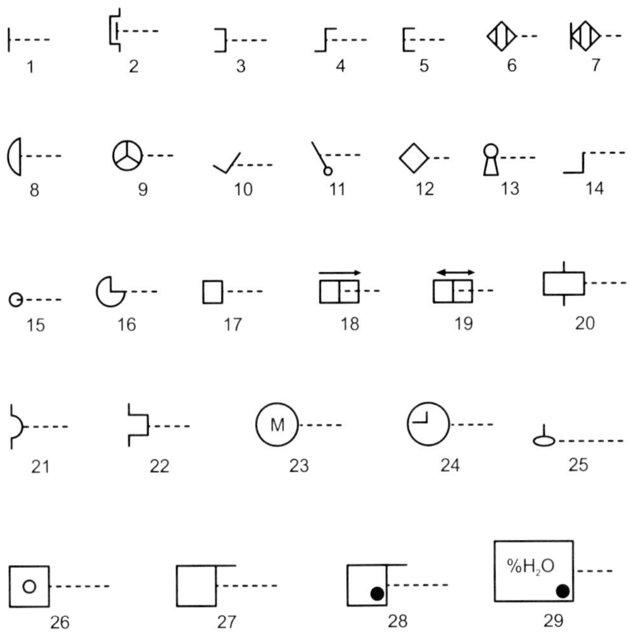

1. Símbolo general de accionador manual.
2. Símbolo de accionador manual protegido contra una operación no intencionada. Pulsador con carcasa de protección de seguridad contra manipulación indebida.
3. Símbolo para mando de tirador. (Tiradores).
4. Símbolo de mando rotatorio. Selectores, interruptores.
5. Símbolo de mando de pulsador. (Pulsadores).
6. Símbolo de mando por efecto de proximidad. Este símbolo representaría detectores inductivos de proximidad.
7. Símbolo de mando por contacto. (Palpadores).
8. Símbolo de accionamiento de emergencia tipo "seta". Este símbolo representaría un pulsador de paro de emergencia.
9. Símbolo de mando de volante.
10. Mando de pedal.
11. Mando de palanca.

12. Mando manual amovible.
13. Mando de llave.
14. Mando de manivela.
15. Mando de corredera o roldana. Este símbolo estría representando un final de carrera.
16. Mando de leva. Interruptor de leva.
17. Mando por acumulación de energía.
18. Accionamiento por energía hidráulica o neumática de simple efecto.
19. Accionamiento por energía hidráulica o neumática de doble efecto.
20. Accionamiento por efecto electromagnético. Este símbolo estaría representando un relé.
21. Accionamiento por un dispositivo electromagnético para protección contra sobreintensidad.
22. Accionamiento por un dispositivo térmico para protección contra sobreintensidad.
23. Mando por motor eléctrico.
24. Mando por reloj eléctrico.
25. Accionamiento por el nivel de un fluido. Este símbolo representaría por ejemplo, una boya de nivel de agua.
26. Accionado por un contador. Cuenta impulsos.
27. Accionado por el flujo de un fluido. Este símbolo representaría por ejemplo, a un interruptor de flujo de agua.
28. Accionado por el flujo de un gas. Este símbolo podría representar a un interruptor de flujo de aire.
29. Accionado por humedad relativa.

A continuación se representan aquellos símbolos correspondientes elementos de potencia.

Elementos de potencia

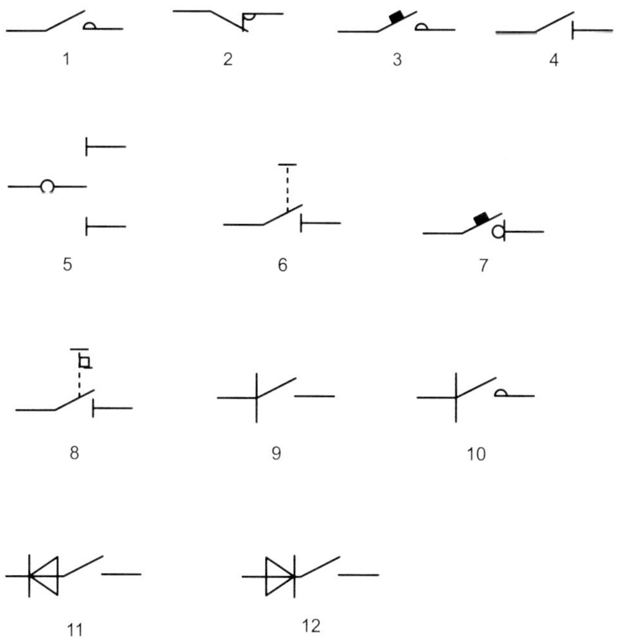

1. Símbolo para contactor, contacto principal de cierre de un contactor. Este símbolo representaría por ejemplo un contacto abierto en reposo.
2. Símbolo para contactor, contacto principal de apertura de un contactor. Este símbolo representaría por ejemplo, un contacto cerrado en reposo.
3. Símbolo para contactor con desconexión automática provocada por un relé de medida o un disparador incorporados.
4. Seccionador.
5. Símbolo para seccionador de dos posiciones con posición intermedia.
6. Símbolo de interruptor-seccionador con control manual.
7. Símbolo para interruptor-seccionador con apertura automática provocada por un relé de medida o un disparador incorporados.
8. Símbolo para interruptor seccionador (de control manual), por ejemplo, un interruptor seccionador con dispositivo de bloqueo.
9. Símbolo general para interruptor estático, un semiconductor.
10. Símbolo general para contactor estático, un semiconductor.
11. Símbolo para contactor estático, (semiconductor) con el paso de la corriente en un solo sentido. Izquierdas.
12. Símbolo para contactor estático, (semiconductor) con el paso de la corriente en un solo sentido. Derechas.

A continuación, se representan algunos símbolos correspondientes a instrumentos de medida y señalización.

Relés

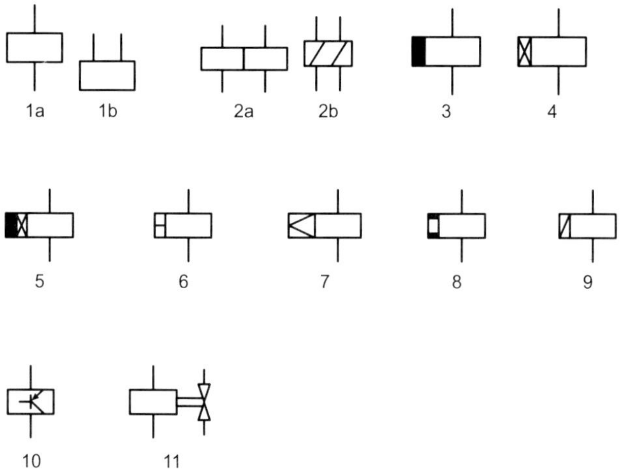

1 a. Símbolo general de bobina de relé, contactor u otro dispositivo de mando.
1 b. Símbolo general de bobina de relé, contactor u otro dispositivo de mando. Cualquiera de los dos símbolos es correcto. Si el dispositivo dispone de varios devanados se puede indicar en el interior del símbolo con el número correspondiente en trazos inclinados.
2 a. Ejemplo de dispositivo de mando con dos devanados.
2 b. Ejemplo de dispositivo de mando con dos devanados (dos trazos inclinados).
3. Dispositivo de mando retardado a la desconexión. Desconexión retardada al activar el mando.
4. Símbolo de dispositivo de mando retardado a la conexión. Conexión retardada al activar

el mando.

5. Símbolo de dispositivo de mando retardado a la conexión y desconexión. Conexión retardada al activar el mando y al desactivarlo.
6. Símbolo de mando de un relé rápido. Son relés especiales, conexiones y desconexiones rápidas.
7. Símbolo de mando de un relé de enclavamiento mecánico. Este símbolo representaría por ejemplo, a un telerruptor.
8. Símbolo de mando de un relé polarizado.
9. Símbolo de mando de un relé de remanencia.
10. Símbolo para mando de un relé electrónico.
11. Símbolo para bobina de electroválvula.

Instrumentos de medida y señalización

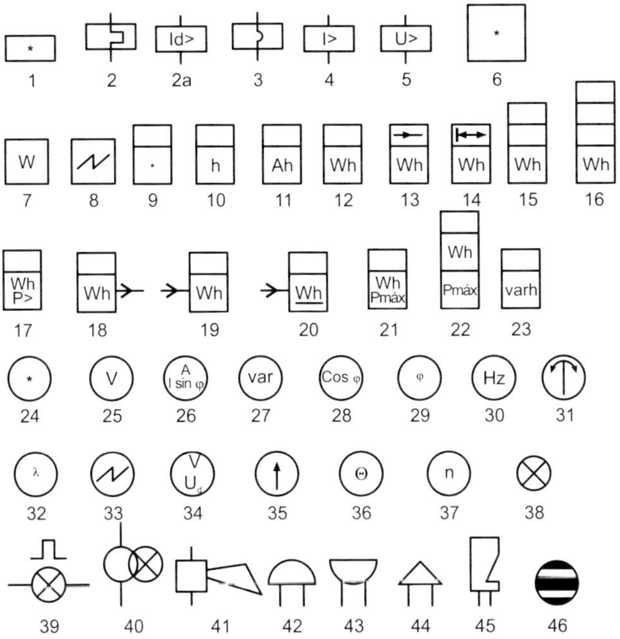

1. Símbolo para relé de medida. El asterisco en el interior indica los parámetros del dispositivo en el orden en que se detallan a continuación:
   - Magnitud que lo caracteriza y forma de variación.
   - Sentido del flujo de la energía.
   - Campo de ajuste.
   - Relación de restablecimiento.
   - Acción retardada.
   - Valor de retardo temporal.
2. Símbolo para relé electrotérmico.

2 a. Símbolo de relé de corriente diferencial.

3. Símbolo de relé electromagnético.
4. Símbolo de relé de sobreintensidad.

5. Símbolo de relé de máxima tensión. Sobretensión.
6. Aparato registrador.
7. Vatímetro registrador.
8. Oscilógrafo.
9. Aparato integrador (el asterisco indicará la magnitud de medida correspondiente).
10. Contador horario.
11. Amperihorímetro (cuenta los amperios-hora)
12. Contador de energía activa (vatios-hora).
13. Contador de energía activa, midiendo en un solo sentido.
14. Contador de energía intercambiada (vatios-hora).
15. Contador de energía activa de doble tarifa.
16. Contador de energía activa de triple tarifa.
17. Contador de energía de exceso de potencia activa.
18. Contador de energía activa con transmisor de datos.
19. Repetido de un contador de energía activa.
20. Repetido de un contador de energía activa con un dispositivo de impresión.
21. Contador de energía activa indicando el valor máximo de la potencia media.
22. Contador de energía activa con marcador del valor máximo de la potencia media.
23. Contador de energía reactiva (voltamperios reactivos por hora.)
24. Aparato indicador. Símbolo general. El asterisco indica el símbolo de la magnitud que indica el aparato. "A" si es amperímetro, V si es voltímetro, W si es vatímetro, etc.).
25. Voltímetro. Indicador de tensión.
26. Amperímetro de corriente reactiva.
27. Varímetro, indicador de potencia reactiva.
28. Aparato de medida del factor de potencia.
29. Aparato de medida del ángulo de desfase. Fasímetro.
30. Símbolo de frecuencímetro. Indica la frecuencia.
31. Sincronoscopio. Indica el desfase entre dos señales para su sincronización.
32. Símbolo de ondímetro. Indicador de la longitud de onda.
33. Símbolo de osciloscopio. Indica las diferentes formas de ondas de determinadas señales.
34. Símbolo de voltímetro diferencial (indica la diferencia de tensión entre dos señales).
35. Símbolo de galvanómetro. Indicador de aislamiento galvánico.
36. Símbolo de termómetro o pirómetro, indicador de la temperatura.
37. Símbolo de tacómetro. Cuenta el número de revoluciones por minuto.
38. Símbolo general para punto de luz. (Lámpara).
39. Lámpara de señalización tipo oscilatorio.
40. Símbolo de lámpara alimentada mediante transformador incorporado.
41. Símbolo de bocina.
42. Símbolo de timbre o campana.
43. Símbolo de zumbador.
44. Símbolo de sirena.
45. Símbolo de silbato de accionamiento eléctrico.
46. Elemento de señalización electromecánico.

2. Esquemas eléctricos

En un esquema eléctrico podemos representar gráficamente una instalación eléctrica o parte de dicha instalación, donde a través de símbolos se definen cada uno de los componentes presentes en la instalación, y la forma de conexión entre ellos.

Existen muchos tipos de esquemas eléctricos, podemos distinguir entre otros, esquemas de funcionamiento, esquemas unifilares, esquemas desarrollados, esquemas de conexiones y cableado, esquemas de emplazamiento o esquemas sinópticos.

A los esquemas de funcionamiento se les denomina también con el nombre de esquemas elementales, y en ellos se representan los elementos de la instalación fundamentales para estudiar el funcionamiento de dicha instalación.

En los esquemas unifilares, los conductores del circuito aparecen representados por un solo hilo, independientemente de la cantidad de conductores que lleve la instalación, ya que el número de hilos que tenga, aparecerá especificado a través de unos trazos oblicuos dibujados sobre la línea que representa a los conductores.

Para los esquemas multifilares, cada conductor viene representado por un hilo o línea, estos esquemas son más complejos que los unifilares, sobre todo a la hora de interpretarlos.

Los esquemas desarrollados se utilizan mucho para representación de circuitos de maniobra y mando con una determinada dificultad, los dispositivos que aparezcan en dicho esquema deberán numerarse utilizando letras y números para facilitar la interpretación de dicho esquema, así, por ejemplo, para representar varios dispositivos conectados en serie de un mismo aparato, bastaría con situar uno a continuación de otro y en el mismo orden en el que vayan en la práctica.

Los esquemas de conexiones se utilizan cuando se va a montar un determinado dispositivo, de manera que podemos situar los diferentes elementos que forman la instalación en la misma posición relativa que ocupan en la realidad. Pueden aparecer en estos esquemas los dispositivos por separado, o cualquiera de las partes que lo formen, como por ejemplo podrían ser bornes de conexión, accesorios y toda aquella información necesaria para montar el dispositivo.

Los esquemas sinópticos suelen utilizarse cuando se desea conocer el funcionamiento de un dispositivo sin tener que detenernos a analizar el esquema completo, cosa que nos llevaría demasiado tiempo. Este tipo de esquemas suele utilizarse más en circuitos electrónicos, donde dichos circuitos son bastantes complejos y para ello es imprescindible conocer el funcionamiento del elemento que se está representando, así que cada símbolo representaría un circuito básico.

Algunos ejemplos de esquemas:

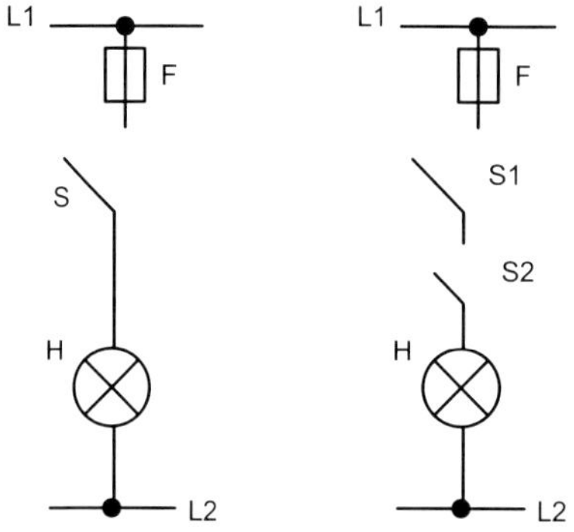

Ejemplo de esquema funcional

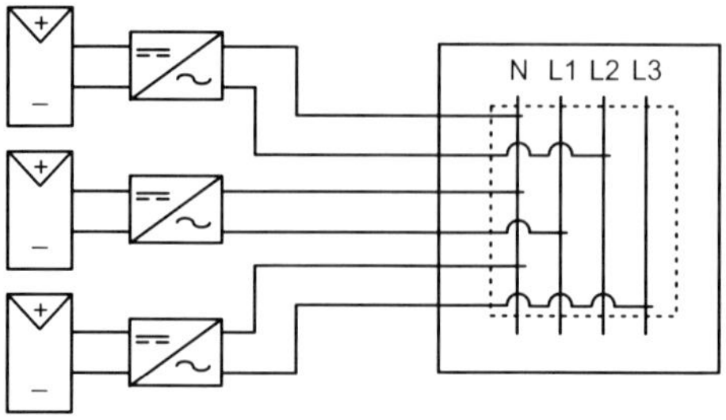

Ejemplo de esquema de conexión

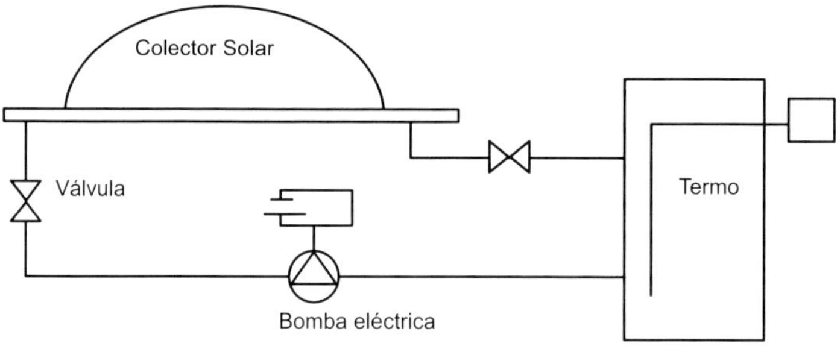

Esquema de funcionamiento

Actividades

Práctica

Indica a qué elemento corresponde cada uno de estos símbolos:

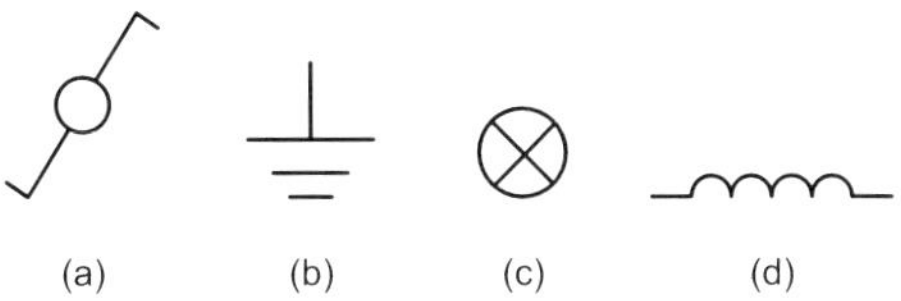

Responde a las siguientes cuestiones

1. **¿Por qué Norma se rigen los símbolos utilizados en los esquemas eléctricos?**
    a) Por la Norma UNE-EN 6061-7.
    b) Por la Norma UNE 20435.
    c) Por la Norma ISO-9001
    d) Por ninguna de las anteriores.

2. **¿Cuántas líneas por conductor es necesario representar si estamos ante un esquema multifilar?**
    a) Tantas líneas como conductores tengamos en la instalación.
    b) Una sola línea con tantos trazos oblicuos sobre ella como conductores queramos representar.
    c) Siempre dibujaremos dos líneas independientemente del número de conductores existentes.
    d) Todas las anteriores son falsas.

3. ¿Es correcto en un esquema unifilar dibujar sobre la línea que representa al conductor tantos trazos oblicuos como conductores tenga la instalación?

a) No, no es correcto.

b) Es indiferente.

c) Sí, es correcto.

4. ¿Qué tipo de esquemas son los más utilizados para representación de circuitos de maniobra y control?

a) Esquemas unifilares.

b) Esquemas elementales.

c) Esquemas de conexión.

d) Esquemas desarrollados.

5. En circuitos electrónicos, ¿qué tipos de esquemas son más utilizados para conocer el funcionamiento de un dispositivo?

a) Esquema multifilar.

b) Esquema sinóptico.

c) Esquema unifilar.

d) Ninguna de las anteriores.

Capítulo 2

Clasificación de instalaciones de suministro de energía eléctrica

eRodio ediciones

Índice

1. Introducción. Resumen histórico

En 1879, Thomas Alva Edison es el primero en construir una lámpara incandescente con un filamento de algodón carbonizado que permaneció incandescente durante 44 horas. En 1882, instaló el primer sistema eléctrico en corriente continua, de tres hilos 220V-110V, con una potencia total de 30 kW. Al extenderse su uso, empezó a aumentar la potencia con lo cual se producía un aumento de la caída de tensión. La solución alternativa a este problema era aumentar la sección, con lo cual disminuía la seguridad del suministro.

En 1890, George Westinghouse inventó la corriente alterna, y con ella un elemento que era capaz de transformar la corriente alterna en el primario y secundario, el transformador.

¿Qué ventajas presenta la corriente alterna sobre la corriente continua?

- En corriente alterna se pueden transformar las tensiones con suma facilidad utilizando transformadores.
- Los motores y generadores de corriente alterna son muy fáciles de construir, no tienen escobillas, ni anillos rozantes.
- Los generadores y motores son más económicos y eficientes y menos complejos que los de corriente continua.
- En corriente alterna contamos con la posibilidad de transportar grandes cantidades de energía a largas distancias con un mínimo de sección de conductores (en alta tensión).
- Los generadores de corriente alterna comienzan a funcionar en isla, no están interconectados con ningún otro sistema.
- La frecuencia óptima es de 50-60 Hz. En España la frecuencia de la red es de 50 Hz (es la mejor y con la que existen menos pérdidas).

2. Estructura de una red eléctrica

Los elementos que integran un sistema eléctrico de potencia son:

- Los generadores.
- Las líneas.
- Los transformadores.
- Las cargas.

A continuación podemos observar en un diagrama de bloques cómo está estructurado un sistema eléctrico básico.

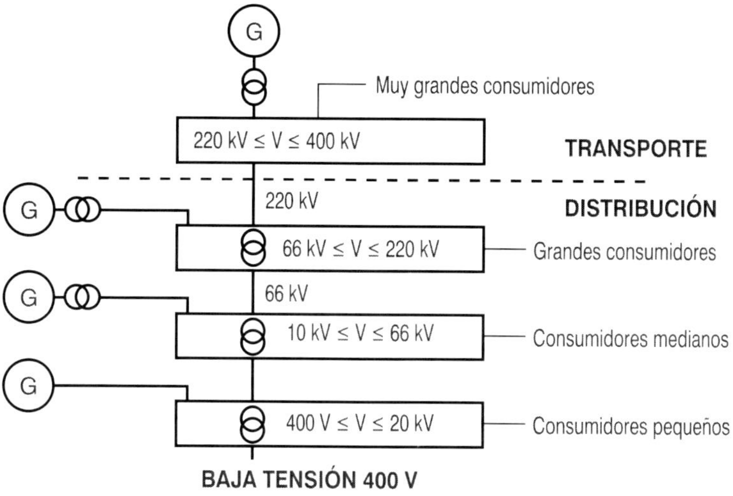

Llamaremos transporte de energía eléctrica cuando las tensiones sean mayores o iguales a 220 kV y diremos que se trata de distribución cuando las tensiones sean inferiores a 220 kV.

3. Generadores

Los generadores de energía eléctrica son los encargados de producir la electricidad, como son las centrales eléctricas, en las que utilizan algún tipo de energía primaria para obtener una energía que mueva el eje de un alternador y así producir electricidad. Así pues, en una central térmica se obtiene la energía de realizar una combustión; quemando gas natural, carbón, se consigue mover unas turbinas de vapor o de gas para mover el alternador y producir electricidad, etc. al igual que ocurre en una central hidroeléctrica en la que se aprovecha la energía que lleva la fuerza del agua para mover las turbinas hidráulicas que a su vez mueven a los alternadores.

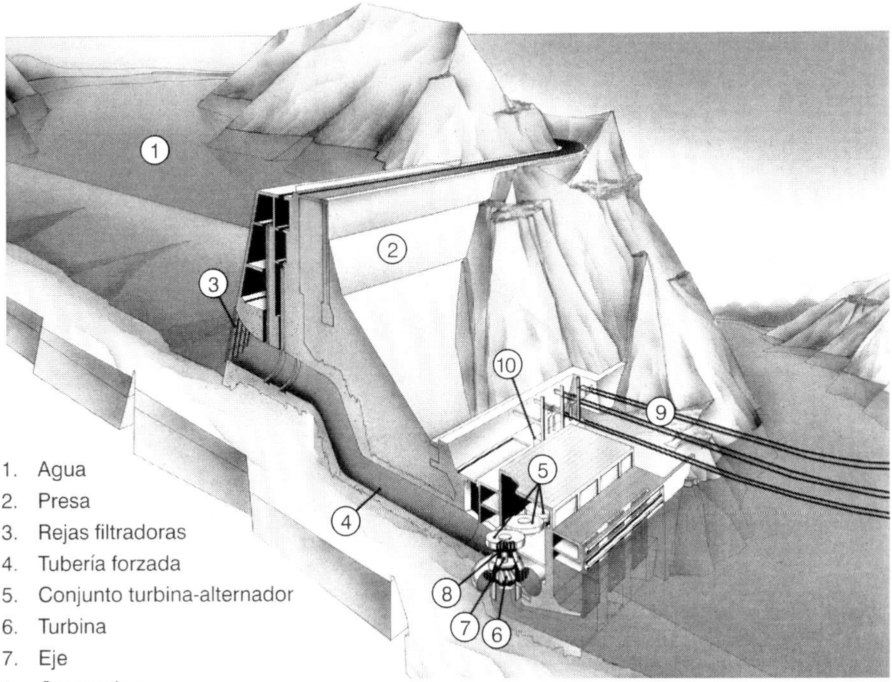

1. Agua
2. Presa
3. Rejas filtradoras
4. Tubería forzada
5. Conjunto turbina-alternador
6. Turbina
7. Eje
8. Generador
9. Líneas eléctricas
10. Transformadores

4. Líneas de transporte y distribución

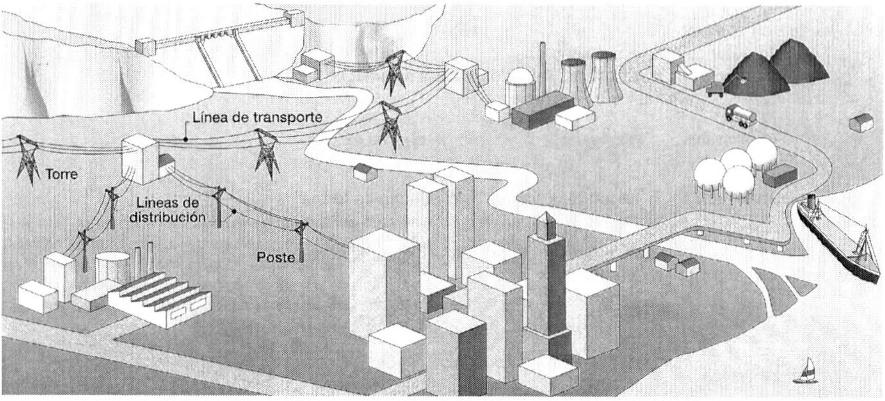

En cuanto a las líneas de transporte, podemos hacer una clasificación de estas atendiendo a su longitud, así tendremos que:

- Línea larga, cuando su longitud sea mayor a 200 km.
- Línea media, cuando su longitud esté comprendida entre 200 y 80 km.
- Línea corta cuando su longitud sea menor a 80 km.

Los parámetros que definen una línea son:

- Parámetros serie: R y L (parte resistiva e inductiva).
- Parámetros paralelo: C y ε (conductancia, parte capacitiva). El efecto capacitivo en las líneas subterráneas es mucho mayor que en las líneas aéreas. El efecto de la conductancia representa las pérdidas de los aisladores, que pueden hacer que aparezcan tensiones peligrosas en los apoyos, los cuales estarán convenientemente puestos a tierra. En los apoyos próximos a urbanizaciones, estos se protegen con una obra de fábrica como se indica en el nuevo Reglamento.

Las líneas eléctricas de transporte y distribución pueden ser de simple circuito o de doble circuito (un circuito lleva los tres conductores correspondientes a cada una de las fases). Cuando van dos cables por fase, se denomina línea dúplex, y se utiliza en líneas de transporte.

Como distribución y consumo final siempre nos lleva a pensar en el consumo particular donde el esquema de dicha distribución contiene los siguientes elementos.

Instalación de enlace

Une la red de distribución con la instalación interior de la vivienda, está formada por:

- Acometida.
- Caja general de protección.
- Línea repartidora.
- Derivación individual.

5. Subestaciones y centros de transformación

La subestaciones suelen instalarse cerca de las centrales, y la función principal es transformar la energía proveniente de las centrales eléctricas a través de las líneas de transporte reduciendo la tensión para que pueda ser transportada por las líneas de distribución.

Los centros de transformación alimentados por líneas de distribución se encargan de reducir la tensión de distribución a tensión de utilización.

6. Carga

La carga es la potencia demandada en los suministros. Esta potencia demandada varía a lo largo del tiempo y esto hace más difícil la previsión de esta.

La evaluación de las cargas depende de varios factores:

- Depende de si es laboral o festivo.
- Depende de la época del año (verano, invierno).
- Depende de la zona (si es zona residencial, zona comercial, etc.).
- Depende de la zona geográfica.
- Depende también de algún acontecimiento social.

La potencia generada deberá ser igual a la potencia que se demanda más la potencia que se pierde. Así en cada proceso de transformación suele haber una pérdida de entorno al 1%.

La potencia punta en España está en torno a 34.000 Mw.

Cuando la potencia demandada P_d es mayor a la potencia generada, el sistema se colapsa.

Las Centrales de generación son básicamente:

- Centrales nucleares (25% de la producción del país).
- Centrales hidroeléctricas (10% de la producción del país)
- Centrales térmicas y de ciclo combinado (35% de la producción del país, y son junto a las nucleares muy contaminantes).
- Intercambios nacionales (Francia, Portugal, 5-10%).
- Centrales de energía renovable como son la solar térmica, eólica y fotovoltaica).

7. Clasificación de las instalaciones de suministro

Las instalaciones de suministro eléctrico podemos clasificarlas según sean:

- Instalaciones de Alta tensión.
- Instalaciones de Media Tensión.
- Instalaciones de Baja Tensión.

El hecho de que la instalación sea de baja o de alta tensión, va en función de la potencia total instalada, la disponibilidad de suministro en la zona y el tipo de tarifa a elegir.

Según el RD 1.955/2000 por el que se regulan las actividades de Transporte, Distribución, Comercialización, Suministro y Procedimientos de autorización de instalaciones de energía eléctrica:

> "Tendrán la consideración de suministro en baja tensión aquellos que se realicen a una tensión inferior igual a 1 kV, no pudiéndose atender suministro con potencia superiores a 50 kW, salvo acuerdo con la empresa distribuidora."

Se preverá la potencia total que vamos a instalar sumando la potencia instalada en alumbrado, fuerza y demás usos.

La disponibilidad de suministro en la zona dependerá de la situación de proximidad en que se encuentren las redes de distribución.

El tipo de tarifa se elegirá de manera que el coste de energía sea el mínimo posible.

Dentro de las instalaciones de baja tensión se incluyen:

- Instalaciones interiores o receptoras.
- Instalaciones interiores en vivienda.
- Instalaciones en locales.
- Instalaciones con fines especiales.
- Instalaciones de receptores.

En una instalación eléctrica tendremos que tener en cuenta una serie de factores como son:

- La carga total de la instalación.
- Tensiones de suministro que vamos a utilizar.
- Debemos prever un aumento de la carga para la posible ampliación de la instalación en un futuro.
- Deberemos elegir qué tipo de selectividad es la adecuada.
- Accesibilidad de la instalación.

8. Carga total conectada

A la hora de realizar una instalación de suministro de energía eléctrica, lo primero que tendremos que hacer será tener en cuenta cuál es la carga total que vamos a tener conectada y cuáles son los intervalos de tiempo durante los que vamos a tener más de un receptor funcionando de manera simultánea.

El número de receptores que podremos instalar se determina según indica el párrafo 3 del apartado 2.2.2 de la ITC-BT-19 del REBT.

En instalaciones interiores deberemos tener presente la influencia de armónicos y desequilibrios de tensión.

9. Tensiones

El Reglamento Electrotécnico de Baja Tensión establece en su artículo 4º la clasificación de las tensiones nominales de la forma:

- Muy baja tensión:

  Corriente alterna: $U_n \leq 50$ V.

  Corriente continua: $U_n \leq 75$ V.
- Tensión usual:

  Corriente alterna: $50 < U_n \leq 500$ V.

  Corriente continua: $75 < U_n \leq 750$ V.
- Tensión especial:

  Corriente alterna: $500 < U_n \leq 1.000$ V

  Corriente continua: $750 < U_n \leq = 1.500$V.

Las tensiones nominales usualmente utilizadas en distribución de corriente alterna serán:

- 230 V entre fases, para redes trifásicas de tres conductores.
- 230 V entre fase y neutro y 400 V entre fases, para redes trifásicas de cuatro conductores.

La frecuencia de la red será de 50 Hz.

10. Posibilidad de ampliación de la instalación

Para poder ampliar la instalación en un futuro, tendremos que tener en cuenta una serie de aspectos como son:

- Debemos dejar espacios libres en los cuadros para poder instalar la futura aparamenta de mando y protección.
- Realizaremos las canalizaciones con suficiente capacidad para el caso de que tengamos que instalar conductores de mayor sección en un futuro.
- Deberemos disponer de un nuevo emplazamiento para situar las nuevas canalizaciones.

11. Selectividad adecuada

Realizaremos un estudio del número de circuitos, dispositivos de mando y protección, etc. teniendo en cuenta que si aumentamos todo esto aumentará también el coste de la instalación.

12. Accesos a las instalaciones

Es importante que la instalación cuente con zonas de fácil acceso, ya que facilitará la tarea al personal de mantenimiento, para localización de averías, etc.

13. Tipos de suministro

Según establece el Reglamento Electrotécnico de Baja Tensión REBT, en su artículo 10, los suministros se clasifican en:

- Normales.
- Complementarios.

Los suministros normales serán aquellos que son realizados por una sola compañía distribuidora a cada abonado por el total de la potencia que tenga contratada y con un único punto de entrega.

Suministros complementarios se denomina a aquellos que a efectos de seguridad y continuidad de suministro, complementan a un suministro normal. Estos tipos de suministro los pueden hacer dos empresas diferentes. Se considera suministro complementario el que dispone de una línea de distribución independiente a la del suministro normal desde un mismo origen en BT, aunque provengan del mismo transformador. La clasificación se divide en suministro de:

- Suministro de socorro. La potencia receptora mínima a la que está limitado este tipo de suministro es del 15% de la potencia total contratada en un suministro normal.
- Suministro de reserva. Mantiene un servicio restringido de los elementos de la instalación receptora. La potencia mínima para este tipo de suministro será del 25% de la potencia total contratada de un suministro normal.
- Suministro duplicado. Cuando el servicio supera el 50% de la potencia total contratada de un suministro normal.

Aquellas instalaciones que vayan a estar provistas de suministro complementario deberán llevar dispositivos especiales para evitar cualquier acoplamiento entre ambos suministros que se pueda producir. Para poder instalar estos dispositivos, deberá aprobarlo la compañía eléctrica suministradora.

El Reglamento Electrotécnico de Baja Tensión, en el apartado 2.3, de su Instrucción Técnica Complementaria ITC-BT-28 establece que:

- Todos los locales de pública concurrencia deberán estar provistos de suministro complementario.
- Todos los locales deberán llevar alumbrado de emergencia.
- Los locales que tendrán que llevar suministro de socorro serán:
    - ▹ Locales de espectáculos y actividades recreativas, cuya capacidad prevista sea superior a 300 personas.
    - ▹ Locales de reunión y trabajo, cuya capacidad prevista supere las 300 personas.
    - ▹ Locales de uso sanitario, cuya capacidad prevista supere las 300 personas.

Los locales que deberán estar provistos de suministro de reserva:

- Los centro médicos como hospitales, clínicas, sanatorios, ambulatorios, centros de salud, etc.
- Estaciones de autobuses, tren y aeropuertos.
- Estacionamientos subterráneos con más de 100 plazas.
- Establecimientos comerciales o agrupaciones de centros comerciales con capacidad de 2.000 m2 de superficie.
- Estadios y pabellones deportivos.

En el caso de que un local pueda estar dentro del grupo de locales con suministro de socorro y esté también dentro del grupo de locales con suministro de reserva, siempre se le asignará suministro de reserva.

14. Calidad del suministro eléctrico

Podemos dividir la calidad del servicio en dos:

1. Calidad de suministro

La calidad del suministro se ve clasificada según estos dos criterios o características: la calidad del producto y la continuidad del suministro.

a) **Calidad del producto**. La calidad del producto define valores concretos para variaciones de tensión, flicker, desequilibrio y armónicos. Cita valores indicativos para interrupciones breves. El grado de dureza de la onda de tensión se puede medir por:

- ▹ La frecuencia.
- ▹ La amplitud.

- La forma.
- Por la simetría.

b) **Alteraciones de la onda de tensión**.

- Variaciones de frecuencia: no se debe variar más del ± 1% de la frecuencia final (50 Hz).
- Variaciones lentas de tensión. Variaciones del valor eficaz de la tensión. Tiene como consecuencia que la tensión va variando en un ± 7% de la tensión normal.

  Causas: grandes cargas o cogeneración y consumo o generación de reactiva. La causa más importante es la conexión y desconexión de cargas importantes y algún fallo en la regulación de tensión.
- Variaciones rápidas (Flicker): es una fluctuación molesta de la iluminación. Causas: cargas perturbadoras ajenas.
- Huecos de tensión e interrupciones breves: faltas en la línea de suministro que admiten reenganche tras la falta.
- Impulsos de tensión.
- Distorsión armónica. Es la distorsión de la forma de onda.
- Desequilibrio de tensión. Desigualdad de la tensión de las tres fases.
  - Causas: cargas monofásicas (tren de alta velocidad). NO deben ser superiores al 2% los desequilibrios.
  - Efectos: calentamiento o desequilibrio de intensidad por las tres fases.

c) **Continuidad del suministro**. Calidad del servicio varia en función del número y duración de las interrupciones del suministro que duran más de tres minutos.

La continuidad del suministro podemos clasificarla en:

- **Calidad individual**. Según establece el Real Decreto 1.955/2000:

  Para un suministro > 20.000:
  - Zona urbana
  - N.º de horas: 6 h.
  - N.º interrupciones: 12 (t > 3 min).

  Para un suministro entre 2.000 y 20.000:
  - Zona semiurbana.
  - N.º horas: 10 h.
  - N.º interrupciones: 15.

  Para suministro comprendido entre 200 y 2.000:
  - Zona rural concentrada.
  - N.º horas: 15 h.

- N.º interrupciones: 18.

  Para suministro inferior a 200:

  - Zona rural dispersa.
  - N.º horas: 20 h.
  - N.º interrupciones: 24 h.

- **Calidad zonal.**

  ¿Qué es el tiepi? Es el número de interrupción equivalente por potencia instalada, es decir, el tiempo medio en el que una zona queda sin servicio.

  ¿Qué es el Niepi? Es el número de interrupciones equivalente por potencia instalada.

2. Calidad atención al cliente

Este concepto goza actualmente de una gran importancia ya que de la elaboración de productos de calidad depende la supervivencia de muchas organizaciones. La calidad se define frecuentemente como la adecuación del producto al fin que se le destina, conforme a la demanda del usuario. La obtención de calidad exige además de palabras:

- Planificación,
- Sistemas,
- Personas,
- Trabajo intenso.

Dentro de su definición existen conceptos básicos que le dan forma:

- Orientación del cliente.
- Relación de asociación con proveedores
- Desarrollo e involucración del personal.
- Liderazgo y coherencia de objetivos
- Mejora continua e innovación.
- Responsabilidad social.
- Orientación hacia los resultados.

Todo sistema de calidad se implanta para asegurar para que se cumplan las políticas de calidad de la organización, y debe determinar dos cuestiones básicas:

- Qué servicio se va a suministrar al cliente.
- Cuál va a ser el proceso de entrega del servicio al cliente.

Para cumplir estos dos objetivos se debe partir de un estudio de mercado en el que se especifiquen cuáles son las necesidades actuales del cliente y de los proveedores. A partir de estos datos se realiza el diseño del servicio en el que se va a llevar a cabo una especificación de los requisitos de calidad así como el desarrollo de los procedimientos para el proceso del servicio de entrega.

Para conseguir evaluar, controlar y mantener la calidad, es esencial que exista una continua retroalimentación, que permita saber si se están cumpliendo los objetivos marcados.

Se definen conceptos relacionados con la atención al cliente según diferentes autores de la siguiente forma:

El servicio como:

- Según Harovitz (1997). Define el servicio como "El conjunto de prestaciones que el cliente espera, además del producto o del servicio básico, como consecuencia del precio, la imagen y la reputación del mismo".
- Y según Fischer y Navarro (1994). Aporta que los servicios son " Un tipo de bien económico, constituye lo que denomina el sector terciario, todo el que trabaja y no produce bienes se supone que produce servicios".

Características de los servicios

Albrecht (1988) las define de la siguiente manera:

- Un servicio no puede conducir, inspeccionar, apilar o almacenar centralmente. Generalmente lo presta, donde quiera que esté el cliente, gente que está más allá de la influencia inmediata a la Gerencia.
- La persona que recibe el servicio no tiene nada tangible, el valor del servicio depende de su experiencia personal
- Si se prestó inadecuadamente, un servicio no se puede revocar, si no se puede repetir, entonces las reparaciones es el único medio recursivo para la satisfacción del cliente.
- La prestación del servicio generalmente requiere interacción humana en algún grado; comprador y vendedor se ponen en contacto en una forma relativamente personal para crear el servicio.

Calidad

Imai (1998) señala que la calidad se refiere a:

> No solo a la calidad de productos o de servicios terminados, sino también a la calidad de los procesos que se relacionan con dichos productos o servicios. La calidad pasa por todas las fases de la actividad de la empresa, es decir, en todos los procesos de desarrollo, diseño, producción, venta y mantenimiento de los productos o servicios.

Stoner (1996) Aporta que la calidad:

> En el lugar de trabajo va más allá de crear un producto de calidad superior a la medida y de buen precio, ahora se refiere a lograr productos y servicios cada vez más competitivos, esto entraña hacer las cosas bien desde la primera vez en lugar de cometer errores y después corregirlos

15. Sistema eléctrico nacional. Nueva regulación

El sistema eléctrico nacional está estructurado en cuatro sectores:

- Generación.
- Transporte (V ≥ 220 kV).
- Distribución.
- Comercialización.

Antes, había empresas que integraban estos 4 sectores.

Existía un monopolio natural.

Había una tarifa unificada.

Con la Nueva Reglamentación, se pretende que el cliente pueda elegir suministrador, que no exista un monopolio natural. A partir de esta Reglamentación se produce la **liberalización del mercado eléctrico**. Con esta Nueva Reglamentación la generación es libre.

¿Qué son los costes de transición?

Son los costes que se van pagando entre todos. En la Nueva Reglamentación, el transporte de energía eléctrica se va a regular, REE (Red Eléctrica de España) y la distribución va a ser regulada por el gobierno, y la comercialización el libre.

Los comercializadores pagarán en función de la energía consumida. El distribuidor podrá vender energía hasta los 10 kW.

¿Qué son las tarifas TUR?

Son las tarifas de último recurso, en las que estamos actualmente, no puede existir nadie con más de 10 kW en la tarifa TUR. Todos aquellos cuya potencia sea superior a los 10 kW, pasan a un mercado liberalizado, establecido por el gobierno.

TUR vs Libre Mercado durante el 1.er semestre 2010 para Potencias Contratadas < 10 kW

	Opción 1 TUR	Opción 2 Libre Mercado
Sin discriminación horaria (Tarifa 2.0 A)		
Término de Potencia (€/kW/mes)	**1,719427**	**1,386094**
Variación respecto semeste anterior	2,64%	3,30%
Variación Opción 1 vs Opción 2		–19,39%
Término de Energía (c€/kW/h)	**11,7759**	**11,7759**
Tarifa de acceso	–	5,7979
Precio electricidad y comercialización	–	5,978
Variación respecto semeste anterior	2,64%	11,63%
Con discriminación horaria (Tarifa 2.0 DHA)		
Término de Potencia (€/kW/mes)	**1,719427**	**1,386094**
Variación respecto semeste anterior	2,64%	3,30%
Variación Opción 1 vs Opción 2		–19,39%
Término de Energía Hora Punta (c€/kW/h)	**13,8960**	**13,8960**
Tarifa de acceso	–	7,53727
Precio electricidad y comercialización	–	6,3587
Variación respecto semeste anterior	1,16%	-3,26%
Término de Energía Hora Valle (c€/kW/h)	**5,8923**	**5,8923**
Tarifa de acceso	–	1,333517
Precio electricidad y comercialización	–	4,558783
Variación respecto semeste anterior	-3,37%	-3,58%

T.U.R.

SIN BONO SOCIAL

Con discriminación horaria

Potencia contratada	Término potencia €/kW y mes	Término energía €/kW y mes
Potencia ≤ 10 kW	1,6752	Periodo1: 0,137362 Periodo2: 0,060976

Sin discriminación horaria

Potencia contratada	Término potencia €/kW y mes	Término energía €/kW y mes
Potencia ≤ 10 kW	1,6752	0,11473

T.U.R.

CON BONO SOCIAL

Con discriminación horaria

Potencia contratada	Término potencia €/kW y mes	Término energía €/kW y mes
Potencia ≤ 10 kW	1,642355	Periodo1: 0,135145 Periodo2: 0,059614

Sin discriminación horaria

Potencia contratada	Término potencia €/kW y mes	Término energía €/kW y mes
Tarifa social ≤ 3 kW	0	0,11248
Potencia ≤ 1 kW	0,402318	0,089365
1 kW ≤ Potencia ≤ 10 kW	1,642355	0,11248

Actividades

Práctica

Realiza una clasificación de los tipos de suministros que existen según establece el REBT en su art.10.

Responde a las siguientes preguntas

1. **Los elementos que integran un sistema eléctrico de potencia son:**
   a) Generadores, transformadores, cargas.
   b) Generadores, líneas, transformadores y cargas.
   c) Generadores, líneas, subestaciones y centros de transformación.
   d) Generadores transformadores, subestaciones y cargas.

2. **Decimos que una línea eléctrica de transporte y distribución es corta cuando:**
   a) Su longitud es inferior a 1 km.
   b) Su longitud es menor de 100 km.
   c) Su longitud está comprendida entre 20 y 40 km.
   d) Todas son falsas.

3. **Una instalación de enlace está formada por:**
   a) Acometida, caja general de protección y centralización de contadores.
   b) Acometida y caja general de protección.
   c) Acometida, caja general de protección, línea repartidora y derivación individual.
   d) Todas son falsas.

4. Indica entre las siguientes opciones cuál debe estar provista de suministro de reserva.

a) Instalación eléctrica de una vivienda.

b) Estación de viajeros.

c) Hospitales y clínicas.

d) b) y c) son verdaderas.

5. ¿Qué entendemos por tiepi?

a) Tiempo en el que una zona tiene servicio.

b) Número de interrupciones por potencia instalada.

c) Tiempo medio en el que una zona queda sin servicio.

d) Todas son falsas.

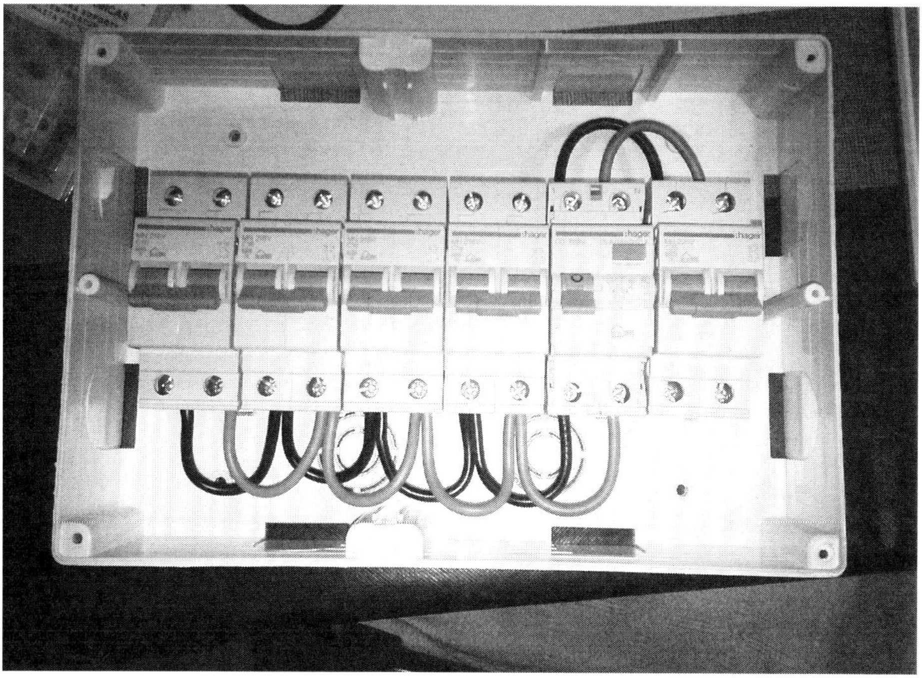

Capítulo 3

Acometidas y cuadros de protección general

eRodio ediciones

Índice

1. Protecciones

1.1. ¿A qué llamamos red de distribución?

Es la red que pertenece a la compañía suministradora, encargada de alimentar la instalación y puede ser aérea o subterránea.

En las redes de distribución de tipo aéreo el material empleado para los conductores es el cobre o el aluminio, pudiendo estar tanto desnudos como aislados; existe una diferencia, los conductores aislados se utilizan para tensiones nominales de 1.000 V con el aislamiento adecuado para que puedan estar expuestos a la intemperie, mientras que los conductores desnudos sí resisten a la intemperie y tienen una carga de rotura mínima establecida. Los conductores en redes aéreas de distribución pueden instalarse sobre muro, sobre aisladores y sobre fachada, ya sean tensados o engrapados. En cambio, para redes de distribución de tipo subterránea podremos instalar los conductores en el interior de conductos enterrados o sobre zanjas debidamente acondicionadas.

En las redes subterráneas de distribución los conductores son también de cobre o aluminio, pero van aislados con un material termoplástico adecuado que los protege de la corrosión que pueda originar el terreno.

Los conductores pueden ser tanto unipolares como multipolares.

1.2. ¿Qué es la acometida?

Definición de acometida: es la unión de la red de distribución de la compañía eléctrica suministradora con la instalación del cliente. Las acometidas pueden ser de varios tipos: aérea, subterránea o mixta.

Los elementos presentes en una instalación pueden ser: la acometida general, caja general de protección y línea repartidora.

Características de las protecciones para acometidas monofásicas. Algunos ejemplos de protecciones.

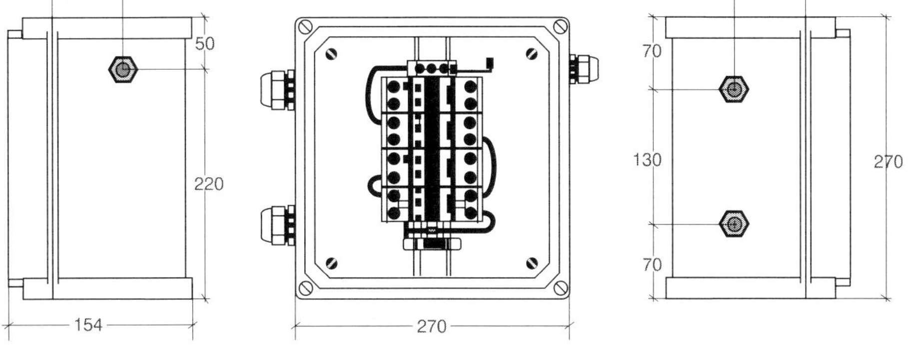

Protección con descargadores de corriente de rayo e inductancia de coordinación para acometidas monofásicas con régimen de neutro tipo TT.

Corriente de descarga máxima:

L^{-} → N 50 kA 10/350 μs

N → PE 125 kA 10/350 μs

Nivel de protección (tensión residual):

L^{-} → N < 2 kV

N → PE < 2,5 kV

Intensidad nominal: 63 A.

Sección de conexión máxima mm^2: rígido/flexible 25/35 mm^2.

Protección fase- neutro: descargador de corriente de rayo (1x) MC-50-B.

Protección neutro- tierra: descargador de corriente de rayo (1x) MC-125B/NPE.

Inductancia de coordinación con protecciones medias: bobina (2X) LC-63

LC93 MC 125-BNPE MC 50-B

2. Tipos y características

Según el sistema de instalación, las acometidas aéreas se instalan posadas sobre fachadas o tensadas sobre postes. En las acometidas subterráneas, la instalación es en derivación, y de entrada- salida, según se especifica en el Reglamento electrotécnico de Baja Tensión en su Instrucción ITC –BT-11. En las acometidas mixtas la instalación que se realiza es de tipo aero-subterráneas (ITC-BT-11).

2.1. Acometida aérea sobre fachada

Los conductores que vayan posados sobre fachada deberán estar suficientemente protegidos, por ello es necesario hacer previamente un estudio de las fachadas para que no les afecte el recorrido que llevarán dichos conductores.

Los cables se instalan fijándolos a la pared mediante elementos que deberán ir protegidos debidamente y resguardados, y se fijarán a una determinada distancia de la pared.

Los cables utilizados son aislados de tensión asignada 0,6/1 kV y la instalación se realizará sobre conductos cerrados.

Aquellos tramos en los que la altura de la acometida hasta el suelo sea menor de 2,5 m, han de protegerse con tubos rígidos. En zonas sin edificar o en cruces de vías públicas, los cables pueden ir amarrados en ambos extremos directamente cumpliendo lo que se establece en el Reglamento Electrotécnico de Baja Tensión, en su Instrucción Técnica Complementaria ITC-BT-06.

2.2. Acometida aérea tensada sobre postes

Cuando la acometida aérea es tensada sobre postes, los cables deberán ser aislados de tensión nominal 0,6/1Kv y pueden instalarse utilizando un cable neutro fiador de una determinada resistencia mecánica.

2.3. Caja general de protección

En la Caja General de Protección CGP, es donde van instalados los elementos de protección de la línea general de alimentación. Suelen instalarse en las fachadas exteriores de los edificios, para el caso de que la acometida sea aérea podrá montarse a una altura sobre 3 o 4 metros en la fachada del edificio, en cambio, si la acometida es subterránea, la CGP irá instalada en un nicho en pared. Dentro de las cajas generales de protección se deben instalar cortacircuitos fusibles en conductores de fase con poder de corte igual o mayor a la corriente de cortocircuito prevista en el punto de su instalación, tal y como se especifica en el Reglamento Electrotécnico de Baja Tensión. El conductor neutro irá situado a la izquierda de las fases y llevará un borne de conexión para su puesta a tierra si procede.

3. Elementos de corte y protección

3.1. ¿Qué es el poder de corte?

El poder de corte, PDC, de los interruptores automáticos nos indica la mayor o menos capacidad de estos aparatos para que, durante un cortocircuito que pudiera producirse, deje pasar solo una parte de la corriente de cortocircuito que tiene prevista. Esto presenta como ventajas la limitación de esfuerzos electromagnéticos, térmicos y mecánicos además de limitar el coste.

Por lo tanto, podemos definir el poder de corte de un interruptor automático como la mayor intensidad de cortocircuito que puede cortar el interruptor a una tensión determinada, el poder de corte se expresa en kA y podemos distinguir entre un poder de corte asignado y un poder de corte en servicio. El primero es la intensidad máxima de cortocircuito que el aparato es capaz de interrumpir, pero después puede que no vuelva a tener la misma función ya que puede quedar inutilizable; en el segundo caso, el poder de corte en servicio, es la máxima intensidad de cortocircuito que el aparato es capaz de interrumpir, quedando después en una situación de servicio, es decir, el aparato vuelve a quedar listo para su uso.

3.2. Esfuerzo térmico

Representan los esfuerzos de energía térmica que soportan los cables. El esfuerzo térmico admisible de los cables depende del aislante utilizado, del material del que esté compuesto, cobre o aluminio y de la sección.

Por ello es conveniente instalar protecciones contra cortocircuitos para limitar el esfuerzo térmico que aguantan los conductores, y de ese modo se evita que queden dañados.

La Norma UNE 20 460-9/4-43 establece como energía máxima admisible, en caso de cortocircuitos de duración hasta 5 segundos el siguiente valor:

$$I^2 * t = K^2 * S^2$$

donde S es la sección del conductor, y K un coeficiente que varía tal y como se especifica a continuación:

K = 115 para Cu- PVC (Cobre y policloruro de vinilo).

K = 135 para Cu-XLPE (Cobre y polietileno reticulado).

K = 74 para Al-PVC (Aluminio y policloruro de vinilo).

K = 87 para Al-XLPE (Aluminio y polietileno reticulado).

K = 115 para Cu soldado con estaño.

3.3. Selectividad

La selectividad indicará la apertura del interruptor más cercano al punto donde se ha producido el defecto. **Existen dos grados de selectividad**, *la selectividad parcial* que es cuando se supera indeterminado valor de intensidad de corriente y se pueden disparar más de un interruptor al mismo tiempo. En cambio *la selectividad total* asegura la apertura para todos los valores de corriente.

SELECTIVIDAD TOTAL

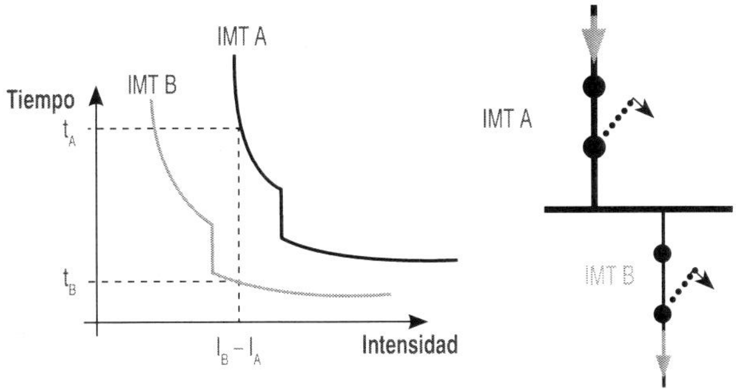

SELECTIVIDAD PARCIAL

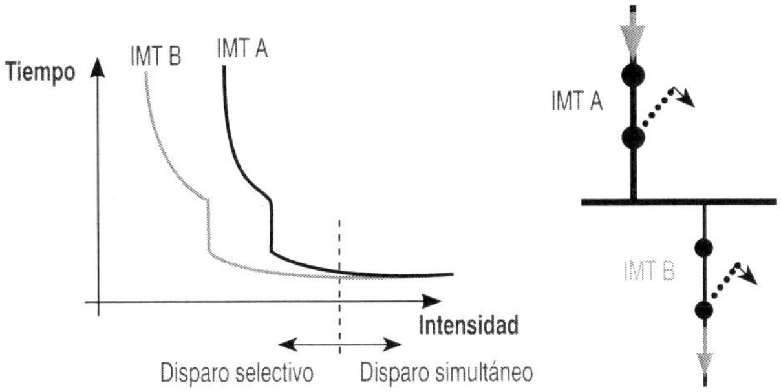

Distintos tipos de selectividad

Podemos distinguir diferentes tipos de selectividad: amperimétrica, cronométrica y filiación.

- **Selectividad amperimétrica**: cuando se produce un cortocircuito, el interruptor situado aguas abajo, cortará antes de que lo haga el interruptor superior.
- **Selectividad cronométrica**: cuando se produce una sobreintensidad, el interruptor situado aguas abajo deberá cortar el circuito en menor tiempo que el situado aguas arriba.
- Hablamos de **filiación o efecto cascada**, cuando se emplea un interruptor que posee un poder de corte inferior a la corriente de cortocircuito para ese punto, pero se usa también un interruptor que tiene ese poder de corte necesario aguas arriba de la instalación.

SELECTIVIDAD AMPERIMÉTRICA

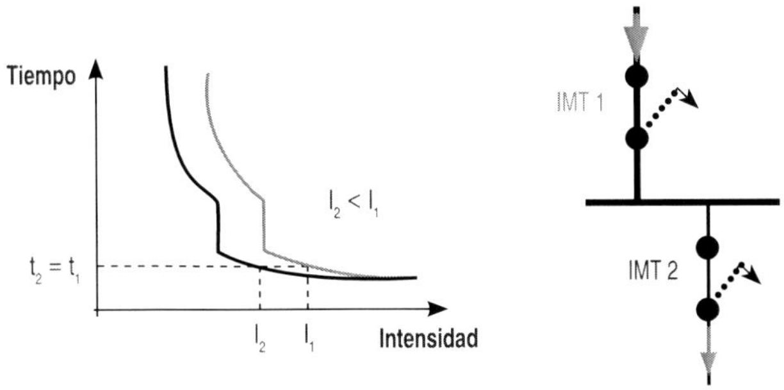

SELECTIVIDAD CRONOMÉTRICA

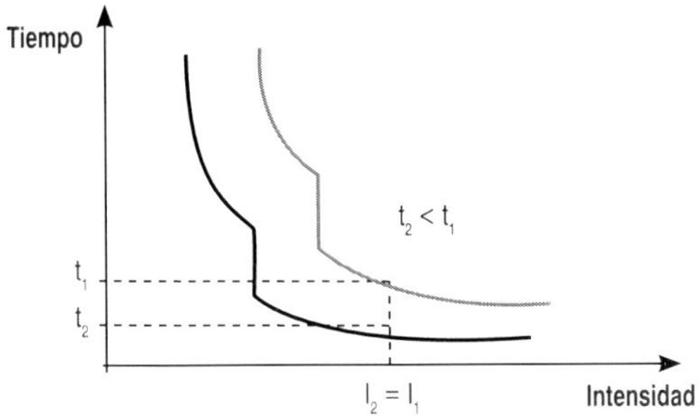

3.4. Interruptores magnetotérmicos

Dispositivo que es capaz de establecer, mantener e interrumpir las intensidades de corriente o de establecer e interrumpir de forma automática intensidades de corriente tan elevadas como las corrientes de cortocircuito y sobrecargas. Sustituyen a los fusibles y presentan la ventaja con respectos a estos de que no hay que reponerlos, es decir que cuando se desconecta el circuito por una sobrecarga, vuelven a rearmarse y continúan con su funcionamiento.

INTERRUPTORES MAGNETOTÉRMICOS

Unipolar Bipolar Tripolar

Su función es, por lo tanto, la de proteger a los conductores de la instalación eléctrica para que no se den ellos intensidades que no están admitidas por dichos conductores.

Veamos las partes que forman un interruptor automático.

1. **Contactos de cobre**, normalmente plateados.
2. **Cámara de extinción de arco**. Formada por placas metálicas capaces de cerrar el campo magnético del arco eléctrico que se produce en la desconexión atrayéndolo y alargándolo incrementando el espacio dieléctrico y produciendo su enfriamiento y extinción.
3. **Cámara de ruptura**: es donde se produce el arco eléctrico en el momento de la desconexión, tiene gran resistencia a la temperatura y suele incorporar protecciones cerámicas cuando la corriente de corte es superior a 32 A.
4. **Bimetal**: es el disparador térmico, la parte del dispositivo que detecta pequeñas sobreintensidades. Cuando se calienta, sufre dilataciones diferentes en sus caras actuando sobre el mecanismo de disparo y desconectando el interruptor.
5. **Relé electromagnético**. Se utiliza para la desconexión instantánea, lo forman una bobina de pletina de cobre esmaltado y un circuito magnético, donde el eje central es móvil y va unido a un resorte.
6. **Conductor del arco**: facilita la conducción del arco, por lo tanto sirve de ayuda a la cámara de extinción.
7. **Mecanismo de desconexión**: este mecanismo se compone de varias partes entre ellas, el juego de palanca, el gatillo y el resorte que permiten desconectar el dispositivo de forma brusca. En los dispositivos multipolares, las palancas de desconexión van unidos de manera que se desconectan todos los polos al mismo tiempo, además también se puede desconectar internamente el aparato aunque la manecilla del interruptor esté bloqueada.
8. La **manecilla de maniobra** es la encargada de conectar y desconectar el interruptor de forma manual.
9. **Dispositivo de señalización**.

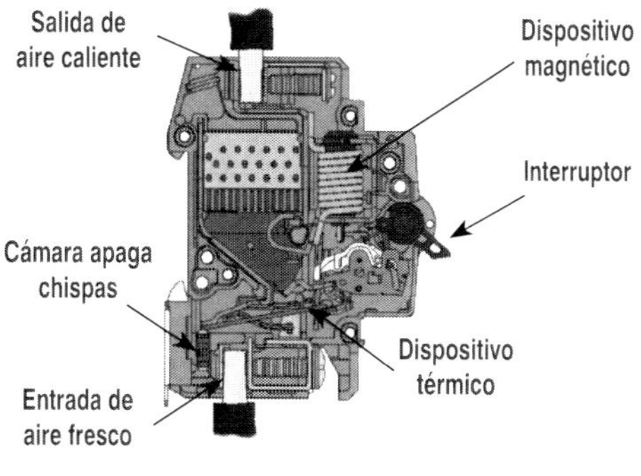

3.5. Conducción cierre y apertura

En el interruptor automático, la corriente eléctrica va a pasar por diferentes partes activas, como son los contactos de conexión de los cables, los contactos internos, la lámina bimetálica y el relé electromagnético, todas ellas estarán debidamente aisladas de otras partes activas y del exterior.

Los conductores de la instalación a proteger y los conductores de alimentación, se unen con el interruptor automático mediante los contactos de conexión.

Los contactos internos son aquellos que van a interrumpir el circuito.

La lámina bimetálica es la encargada del seccionamiento cuando se produce una sobrecarga, mientras que el relé electromagnético será el encargado del seccionamiento cuando se produzca un cortocircuito.

Dentro del interruptor, cuando se produce la conducción, todos los elementos constructivos que forman el interruptor, van a disipar potencia en forma de calor. Esto puede alterar la vida útil y el funcionamiento del dispositivo, es por ello, por lo que se establecen normas en referencia al calentamiento de los bornes y diferentes partes del interruptor.

La temperatura que se podría llegar a alcanzar por ejemplo en los bornes con el paso de una corriente nominal sería de 60 °C a 80 °C, dependiendo de si se trata de interruptores para instalaciones domésticas o para instalaciones industriales respectivamente. Otras partes del interruptor automático pueden llegar a alcanzar de 50 °C a 100 °C en el exterior y más elevadas aún en el interior, siendo estas del orden de los 100 °C a los 200 °C.

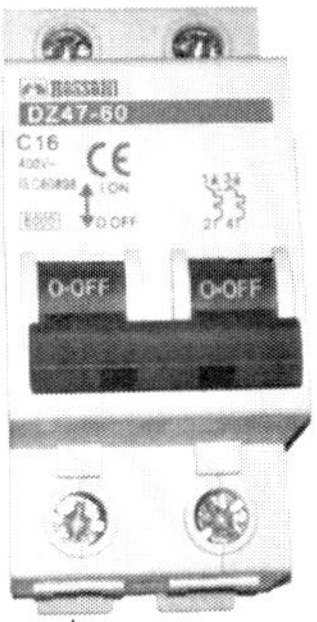

Para evitar una temperatura excesiva en el operador y que se alcance una temperatura elevada en el envolvente del interruptor así como un decalaje de la temperatura, el fabricante del interruptor proporciona unas tablas para que se evalúe la potencia máxima en el interior de los cuadros y no se produzca ese exceso de potencia que tendría las consecuencias descritas anteriormente.

El cierre y la apertura de los circuitos, pueden ser manuales o automáticos y por el arco eléctrico que se produce en la conexión y desconexión de un circuito en carga, pueden sufrir desgaste en los contactos y en el mecanismo de disparo. Por ello el fabricante nos determina la cantidad de conexiones y desconexiones de los interruptores automáticos, a eso se le conoce con el nombre de endurancia y nos permite comprobar el grado de fiabilidad de las partes internas que intervienen en la apertura y cierre.

La endurancia puede ser tanto eléctrica como mecánica, según la forma de la apertura y del cierre. Las Normas nos indican valores de 8.500 ciclos para la endurancia mecánica y 1.500 ciclos para la endurancia eléctrica, que en total sumarían 10.000 ciclos.

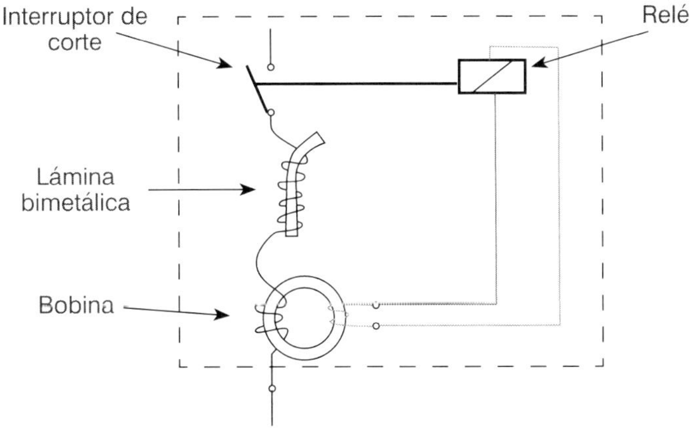

3.6. Seccionamiento

Hablamos de seccionamiento cuando el interruptor magnetotérmico se dispara por las siguientes causas:

1. **Sobrecarga**. Para evitar sobrecarga en los conductores que va a proteger el interruptor automático, este dispone de una lámina bimetálica también conocida como bimetal.

   Esta lámina bimetálica, cuando llega a alcanzar una determinada temperatura elevada, se deforma en una de sus caras debido a la diferencia de conductividad (es decir, una lámina formada por distintos tipos de metal y por lo tanto con dos conductividades diferentes, que hace que una se deforme antes que la otra) y es entonces cuando se produce el disparo del interruptor antes de que el conductor sufra algún daño.

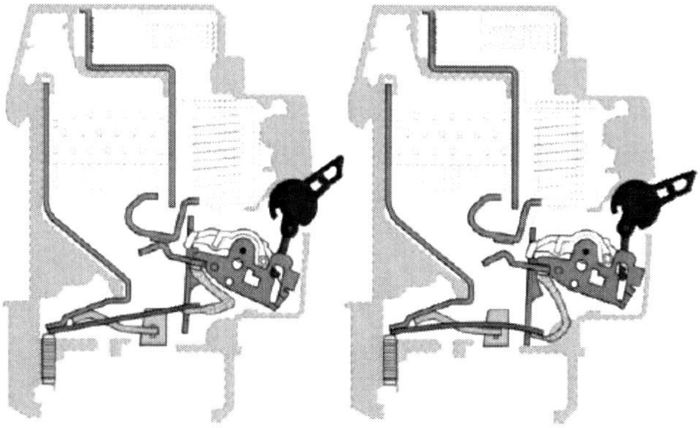

2. **Cortocircuito**.

3.7. Curvas de disparo térmico

En las curvas de disparo térmico podemos ver representado el tiempo en que la placa bimetálica se deforma en función de la intensidad que circule.

En las curvas de disparo podemos encontrar los siguientes términos:

1. Intensidad nominal, In, a partir de esta intensidad se define la curva de disparo térmico.
2. Intensidad de no funcionamiento, Inf, Ind. Es aquel valor que alcanza la intensidad y que no hace que el interruptor automático se dispare, por debajo de este valor el interruptor no debe dispararse.
3. Intensidad de disparo, Id, If. Es aquel valor mínimo de la intensidad que hará disparar el interruptor.

Todos estos valores están normalizados.

Inf = 1,13 In $\geq$ 1 hora.

If = 1,45 In $\leq$ 1 hora.

Bajo estas condiciones, los límites de tiempo de disparo o no disparo son de:

1 hora para In $<$ 63 A.

2 horas para In $>$ 63 A.

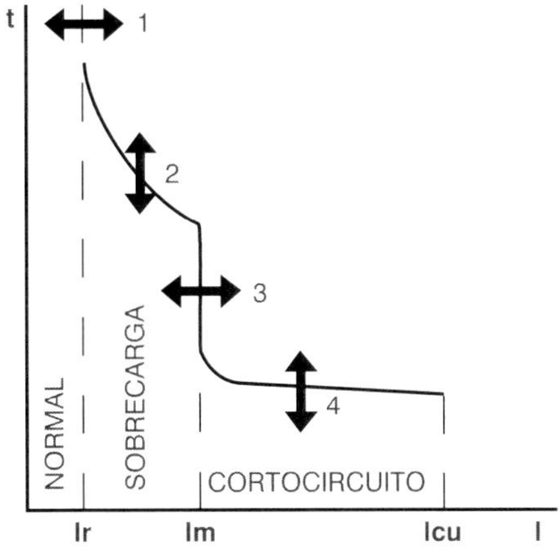

3.8. Decalaje por temperatura

Cuando existe un exceso de temperatura en el interior de los cuadros, puede influir en el funcionamiento del interruptor de forma que la lámina bimetálica puede quedar deformada a favor del corte, con lo que se dispara siempre antes y se producen disparos cuando no se debe.

3.9. Curva de disparo magnético

Los valores que determinan la precisión del disparo del interruptor automático son la intensidad nominal, y la intensidad de no funcionamiento Inf, por debajo del valor de If debe dispararse el interruptor.

El disparo magnético debe ser instantáneo, en la curva, los tramos que son totalmente verticales corresponden al disparo. Los valores de la intensidad de funcionamiento y la intensidad de no funcionamiento dependen del tipo de curva.

La unión de la curva de disparo magnética y la curva de disparo térmica da lugar a lo que se conoce con el nombre de curva de disparo de los interruptores automáticos.

A continuación se detallan los tipos de curvas de disparo que pueden existir.

- **Curva de disparo de tipo B**: se disparan entre 3 a 5 veces la Intensidad nominal. Protección de generadores y cables de gran longitud.
- **Curva de disparo de tipo C**: actúan entre 5-10 veces la intensidad nominal. Circuitos de aplicaciones generales, como iluminación y tomas de corriente.

- **Curva de disparo de tipo D**: disparo de 10 a 14 veces la intensidad nominal. Protección de circuitos con elevada corriente de arranque, motores, transformadores.
- **Curva de disparo de tipo Z**: de 2,4 a 3,6 veces la intensidad nominal. Protección de circuitos electrónicos.
- **Curva de disparo tipo MA**: disparo a 12 In. Arrancadores de motores (sin protección térmica).

El magnetotérmico debe instalarse al comienzo del conductor protegido, con una tolerancia de 3 metros respecto al punto de origen. El elemento de protección debe de tener un pdc no inferior a la corriente de cortocircuito, en el punto donde está instalado el dispositivo. En caso de que se produzca un cortocircuito, el magnetotérmico actuará en cualquier punto de la línea protegida, con la mayor rapidez para evitar así el calentamiento de los conductores.

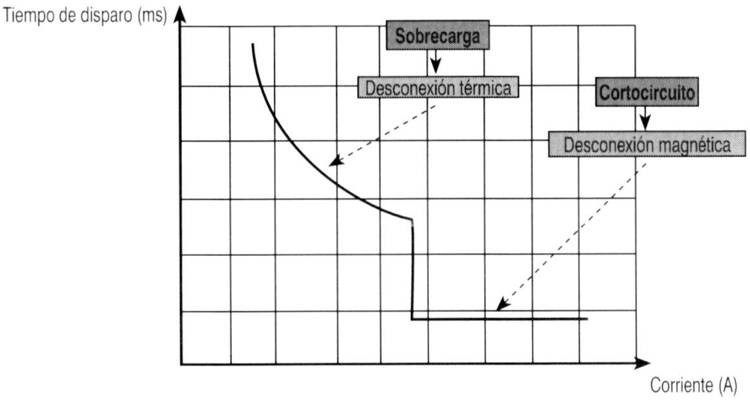

3.10. Interruptores diferenciales

Son aquellos interruptores automáticos que protegen de derivaciones a las personas evitando el paso de la corriente a través del cuerpo humano.

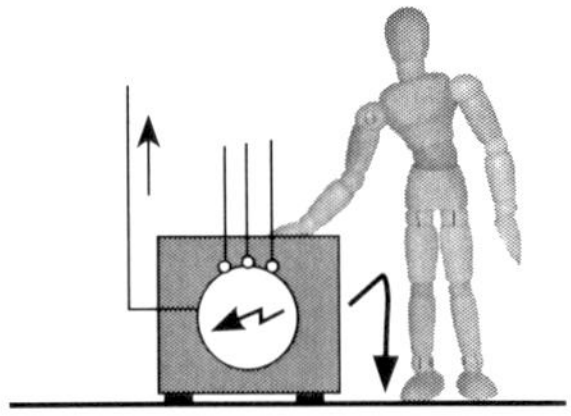

Desconecta la instalación de forma automática en el caso de que se produjera una derivación de corriente a tierra a través del cuerpo humano, por ejemplo cuando se produce un contacto directo con un electrodoméstico que tiene una fuga.

Los interruptores diferenciales están formados por varios elementos:

1. Captador.
2. Bloque de tratamiento de la señal.
3. Relé de media y disparo.
4. Dispositivo de maniobra

El funcionamiento es el siguiente: la suma de las intensidades debe ser nula cuando no existen fugas, así, si se detecta que la diferencia de la corriente entrante y la corriente de salida supera un valor elevado, entonces, se dispara el diferencial y el circuito quedaría sin conexión. Suelen fabricarse de sensibilidad 30 mA (uso doméstico) y 300 mA. Las características que definen un interruptor diferencial son: el amperaje, el número de polos y la sensibilidad.

Por ejemplo, uno de los interruptores diferenciales más usados en instalaciones de viviendas es del tipo 16 A-IV-30 mA.

Funcionamiento de un interruptor diferencial

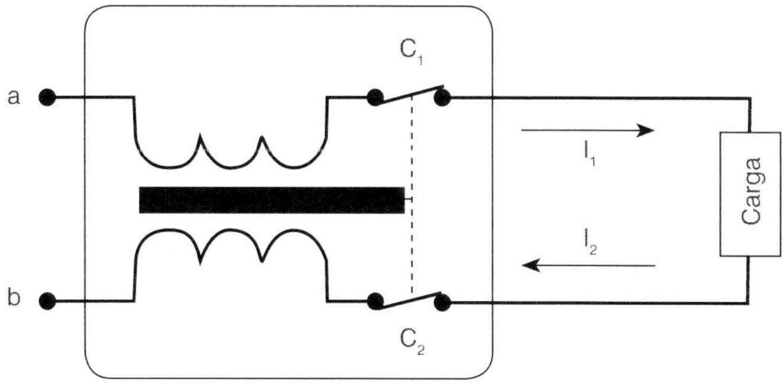

En la imagen anterior, podemos observar el circuito en estado normal, donde la intensidad que entra en la carga es la misma que la que sale de ella y por lo tanto los campos magnéticos creados en la bobina han de ser iguales aunque de sentido contrario, y por lo tanto la resultante es cero.

En cambio, cuando se produce una derivación a tierra, en la carga aparecerá una corriente de fuga y la intensidad que entraba en la carga ya no será igual a la que sale de ella y por lo tanto la diferencia entre las dos corrientes ya no sería nula y el campo magnético resultante tampoco, es entonces cuando se desplaza el núcleo de su posición de equilibrio y los contactos quedan abiertos y se interrumpe la circulación de corriente eléctrica hasta que se rectifique esa avería y se vuelva a rearmar el dispositivo.

Interruptor diferencial cuando aparece una corriente de fuga

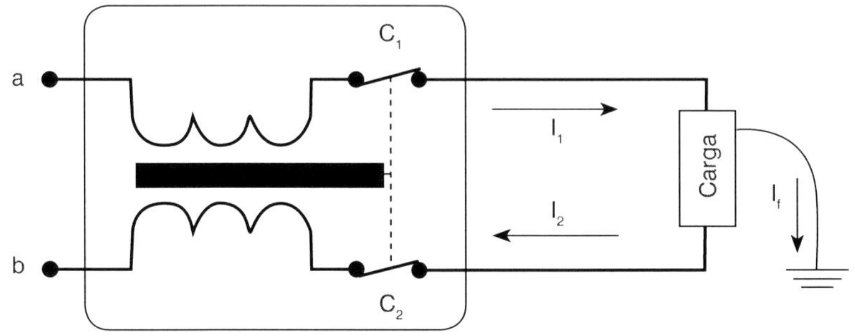

Tipos de interruptores diferenciales

Existe un modelo de interruptor diferencial con dos polos para suministros bifásicos y otro con cuatro polos para suministros trifásicos que además tienen neutro.

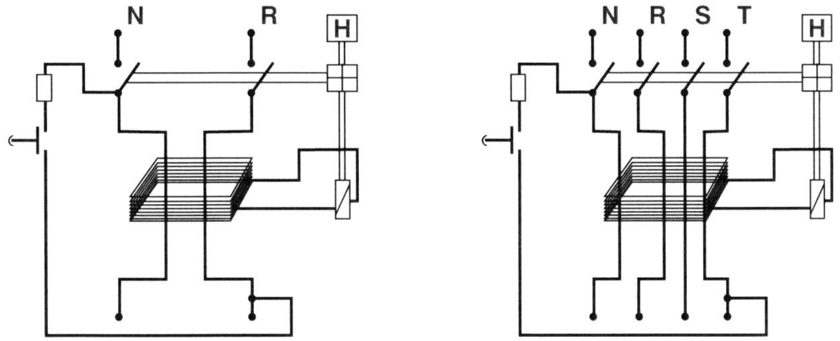

2 polos **4 polos**

4. Dimensionamiento de interruptores y protecciones eléctricas

Para realizar un correcto dimensionado de un interruptor automático magnetotérmico tendremos que tener en cuenta los siguientes aspectos:

1. Cuál es la tensión que vamos a tener.
2. Debemos conocer cuál es la intensidad nominal de la instalación a proteger.
3. Cuál es el valor máximo y el valor mínimo de la intensidad de cortocircuito.

4. Debemos conocer cuál es la intensidad máxima admisible de los conductores.
5. Tendremos que tener en cuenta la selectividad de la protección que esté situada aguas arriba del interruptor automático.

Existen una serie de condiciones que deben cumplirse a la hora de instalar el interruptor automático, como son por ejemplo que la intensidad de disparo térmico tendrá que ser menor que la intensidad nominal de la instalación y la intensidad de disparo magnético debe estar al menos un 20% por debajo de la intensidad de cortocircuito mínima, mientras que la intensidad máxima de cortocircuito será inferior al poder de corte del interruptor automático.

Características

Los interruptores de la serie Dz47 han sido diseñados para la protección de sobrecargas y cortocircuitos, para tensiones de 400 V o inferiores con frecuencias de 50/60 Hz.

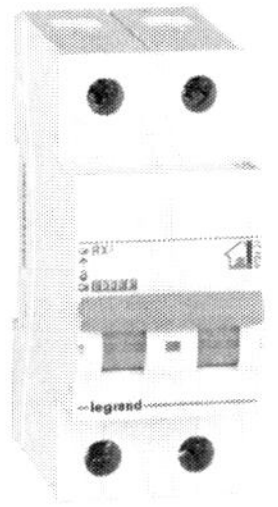

- Polos: 2 polos.
- In: 6, 10, 16, 20, 25, 32, 40 A.
- Curvas: C
- Poder corte: 6 kA
- Certificados: CE

Curva de desconexión

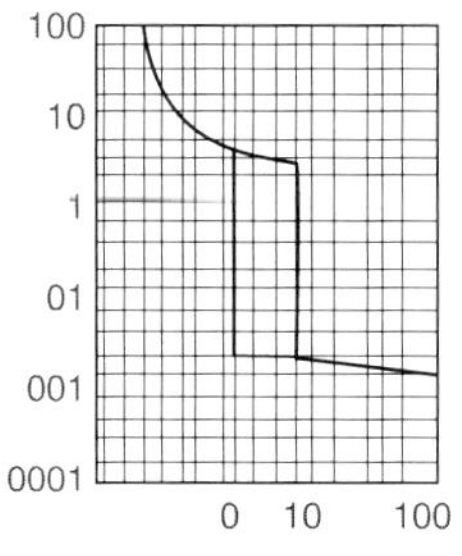

Dimensiones

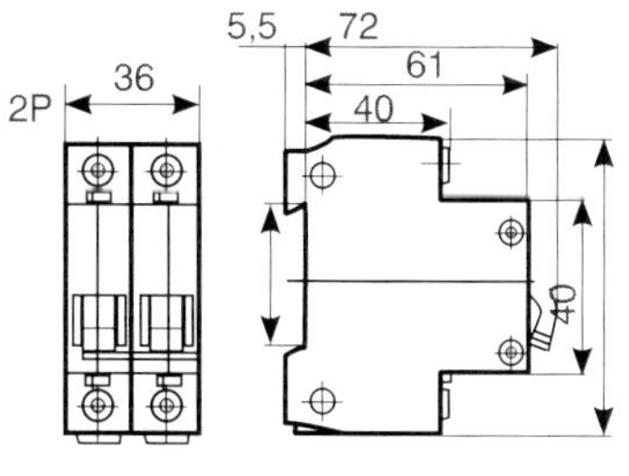

Algunas normas que afectan a los interruptores automáticos

Según establece el Reglamento Electrotécnico de Baja Tensión en su Instrucción Técnica Complementaria ITC-BT-17 y en ITC-BT-25:

- Los dispositivos generales de mando y protección se situarán:
  1. En el punto de entrada, en general en la derivación individual o del usuario.

2. En vivienda, a la entrada de la vivienda, no en dormitorios, baños, aseos, etc.
3. En locales comerciales, lo más próximo posible a la puerta de entrada.

- En el apartado 1.3 de ITC-BT-17 se establece que:
    - ▹ El poder de corte del interruptor general automático será suficiente para la intensidad de cortocircuito que puede producirse en el punto de su instalación, de 4.500 A como mínimo.
    - ▹ Los dispositivos de protección instalados para los casos de sobrecarga y cortocircuitos interiores, serán de corte omnipolar y tendrán los polos protegidos que corresponde al número de fases del circuito que protegen.

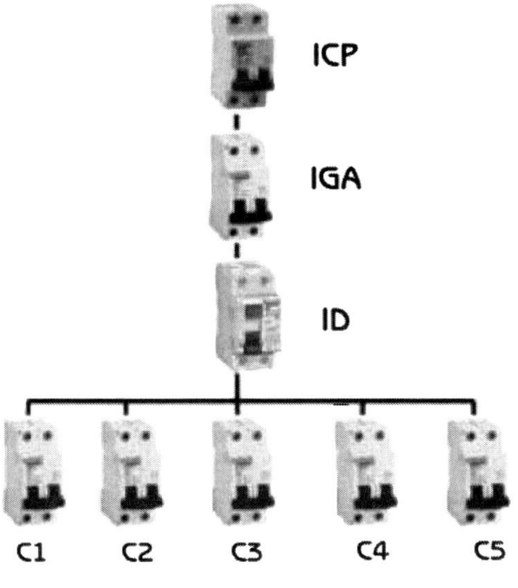

Actividades

Práctica

Indica los elementos que componen un interruptor automático.

Responde a las siguientes preguntas

1. **¿En qué unidades se expresa el poder de corte?**
   a) Es adimensional.
   b) Se expresa en kV.
   c) Se expresa en kA.
   d) Ninguna de las anteriores es correcta.

2. **Los interruptores magnetotérmicos protegen al circuito contra:**
   a) Sobrecargas.
   b) Cortocircuitos.
   c) Sobrecargas y cortocircuitos.
   d) Ninguna de las anteriores es correcta.

3. **El pdc de un interruptor automático se define como:**
   a) La mayor intensidad de cortocircuito que puede cortar el interruptor a una tensión determinada.
   b) El esfuerzo de energía térmica que soportan los cables.
   c) La cantidad de conexiones y desconexiones de los interruptores automáticos.
   d) Todas son falsas.

4. Los tipos de selectividad que existen son:

a) Amperimétrica, voltimétrica y cronométrica.

b) Voltimétrica, cronométrica, de disparo.

c) Amperimétrica, filiación y resistiva.

d) Amperimétrica, cronométrica y filiación.

5. ¿Cuáles de las siguientes opciones coinciden con los distintos tipos de curvas de disparo?

a) Tipo B, tipo C, tipo F, tipo Z, tipo MA.

b) Tipo A, tipo B, tipo C, tipo Z, tipo MA.

c) Tipo B, tipo C, tipo D, tipo Z, tipo MA.

d) Tipo B, tipo C, tipo D, tipo F, tipo K.

Capítulo 4

Canalizaciones y conducciones

Rodio ediciones

Índice

1. Tipos de conductores

Los cuerpos que conducen o transmiten la energía eléctrica se denominan conductores.

La energía que se genera en las centrales eléctricas llega hasta los puntos de consumo a través de las líneas de transporte y distribución formadas por conductores eléctricos.

Los conductores suelen utilizarse de cobre para instalaciones interiores y de aluminio para transporte y distribución.

A continuación podemos observar en la tabla las principales características del cobre y del aluminio empleado para el uso de conductores eléctricos.

Propiedad	Cobre (Cu-ETP)	Aluminio (1350)	Unidades
Conductividad eléctrica (templada)	101	61	%IACS
Resistencia eléctrica (templada)	1,72	2,83	mOhm-cm
Conductividad termal 20°C	397	230	W/mk
Coeficiente de expansión	17 × 10-6	23 10-6	cm/°C
Fuerza tensora (templada)	200-250	50-60	N/mm^2
Fuerza tensora (medianamente dura)	260-300	85-100	N/mm^2
Módulo elástico	116-130	70	N/mm^2
Fuerza de fatiga (templada)	62	35	N/mm^2
Fuerza de fatiga (medianamente dura)	117	50	N/mm^2
Calor específico	385	900	J/KgK
Densidad	8,91	2,70	g/cm^3
Punto de derretimiento	1083	660	°C

Los conductores eléctricos se componen de varias partes:

- El alma.
- El aislamiento.
- Cubiertas protectoras.

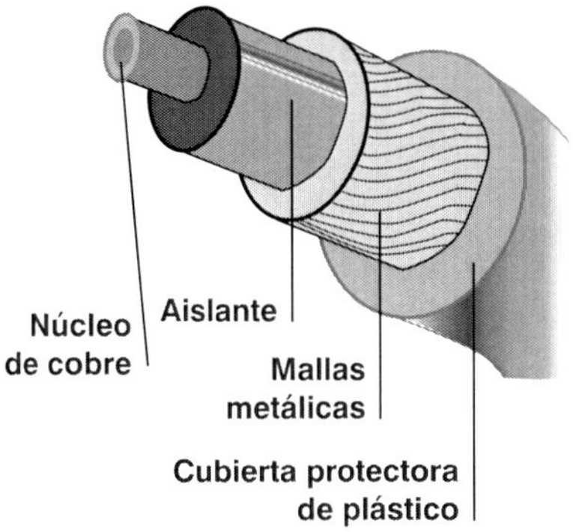

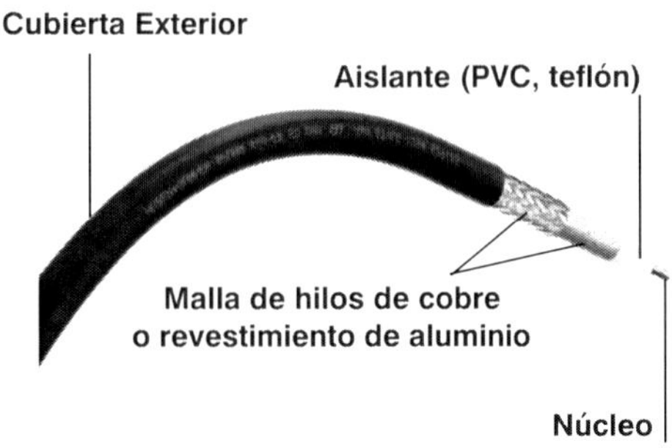

A la hora de seleccionar un conductor deberemos tener en cuenta una serie de factores:

- Material del que está formado el conductor.
- Flexibilidad.
- Forma en que se configura.
- Dimensiones de los conductores.

Los materiales que más se utilizan en la fabricación de conductores son el cobre (Cu) y el aluminio (Al). Aunque el cobre es superior en características eléctricas, se utilizan más los conductores de aluminio porque son más económicos y pesan menos que los de cobre.

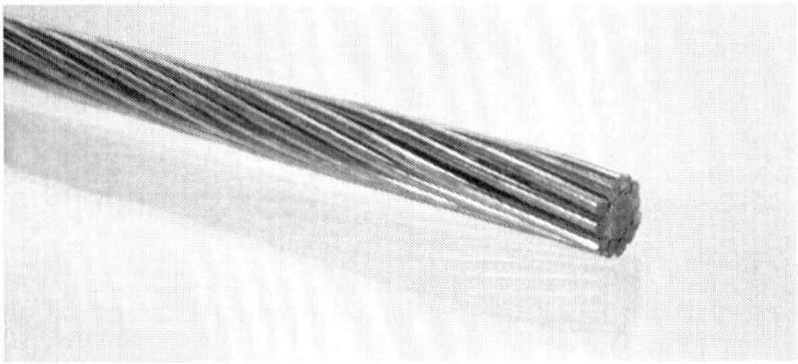

En el cobre podemos distinguir tres grados de dureza diferentes: blando, semiduro y duro. El cobre blando presenta mayor conductibilidad y el cobre duro, por el contrario, presenta mejor resistencia mecánica.

Si hacemos la clasificación atendiendo a la forma del alma de los conductores, podemos encontrarnos:

- Alambre. Los alambres tienen el alma conductora formada por un único hilo conductor.
- Cable. En los cables, el alma la forman varios hilos conductores o alambres de baja sección.

Para dotar de mayor flexibilidad a un conductor, se le somete a un tratamiento de recocido para suavizarlo o aumentar el número de hebras que lo forman.

Las distintas configuraciones que pueden presentar los conductores son:

- Conductor circular compacto.
- Conductor sectorial.
- Cable anular.
- Conductor segmental.

En el conductor circular compacto, las hebras son de diferente sección, aprovechando así mejor el espacio. Con esta configuración el diámetro y peso del conductor es menor que en los conductores concéntricos.

Para el conductor de tipo sectorial las hebras son agrupadas de manera que se ocupa una región equivalente a un tercio de la circunferencia solamente. Esta configuración se usa en la fabricación de conductores trifásicos. Los conductores sectoriales, aunque son menos flexibles, presentan ciertas ventajas sobre los conductores redondos, como son menor diámetro y peso y por lo tanto menor coste económico.

En el cable anular, se disponen los alambres trenzados de forma helicoidal, en capas concéntricas.

En el conductor segmental, se divide al conductor en 4 segmentos aislados entre sí, por una capa de aislante, conectándose los segmentos en paralelo. Con este tipo de configuración se consigue una sección menor, y más económica que los conductores anulares.

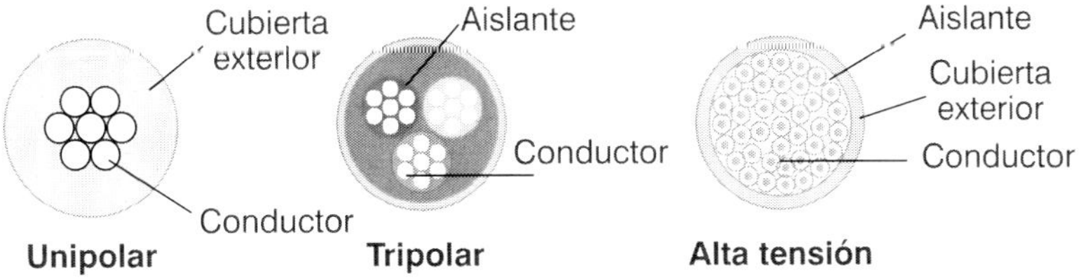

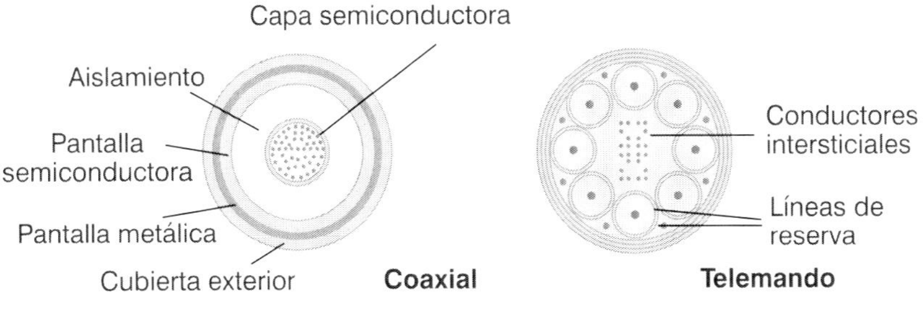

2. Tipos de cables

Los cables pueden ser, atendiendo a su rigidez, rígidos formados por un solo hilo, o flexibles, cables finos agrupados, unidos entre sí.

a) **Conductores rígidos**

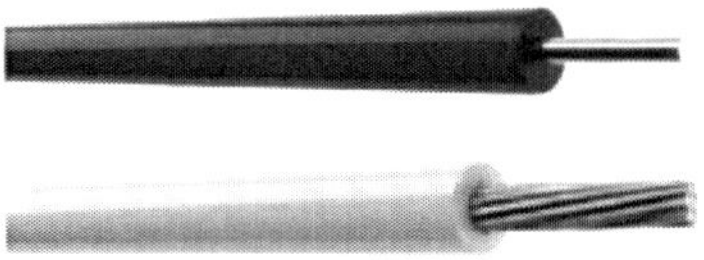

b) **Conductores flexibles**

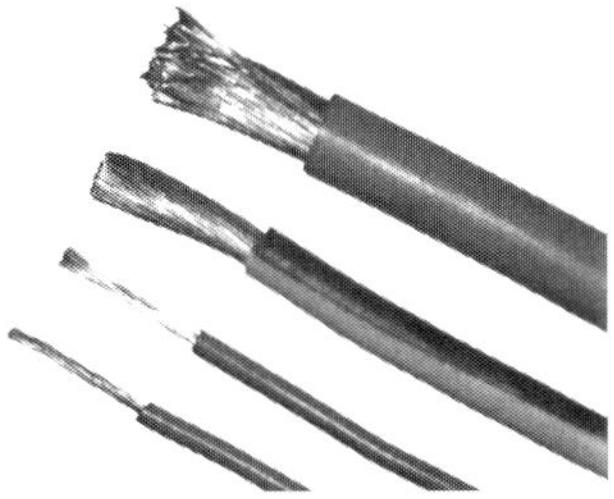

Si los clasificamos atendiendo al número de conductores que lo forman, tendremos cables unipolares, de un solo conductor, ya sea rígido o flexible, y cables multipolares formados por más de un conductor (mangueras).

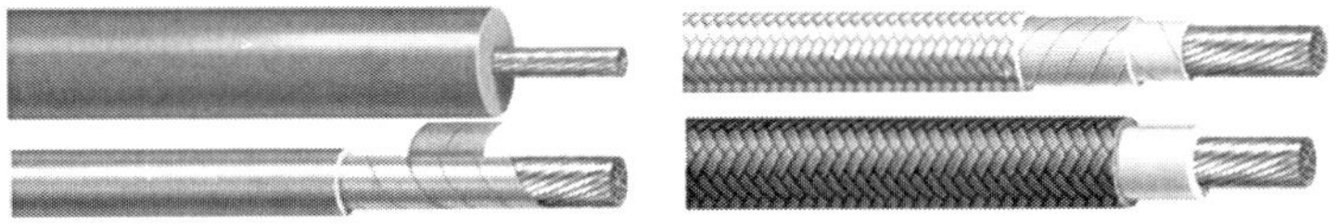

Sección de un cable

La sección expresa el grosor que tiene un cable, por ejemplo: 1,5 mm^2, 2,5 mm^2, 4 mm^2, 6 mm^2, etc.

La forma en que se nombran los cables, si son de tipo unipolar sería por su sección, por ejemplo, hilo rígido de 4 mm^2. Si fueran multipolares, lo expresaríamos de la siguiente manera: 3 $\times$ 4 mm^2, donde el primer número nos indica la cantidad de cables y el segundo número la sección que tienen.

Algunas características del cobre empleado para conductores eléctricos:

- Conductividad de cobre de grado duro: presenta una conductividad del 97% con respecto a la del cobre puro. Debido a la gran resistencia mecánica que presenta, suele usarse en líneas de transporte para conductores desnudos.
- Conductividad de cobre recocido o de grado blando: presenta una conductividad del 100% con respecto a la del cobre puro. Este tipo de cobre se utiliza para la fabricación de conductores aislados dada la gran ductibilidad y flexibilidad que presentan.

3. Aislamiento de conductores

La función del aislamiento no es otra que evitar que diferentes conductores con distinto tipo de tensión entren en contacto entre sí y además como elemento de seguridad hacia las personas evitando cualquier contacto con la corriente eléctrica.

El material que forma el aislante del conductor dependerá en gran parte del uso que se le dé al conductor y de los factores térmicos y mecánicos a los que puedan ver sometidos los conductores, con lo que debe cumplir una serie de características que les haga tener una resistencia a los rayos solares, como a los agentes químicos y atmosféricos, a las llamas, etc., así como el modo en que sean instalados, dependiendo del medio y del tipo de canalización, etc.

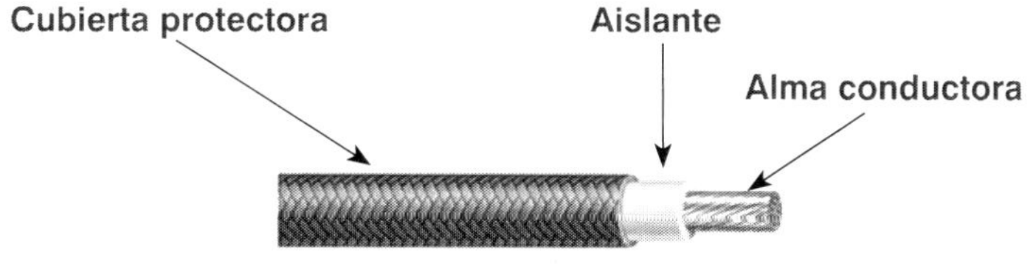

Los materiales más utilizados como aislamiento en los conductores pueden ser:

1. **Termoplásticos**. De tipo termoplástico puede ser el policloruro de vinilo (PVC), se deforma en caliente, y se endurece en frío. Tiene plastificantes incorporados, se endurecen con el tiempo y la temperatura por pérdida de dichos plastificantes. Presenta buena resistencia a la agresión medioambiental (intemperie, agentes químicos, etc.).

   También es de tipo termoplástico el polietileno (E).
2. **Termoestables**. Dentro de este grupo encontramos el polietileno reticulado (XLPE), aunque también el etileno propileno, que se le considera más como elastómero debido a las propiedades elásticas que presenta.

Son aislamientos reticulados.

- No se deforman en caliente.
- Endurecen en frío a baja temperatura (-40 °C).

No tienen plastificantes incorporados. Endurecen por oxidación de la molécula con el tiempo y la temperatura.

- Presentan buenas características.
- Tras aplicarlo al cable se le somete a un tratamiento térmico que lo convierte en termoestable.
- Cada vez se suelen utilizar más los aislamientos con materiales plásticos, se prefieren a los elastómeros que se suelen utilizar para casos en que se requiera flexibilidad.
- Elastómeros.

3. **Elastómeros**. Dentro de este grupo encontramos el etileno-propileno (EPR), la silicona y la goma butílica (SBR).

Los materiales aislantes más comunes suelen ser el PVC (policloruro de vinilo),con una temperatura de operación de unos 70 °C-90 °C, el PE (polietileno termoplástico) con una temperatura de operación de unos 60 °C, XLPE (polietileno reticulado) con una temperatura de operación de unos 90 °C, EPR (goma etilen-propilénica), con temperatura de operación de 90 °C, etc. Cuando por encima de la capa aislante, los conductores presentan otra protección de tipo polimérica, decimos que lleva cubierta o revestimiento.

4. Cubiertas de protección

La función de las cubiertas protectoras no es otra que la de la completa aislación del conductor y su alma conductora de posibles daños, golpes, etc. Cuando estas cubiertas son metálicas se les conoce con el nombre de armadura, formada por capas de cintas de acero galvanizado que bien puede presentarse de forma trenzada de alambres. Cuando la protección del conductor la forman alambres de cobre, se trata de una pantalla de protección.

Los materiales que se emplean para cubiertas son:

1. **Termoplásticos**. Dentro de los grupos de los termoplásticos encontramos:
   - El policloruro de vinilo (PVC).
   - Polietileno.
2. **Elastómeros**. Dentro de los elastómeros se suelen utilizar dos tipos de materiales.
   - Policloropreno (neopreno).
   - Poliuretano (para cables de rodadura).

3. **Otros tipos de materiales que se utilizan:**
   - ▹ Etileno-acetato de vinilo.
   - ▹ Goma silicona.
   - ▹ Poliolefina.

El blindaje o pantalla, de material metálico o semiconductor, está formada por una capa conductora y va colocada sobre el aislante, su misión principal es la de crear una superficie equipotencial, para que el campo eléctrico que se crea en el dieléctrico sea uniforme. Además el blindaje o pantalla sirve como protección para las personas, va colocado a tierra y protege al conductor de campos externos.

Par trenzado

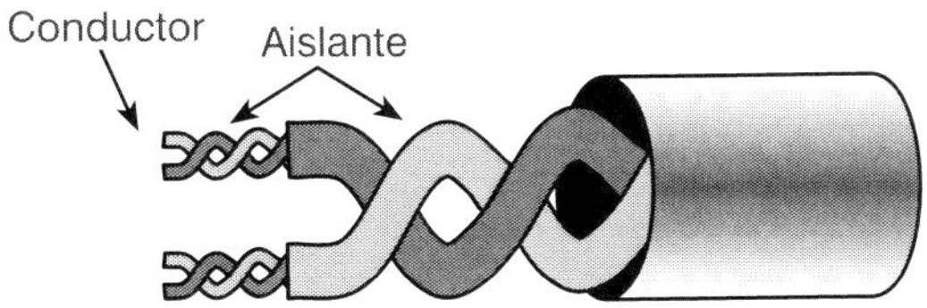

Par trenzado apantallado

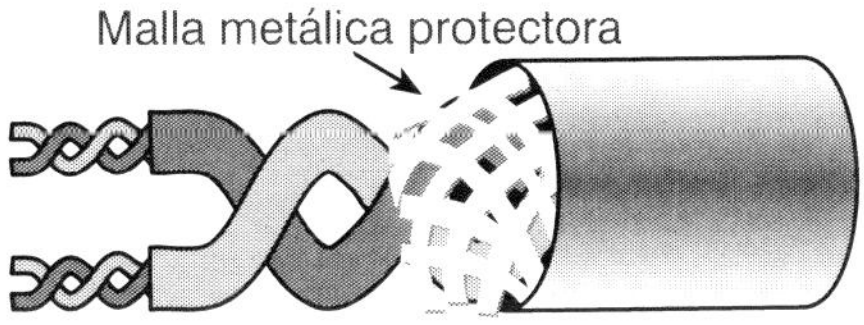

Las armaduras o envolventes metálicas se fabrican con materiales como el hierro o el acero, se realiza de la forma:

- Flejes de acero.
- Alambres de acero

Estos tipos se usan para conductores en instalaciones que son fijas. Para instalaciones que son flexibles encontramos:

- Trenza de acero.
- Cablecillos de acero.

Estas armaduras o envolventes se utilizan para instalaciones interiores, para conductores rígidos y en locales de pública concurrencia con riesgo de incendio y explosión y locales húmedos o mojados.

En baja tensión, no suelen utilizarse conductores con pantalla, ya que no se tiene en cuenta la forma en que se distribuye el campo eléctrico. Suele utilizarse en ocasiones para salas de control.

Para tensiones muy elevadas, por ejemplo, para conductores usados en líneas aéreas, este blindaje o pantalla protege al conductor del efecto corona.

Por lo tanto, se usa este tipo de blindaje metálico para crear un campo eléctrico uniforme entre el conductor y el blindaje, para proteger al cable de potenciales inducidos, para proteger al cable de posibles daños mecánicos a los que pueda estar sometido.

Usaremos el blindaje o pantalla cuando los cables vayan a ir subterráneos, o bien cuando en la superficie del cable puedan depositarse partículas de elementos conductores como sales y otos productos químicos.

¿Por qué se producen tensiones inducidas?

Son las tensiones que se inducen en la pantalla del conductor debido a la acción de campos magnéticos; esto, en las pantallas de los conductores de tipo tripolar no suele ocurrir porque estos campos se anulan a una determinada distancia del centro y las tensiones inducidas en las pantallas son tan insignificantes que se desprecian, sin embrago en los conductores de tipo unipolar no ocurre lo mismo.

Es importante que la pantalla o blindaje del conductor esté conectado a tierra, si esto no se hace, se inducen tensiones elevadas similares al potencial del conductor, así conectando a tierra el blindaje protegeremos a las personas y protegeremos al conductor de las tensiones inducidas.

Existen varias formas de realizar la conexión a tierra del blindaje, o bien conectando a tierra en un solo punto o bien conectando al pantalla a tierra en dos o más puntos.

Si lo hacemos en un solo punto, tendremos que tener en cuenta que la tensión irá aumentando a medida que nos alejemos del punto puesto a tierra, en ese caso sería recomendable conocer qué tensión alcanza dicho punto. En cambio si ponemos a tierra 2 o más puntos del conductor, las tensiones inducidas que aparecerán tendrán un valor muy bajo, de esta forma el potencial a tierra se mantiene a lo largo de toda la pantalla.

En los cables que no hayamos puesto a tierra, aparecerán unas corrientes debidas al producto de las tensiones inducidas obtenidas que pueden llegar a reducir la capacidad de intensidad nominal de los cables, las pérdidas serán mucho mayores, y puede producir un calentamiento que podría perjudicar a la cubierta y el aislante del cable.

Por lo tanto, para la adecuada selección de un conductor, debemos tener presente el tipo de aislamiento, la cantidad de corriente que va a circular por el conductor, si estamos en alta o baja tensión. También tendremos en cuenta los factores de carácter térmico como pueden ser la resistencia térmica, la dilatación del material aislante. Otros factores de carácter mecánico y químico a tener en cuenta serían la flexibilidad y resistencia mecánica del conductor, abrasión, contaminación, rayos solares, agentes químicos, etc.

Para conocer la sección adecuada del conductor:

a) Buscaremos cuál es la intensidad que requiere la carga.
b) La caída de tensión admisible.
c) Calcularemos las corrientes de cortocircuito.

¿Cómo podemos instalar los conductores?

La forma en que vayan instalados los conductores va a influir en la capacidad de conducción eléctrica. A continuación describimos los tipos de instalaciones más utilizadas, que pueden ser:

1. **Conductores directamente enterrados.** Es una instalación rápida y segura, es por esto por lo que su coste no es excesivamente elevado. Los trayectos por donde discurrirán los conductores serán lo más rectos posible, ya que necesitaremos menos longitud de conductor y se minimizarán los costes. Se realiza en lugares donde no existen construcciones y se puedan abrir y ampliar zanjas en un futuro. Los conductores directamente enterrados no están expuestos a esfuerzos de deformación, existe una mayor disipación térmica del terreno, lo que hace que este tipo de instalaciones sea mejor que las instalaciones en ductos subterráneos.

   El ancho de la zanja debe ser el suficiente para que los conductores no resulten dañados, si existe la necesidad de realizar un tramo de curva, tendremos en cuenta que la zanja tenga una anchura suficiente para que no haya problemas a la hora de introducir los conductores.

   La zanja se realizará como mínimo de 45 cm de profundidad, y en caso de que se a una zona transitable, esta se aumentará a 80 cm de profundidad como mínimo y los conductores irán situados entre dos capas de arena y por encima de la arena se pondrá una protección mecánica como puede ser una capa de cemento en la parte superior más externa, losetas de hormigón, capas protectoras de plástico, etc.

2. **Canalizaciones entubadas.** Las canalizaciones se instalarán conforme a las especificaciones técnicas del Reglamento Electrotécnico de Baja Tensión en su Instrucción Técnica complementaria, ITC-BT-21 en su apartado 1.2.4:

   En ellas se dice que no se instalará más de un circuito por tubo. Se evitarán en la medida de lo posible los cambios de dirección de los tubos, se instalarán arquetas con tapas para facilitar la instalación de los cables, como máximo cada 40 metros. En la entrada de arquetas sellaremos los extremos de los tubos para evitar que entre agua.

3. **En galerías.** Las galerías serán de hormigón armado o cualquier otro material de características equivalentes, y se dimensionan para que puedan aguantar el peso de tierras, pavimentos y tránsito de tráfico correspondiente.

   Otro tipo de galerías como son las galerías visibles, son utilizadas para instalaciones de electrónica de potencia y telecomunicaciones. Nunca podrán ir en la misma galería instalaciones eléctricas con instalaciones de gas. En el caso en el que existan canalizaciones de agua, estas deberán estar a un nivel inferior que las demás instalaciones, y será obligatorio que la galería disponga de un desagüe por encima de la cota de alcantarillado. Las dimensiones que deberán tener las galerías visibles serán en pasillos de circulación una anchura mínima de 0,90 m y una altura mínima de 2 m. En cada extremo de la galería debe haber un acceso. La entrada a las galerías debe permanecer cerrada para evitar el paso a toda persona ajena al servicio.

   Las galerías deberán tener un sistema de ventilación que pernita renovar el aire unas 6 veces por hora, para que no se acumulen condensaciones de humedad y de gas. La temperatura dentro de la galería no deberá superar los 40 °C.

   El suelo será de material antideslizante y deberá disponer de un sistema de drenaje para evitar la acumulación de agua en su interior.

   Los cables de diferentes servicios se dispondrán sobre soportes diferentes, dentro de un mismo servicio se intentarán agrupar por tensiones, en uno dispondremos el cableado de baja tensión, en otro de control, en otro de señalización. Una vez que se haga la instalación, cada uno de los cables irá bien identificado.

   Las galerías cuya longitud sea de más de 400 m, además deberán llevar iluminación para las entradas, luz de interior fija, detectores de gases tóxicos, puertas cortafuegos, zanjas registrables entre otras.

   En las galerías de longitud de más de 400 m, se podrán montar instalaciones de alumbrado y control, instalaciones eléctricas de alta tensión, de baja tensión, pero no están permitidas las instalaciones de canalizaciones de gas. Por seguridad, los cierres deberán ser estancos, y disponer de buena renovación del aire para que se pueda disipar bien el calor.

   Los cables se cogen a la estructura de la galería o bien a las paredes mediante bridas de sujeción, aunque si se tratase de cables unipolares agrupados, se puede complementar la sujeción con otros tipos de sujeción para el mazo que los agrupa.

Equipotencialidad de masas metálicas accesibles

Todos los elementos metálicos de la instalación deberán ir conectados a tierra, por y para la seguridad de las personas, se conectarán a tierra barandillas, tuberías, bridas, estructuras metálicas, etc.

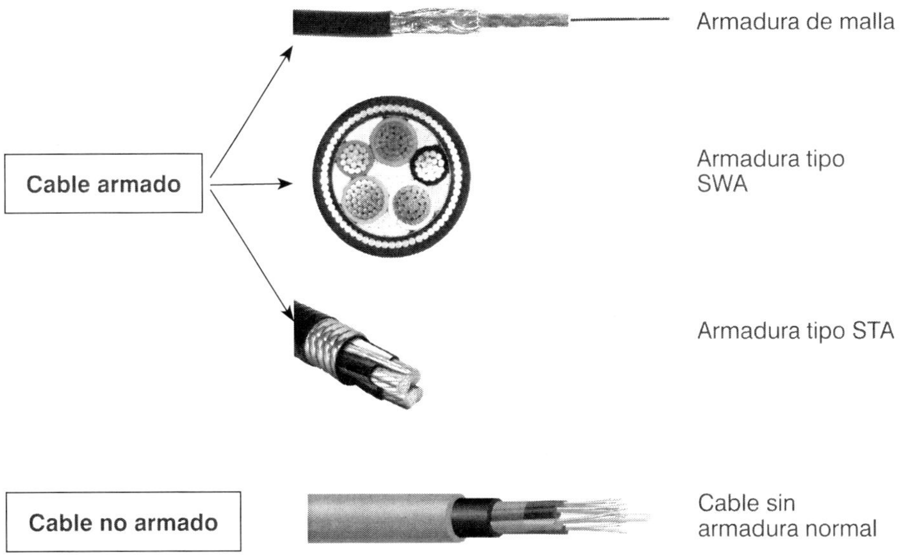

Los conductores de cobre desnudo son más utilizados para líneas aéreas en áreas urbanas, líneas aéreas de alta tensión, y líneas aéreas para ferrocarriles entre otras. Los conductores con aislamiento suelen utilizarse para líneas aéreas de distribución, instalaciones interiores de alumbrado, instalaciones subterráneas, tendidos sobre bandeja, para mando y control en subestaciones, etc.

5. Canalizaciones eléctricas

Se entiende por canalización eléctrica al conjunto de elementos que se utilizan para guiar a los conductores, y para su fijación y protección mecánica. También es un obstáculo contraincendios (en el caso de que se produjera una chispa en alguno de los conductores que lleva en su interior).

5.1. Tipos de canalizaciones eléctricas

Clasificamos las canalizaciones eléctricas según el modo de instalación:

- Canalización fijada a la pared. La canalización se realiza en la superficie de la pared actuando esta además como medio de protección y fijación.
- Canal.
- Canal de cables. Pueden ser sobre bandejas, abiertas al exterior, sin tapa, con paredes laterales. Existen bandejas de tipo perforada. Puede tratarse también de un conducto de sección circular (una tubería), o conductos de sección no circular que suelen utilizarse en algunas instalaciones para modificación de conductores mediante enhebrado.

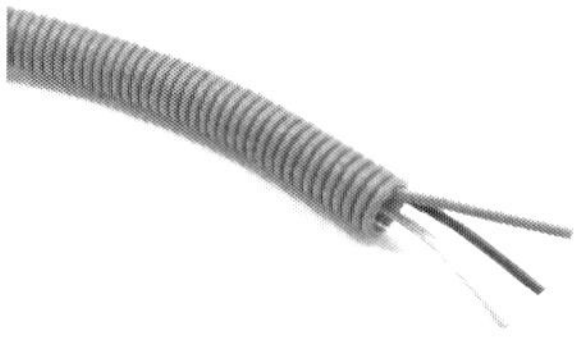

Veamos los tipos de canalizaciones que más se usan en la actualidad.

Las que más se utilizan son las de tipo tubería, de sección circular y una longitud aproximadamente de 3 m, existen de diferentes tipos de diámetros, desde los 13 mm hasta los 200 mm.

Dentro de las edificaciones podemos encontrar canalizaciones de distinto tipo de material, ya sea en forma rígida o flexible como son el EMT (*electrical metalling tubing*), una tubería metálica de hierro o acero con protección de aluminio, que se usa como canalización y como conductor de puesta a tierra, y el ENT (*electrical non Metallica tubing*) formado por un material no metálico, resistente a los agentes químicos y retardador de la llama, suelen ser de PVC. Existen otros tipos de canalizaciones como son las tuberías de PVC o conduit.

Las tuberías las hay de varios tipos:

- Conduit metálico de acero: pueden ser tanto interiores como exteriores y se pueden instalar tanto en zonas secas como en zonas húmedas. Se clasifican en:
- Conduit de pared gruesa.
- Conduit de pared delgada.
- Conduit de tipo metálico flexible.

5.2. Dimensionado de canalizaciones

Para elegir cuál es el tipo de canalización adecuada a la instalación, debemos tener en cuenta una serie de aspectos:

1. Cuál es la tensión que llevará el cable.
2. Qué corriente se va a poner en juego en la instalación.
3. Elección del conductor a usar y la forma de instalación.
4. Calcular la sección de los conductores de forma que se cumpla la condición de intensidad máxima admisible.
5. Comprobamos que le sección elegida cumple con la condición de caída de tensión.
6. Verificamos que se cumplen las secciones mínimas establecidas.

6. Sección de conductores

Sección NOMINAL mm^2	Tema de cables unipolares (1) (2)			1 cable tripolar o tetrapolar (3)		
				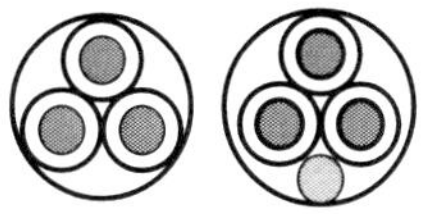		
	TIPO DE AISLAMIENTO					
	XLPE	EPR	PVC	XLPE	EPR	PVC
16	97	94	86	90	86	76
25	125	120	110	115	110	98
35	160	145	130	140	135	120
50	180	175	155	165	160	140
70	220	215	190	205	220	170
95	260	255	225	240	235	210
120	295	290	260	275	270	235
150	330	325	290	310	305	265
185	375	365	325	350	345	300
240	430	420	380	405	395	360
300	485	475	430	460	445	395
400	550	540	480	520	500	445
500	615	605	525	—	—	—
630	690	680	600	—	—	—

6.1. Lo que establece el RBT

El Reglamento Electrotécnico de Baja Tensión establece en su Instrucción Técnica Complementaria ITC-BT-06, que los conductores aislados deberán tener una tensión asignada no inferior a 0,6/1 kV y deberán tener un recubrimiento que garantice una buena resistencia a la intemperie y satisfacer las exigencias de la Norma UNE 21030.

La sección permitida en conductores de aluminio será de 16 mm^2 y de 10 mm^2 para los de cobre. La sección mínima correspondiente a otros materiales será aquella que garantice una resistencia mecánica y conductividad eléctrica no inferiores a las que corresponden a los de cobre anteriormente indicado.

Los conductores desnudos, serán resistentes a las acciones de la intemperie y su carga de rotura mínima a la tracción será de 410 daN, debiendo satisfacer las exigencias especificadas en las Normas UNE 21012 o UNE 21018.

Se considerarán como conductores desnudos aquellos conductores aislados para una tensión nominal inferior a 0,6/1 kV.

Su utilización tendrá carácter especial debidamente justificado, excluyendo el caso de zonas de arbolado o con peligro de incendio.

El Reglamento Electrotécnico de Baja Tensión establece en su Instrucción Técnica Complementaria ITC-BT-06, en el apartado 3 para instalación de conductores aislados, que:

- Aquellos conductores dotados de envolventes aislantes con tensión nominal inferior a 0,6/1 kV, se considerarán a efectos de su instalación, como conductores desnudos.
- Los conductores aislados de tensión nominal 0,6/1 kV (UNE21030) se podrán instalar como:
  - ▷ Cables posados. Podrán instalarse directamente sobre fachadas o muros mediante abrazaderas fijadas a los mismos y se protegerán adecuadamente aquellos conductores de pudieran sufrir cualquier tipo de deterioro mecánico.
  - ▷ Cables tensados. Los cables podrán ir tensados entre piezas especiales, colocadas sobre apoyos, fachadas o muros.

    Los conductores desnudos irán fijados a los aisladores.

Las secciones normalizadas más utilizadas son 240, 150, 95, 50 mm^2.

Normalmente se emplean los conductores de cobre para acometida, línea general de alimentación, derivación individual, instalación de alumbrado, y en las instalaciones interiores en general. Mientras que el conductor de aluminio se utiliza para redes de distribución generalmente.

Según establece el Reglamento Electrotécnico de Baja Tensión en su Instrucción Técnica complementaria ITC-BT-11, para redes de distribución y acometidas aéreas (ITC-BT-06), se utilizará una sección mínima de 10 mm^2 para cobre y 16 mm^2 si es aluminio, de tensión asignada 0,6/1 kV.

Para redes de distribución y acometidas subterráneas (ITC-BT-07), la sección para conductor de cobre será de 6 mm^2 mientras que para el aluminio será de 16 mm^2, con tensión asignada 0,6/1 kV.

Para alumbrado exterior (ITC-BT-09) cuando la instalación es de tipo aérea, se utilizará una sección mínima de 4 mm^2 (cobre, no se utiliza aluminio en este tipo de instalaciones). Y con 0,6/1 kV de tensión asignada. Si la instalación es subterránea se empleará una sección de 6 mm^2 en cobre con tensión asignada 0,6/1 kV.

Para líneas generales de alimentación (ITC-BT-14) se utiliza una sección de 10 mm^2 en cobre y 16 mm^2 en aluminio con tensión asignada 0,6/1 kV.

Para derivaciones individuales (ITC-BT-15), se empleará una sección de 6 mm^2 en cobre por condiciones térmicas, la sección del aluminio será como mínimo de 10 mm^2.

	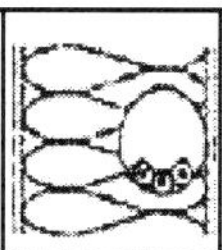	Conductores aislados en tubos empotrados en paredes aislantes		3x PVC	2x PVC		3x XLPE o EPR	2x XLPE o EPR					
A2	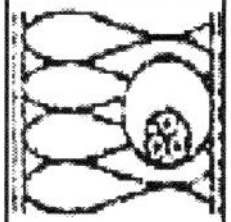	Cables multiconductores en tubos empotrados en paredes aislantes.	3x PVC	2x PVC		3x XLPE o EPR	2x XLPE o EPR						
B		Conductores aislados en tubos en montaje superficial o empotrados en obra.				3x PVC	2x PVC			3x XLPE o EPR	2x XLPE o EPR		
B2		Cables multiconductores en tubos en montaje superficial y empotrados en obra.			3x PVC	2x PVC		3x XLPE o EPR		2x XLPE o EPR			
C		Cables multiconductores directamente sobre la pared					3x PVC	2x PVC		3x XLPE o EPR	2x XLPE o EPR		
E		Cables multiconductores al aire libre. Distancia a la pared no inferior a 0,3D						3x PVC		2x PVC	3x XLPE o EPR	2x XLPE o EPR	
F		Cables unipolares en contacto mutuo. Distancia a la pared no inferior a D.							3x PVC			3x XLPE o EPR	
G		Cables unipolares separados mínimo D.									3x PVC		3x XLPE o EPR
		mm²	**1**	**2**	**3**	**4**	**5**	**6**	**7**	**8**	**9**	**10**	**11**
	Cobre	1,5	11	11,5	13	13,5	15	16	-	18	21	24	-
		2,5	15	16	17,5	18,5	21	22	-	25	29	33	-
		4	20	21	23	24	27	30	-	34	38	45	-
		6	25	27	30	32	36	37	-	44	49	57	-
		10	34	37	40	44	50	52	-	60	68	76	-
		16	45	49	54	59	66	70	-	80	91	105	-
		25	59	64	70	77	84	88	96	106	116	123	166
		35		77	86	96	104	110	119	131	144	154	205
		50		94	103	117	125	133	145	159	175	188	250
		70				149	160	171	188	202	224	244	321
		95				180	194	207	230	245	271	296	391
		120				208	225	240	267	284	314	348	455
		150				236	260	278	310	338	363	404	525
		185				268	297	317	354	386	415	464	601
		240				315	350	374	419	455	490	552	711
		300				360	404	423	484	524	565	640	821

Actividades

Práctica

Enumera las distintas partes que componen un conductor eléctrico.

Responde a las siguientes preguntas

1. **Atendiendo al número de conductores que lo forman, podemos clasificar los cables en:**
   a) Unipolares y anulares.
   b) Unipolares y multipolares.
   c) Unipolares, multipolares y sectorial.
   d) Todas son falsas.

2. **La sección de un conductor es:**
   a) El diámetro de dicho conductor.
   b) La longitud del conductor.
   c) El grosor de un conductor.
   d) Todas son falsas.

3. **¿Cómo nombraríamos un cable multipolar de 4 mm^2 de sección?**
   a) $3 + 4\ mm^2$.
   b) $4\ mm^2 \times 3$.
   c) $3 \times 4\ mm^2$.
   d) Todas son falsas.

4. **Se entiende por canalización eléctrica...**
   a) Tratamiento de recocido para suavizar o aumentar el número de hebras que forman un conductor.
   b) La parte interior de un conductor eléctrico.

c) La parte exterior de un conductor eléctrico.

d) Al conjunto de elementos que se utilizan para guiar a los conductores, y para su fijación y protección mecánica.

5. El blindaje de un conductor eléctrico tiene como función:

a) Establecer una superficie equipotencial.

b) Sirve como elemento de seguridad para proteger a personas y otros conductores.

c) Sirve de guía y soporte de los cables.

d) a) y c) son correctas.

Capítulo 5

Máquinas de generación de corriente eléctrica

Rodio ediciones

Índice

1. Introducción

Se denomina generador de corriente eléctrica a aquellas máquinas que transforman la energía mecánica en energía eléctrica. Las cuales tienen un principio de funcionamiento que se basa en una bobina en el interior de un campo magnético giratorio.

Podemos clasificar los generadores según el tipo de corriente que son capaces de entregar, así para corriente continua tendremos la dinamo y para corriente alterna tendremos el alternador.

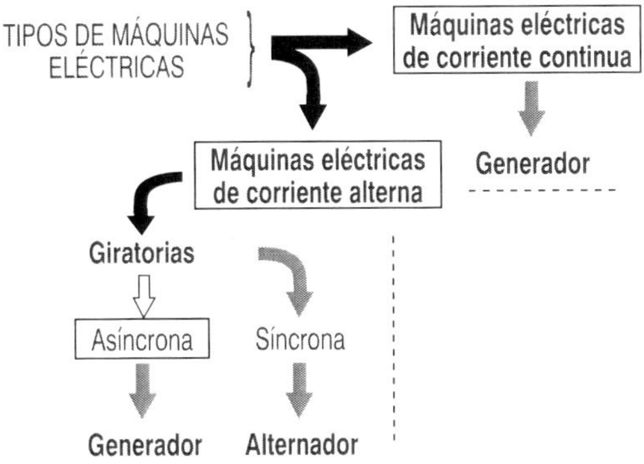

2. La dinamo, generador de corriente continua

En un generador de corriente continua, podemos obtener el campo magnético a través de imanes permanentes o a través de bobinas alimentadas con corriente continua.

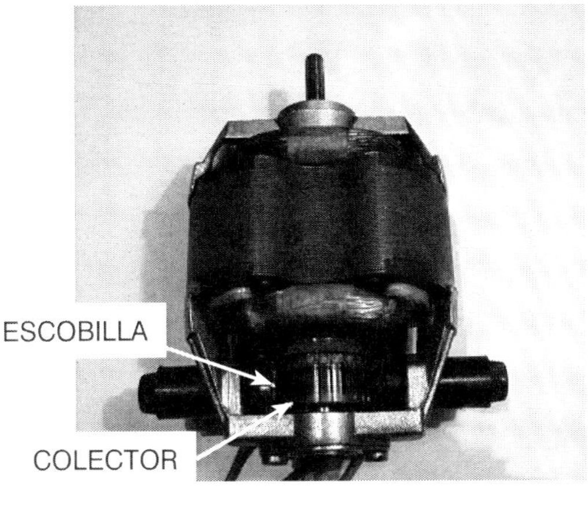

Las partes que forman un generador de corriente continua o dinamo son:

- Los polos principales (N y S).
- El eje.
- Las escobillas.
- Culata.
- Conductores.
- Expansión o zapata polar.
- Los polos de conmutación.
- Bobinado de conmutación.
- Colector.
- Bobinado en serie.
- Bobinado en paralelo.
- Bobinado de compensación.
- Entrehierro.

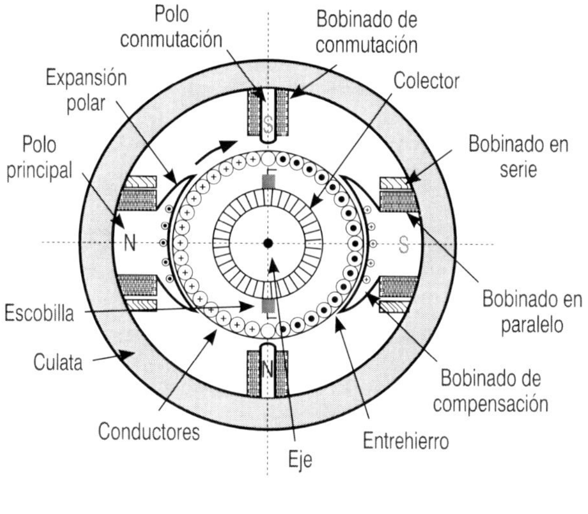

En este tipo de máquinas, el campo magnético está creado por bobinas arrolladas alrededor de los polos principales, situadas en el estátor.

Según la forma de alimentar estas bobinas podemos distinguir entre motor de excitación independiente y motor autoalimentado.

Llamamos excitación independiente cuando las bobinas del inductor se alimentan con corriente continua de una fuente de alimentación externa que no pertenece al motor, por ejemplo cuando conectamos una batería. Lo más usual es utilizar un rectificado de corriente que tomando corriente alterna de la red, pueda convertirla en corriente continua y alimentar al motor.

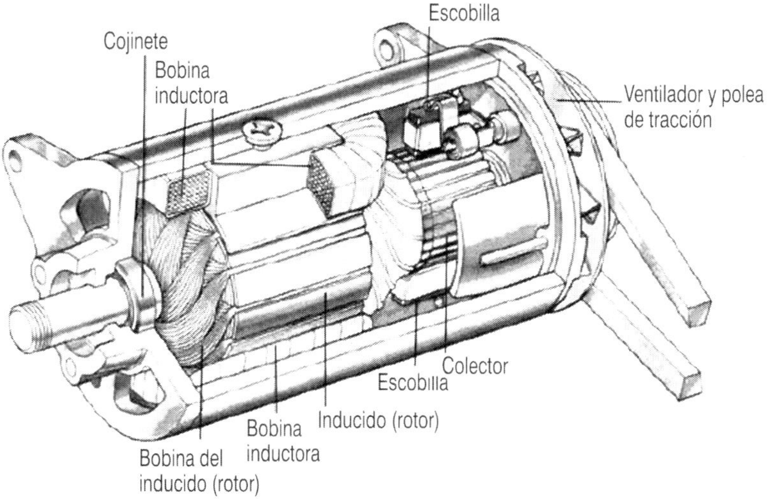

Llamamos excitación propia cuando el motor va instalado sobre el eje de la máquina.

Cuando la corriente continua que necesitan las bobinas inductoras procede de la misma máquina generatriz hablamos de autoexcitación.

Las máquinas autoexcitadas necesitan tener un pequeño flujo en el circuito magnético que se mantiene por el efecto de histéresis magnética. Mientras exista ese flujo, siempre que gire el inducido, aparecerá una fuerza electromotriz que generará una corriente que refuerza ese magnetismo remanente y la fuerza electromotriz inicial aumentará. A medida que aumenta la fuerza electromotriz, aumentará la corriente, y otra vez se reforzará el flujo que volverá a aumentar la fuerza electromotriz y aumentará la intensidad de corriente, así hasta que la tensión en bornas se estabiliza y la corriente de excitación y el flujo se mantienen constantes. Esta estabilidad se alcanza debido al fenómeno de saturación.

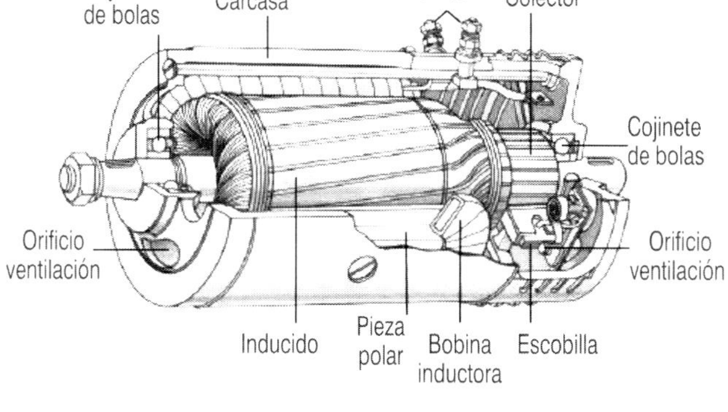

En la máquina autoexcitada podemos distinguir varios tipos de generadores dependiendo del modo de conexión del inductor y del inducido.

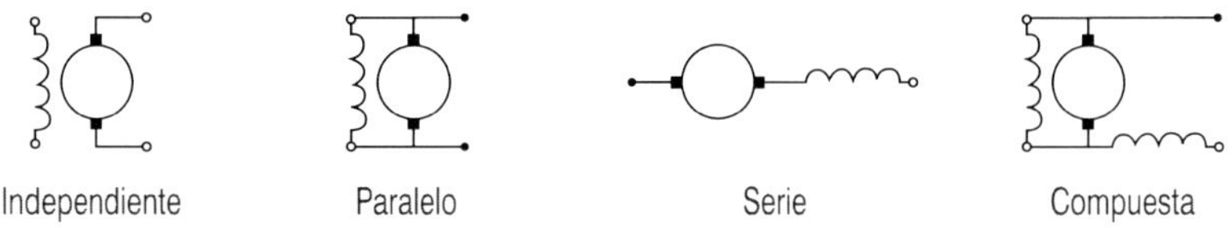

Dinamos con diferentes tipos de excitación.

1. Generador de excitación independiente

En este caso, la intensidad del inductor, I_{exc}, se suministra a través de una fuente de tensión externa que proporciona una intensidad completamente independiente de la intensidad de corriente inducida en el generador I_i. Estos generadores presentan la ventaja de tener dos circuitos independientes, y el flujo no varía pase lo que pase en el inductor. El inconveniente es que necesita de una fuente externa, y para máquinas de grandes cargas supone caídas de tensión muy elevadas.

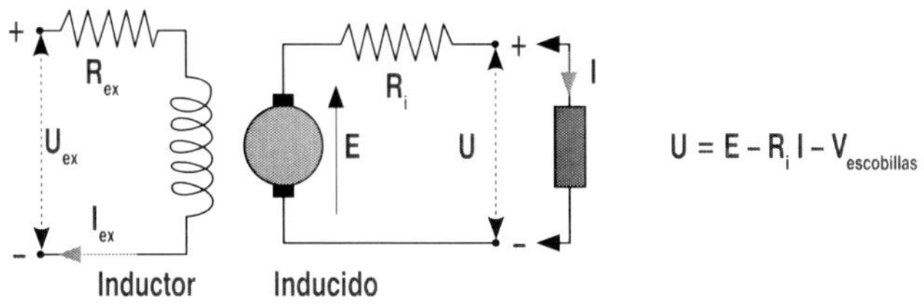

2. Generador de excitación paralelo

También se conoce con los nombres de dinamo de excitación en derivación.

Se caracteriza porque se proporciona su propia corriente de excitación, conectando el inductor directamente a sus terminales. Por tanto, el circuito del inducido proporciona la corriente tanto para el inductor como para la carga. La principal ventaja de este tipo de generador es que no necesita fuente externa para alimentar la excitación, sin embargo necesitará de una tensión inicial de arranque, porque la intensidad del inductor al principio es nula. Para ello se sirve del ciclo de histéresis.

Al principio no existe excitación, por lo que la tensión es nula también, pero existe un flujo magnético remanente que hace que cuando no exista velocidad en la máquina, induzca una tensión residual muy pequeña y produzca una tensión mínima en los bornes que haga aparecer esa corriente de campo o de excitación que necesitamos.

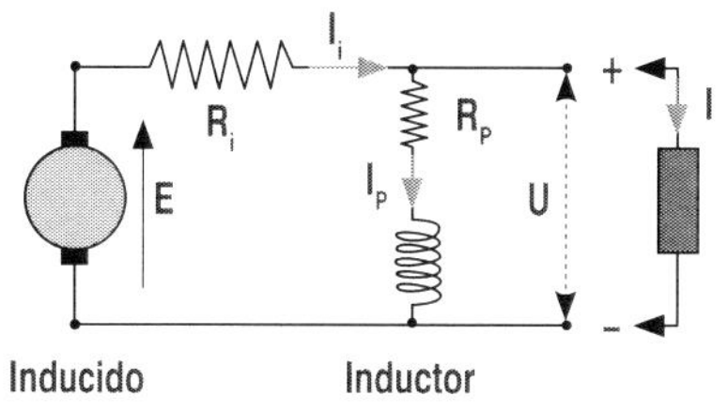

$$U = E - R_i I_i - V_{escobillas}$$

$$U = R_p I_p$$

3. Generador de excitación serie

En este tipo de generador el circuito inductor y el circuito inducido se encuentran conectados en serie. La característica de este tipo de generadores es que al tener una intensidad de inducido muy elevada y estar en serie con el circuito inductor, este necesitará tan solo unas pocas espiras en su circuito y de gran grosor en comparación con los demás generadores como son el generador en derivación.

Estos generadores deben tener una resistencia en el circuito inductor muy pequeña porque la intensidad de plena carga circula por él.

Si observamos el circuito de la figura, comprobamos que en vacío no existe circulación de intensidad de excitación, por lo que la tensión en bornas, queda reducida a una tensión residual. Al aumentar la carga, la corriente aumenta y como consecuencia, aumenta la fuerza electromotriz inducida, y por lo tanto aumentará también la caída de tensión en los circuitos inductor e inducido, sin embargo, inicialmente, aumenta de manera más lenta que la fuerza electromotriz inducida, pero cuando llegamos a la saturación del material, aumentará más la caída de tensión ene los conductores y disminuye por tanto la tensión terminal.

Este tipo de generador es utilizado donde la característica de alta tensión terminal puede explotarse tal y como ocurre en los equipos de soldadura por arco, donde los equipos se diseñan para obtener deliberadamente una gran reacción del inducido.

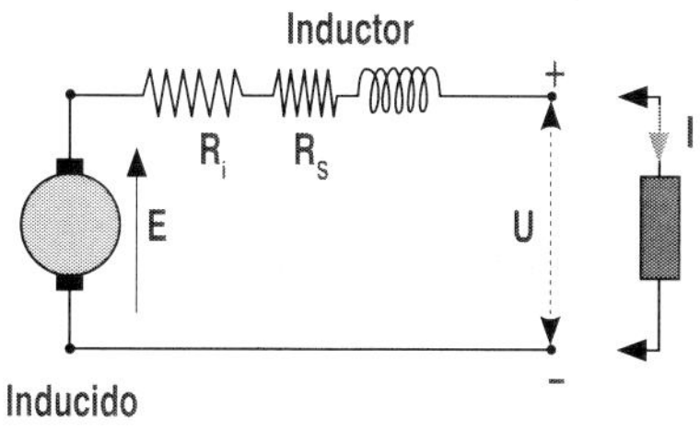

$$U = E - (R_i + R_S)I - V_{escobillas}$$

4. Generador de excitación compound o compuesta

Podemos distinguir entre dos tipos de generadores compuestos.

A) Generador compuesto acumulativo

Este tipo de generadores es la combinación de los generadores serie y derivación, conectados de forma que sus fuerzas electromotrices se suman. Podemos distinguir entre derivación corta y derivación larga.

En la derivación corta se pasa la derivación antes del circuito serie, por lo que la intensidad de carga pasará por la resistencia serie creando así una nueva caída de tensión.

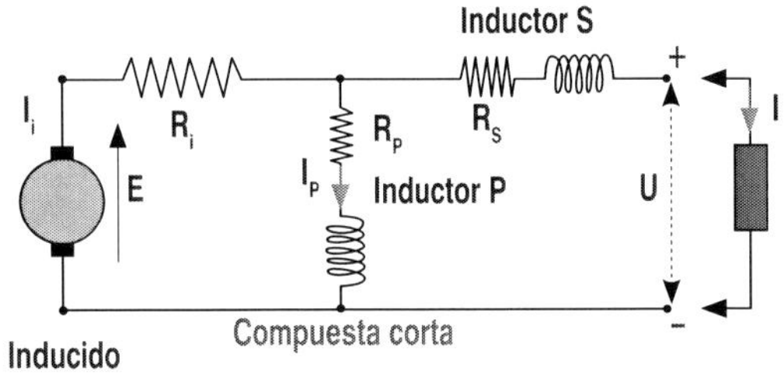

$$U = E - R_i I_i - R_S I - V_{escobillas}$$

$$U = R_P I_P - R_S I$$

En cambio en la derivación compuesta larga se distinguen dos intensidades, la intensidad que circula por la rama en derivación y la intensidad efectiva debido al acoplamiento de las bobinas.

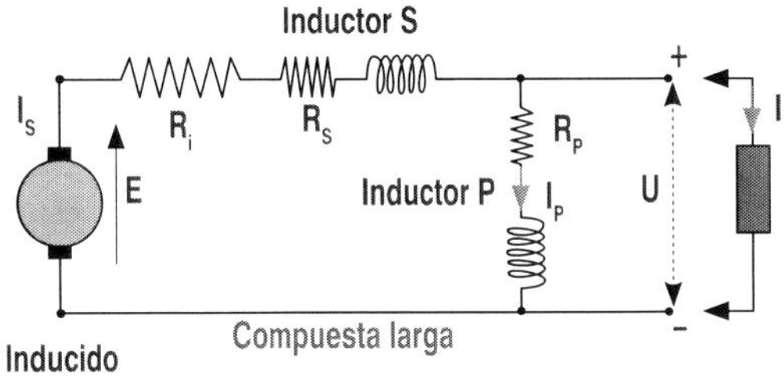

$$U = E - (R_i + R_S)\, I_S - V_{escobillas}$$

$$U = R_P I_P$$

Característica de la tensión terminal en el generador compuesto acumulativo.

Al principio, en vacío la tensión de salida es una pequeña tensión residual, como ocurría en el caso del generador en derivación, pero si en un momento dado decidimos aumentar la carga, entonces un aumento en la intensidad de carga supone un aumento de la intensidad inducida y por ello ocurren dos fenómenos simultáneamente:

1. Al poner carga aumenta la intensidad en el inducido, esto supone un incremento de la caída de tensión en la resistencia del circuito de inducido y la resistencia serie, lo que provoca una disminución de la tensión en los terminales.

2. Al poner carga, aumenta la intensidad en el inducido, esto supone un aumento de la fuerza magneto-motriz el campo-serie, provocando un aumento de la fuerza magnetomotriz total que hace que aumente el flujo del generador y eleva la fuerza electromotriz en el inducido y por lo tanto lleva a aumentar la tensión terminal.

Por lo tanto, podemos decir que un aumento de carga produce dos efectos contrarios, y por lo tanto, el hecho de que uno predomine sobre otro depende de:

- Número de espiras en serie. Si tenemos pocas espiras en serie, predominará la caída de tensión resistiva sobre la inductiva y por lo tanto el funcionamiento sería como el de un generador en derivación. Esto daría lugar a un generador parcialmente compuesto.
- Si por el contrario nos encontramos con que el número de espiras en serie es elevado, entonces se fortalecerá el campo (inductor) y también la tensión en los terminales se hará mayor con la carga. Pero cuando nos acercamos a la zona de saturación magnética empieza a predominar la caída de tensión resistiva. Esto daría lugar a un generador normalmente compuesto.
- Si el número de espiras en serie llegase a ser muy elevado, en este caso, antes de que empiece a predominar la caída de tensión resistiva, habrá aumentado la tensión en los terminales, por lo que la tensión a plena carga será mayor que la de vacío y esto dará lugar a un generador hipercompuesto.

Para que un generador compuesto funcione como cualquiera de las configuraciones vistas anteriormente, necesitaremos conectar una resistencia desviadora en paralelo al devanado serie, de forma que un valor elevado de esta haga al generador hipercompuesto, y un bajo valor lo haga parcialmente compuesto.

B) Generador compuesto diferencial

Este tipo de generadores es similar al compuesto acumulativo, con la diferencia de que en lugar de sumar sus fuerzas magnetomotrices, estas se restan entre sí.

Característica de la tensión terminal en generador compuesto diferencial.

Podemos comprobar que al aumentar la intensidad de corriente en la carga, aumentará la intensidad inducida, produciéndose, al igual que en generador acumulativo, dos tipos de fenómenos, esta vez actuando ambos en el mismo sentido.

1. Al aumentar la intensidad de inducido se aumentará la caída de tensión produciendo una disminución en la tensión terminal.
2. Al aumentar la intensidad en el inducido aumentarán las fuerzas magnetomotrices del campo serie, dando lugar a una disminución de la fuerza

magnetomotriz total que disminuye el flujo del generador y que hace disminuir la fuerza electromotriz inducida, que decrementa la tensión en los terminales.

En ambos casos se llega a una disminución de la tensión terminal.

2.1. Curvas características

A) ¿Qué son y para qué se utilizan las curvas características?

Son curvas que describen el funcionamiento de la máquina eléctrica según los parámetros, variables, y funciones que tomemos.

Las variables que están presentes en el funcionamiento de una máquina generadora de corriente continua son:

- La velocidad a la que gira la máquina N, se mide en revoluciones por minuto (rpm).
- La corriente de excitación, Iexc.
- La tensión en bornes.
- La corriente del inducido I.

B) Tipos de curvas

Podemos diferenciar las siguientes curvas:

- **Curva característica de excitación constante**. Característica externa. Es cuando la tensión en bornes está en función de la intensidad del inducido. La velocidad N permanece constante. La intensidad de excitación en un parámetro.
- **Curva a tensión constante**. Curva de regulación. Curva que expresa cómo varía la corriente de excitación en función de la corriente del inducido. La tensión es un parámetro. La velocidad N permanece constante.
- **Curva de corriente constante**. Característica en carga. Curva que expresa la variación de la tensión en función de la intensidad de excitación. El parámetro en este caso es la intensidad del inducido. La velocidad N permanece constante.

La curva de más importancia es la característica externa. Veamos un ejemplo de la característica externa para cada uno de los montajes del generador.

2.2. Características externas de los distintos tipos de generadores

Hallamos las siguientes:

A) Característica externa del generador de excitación independiente

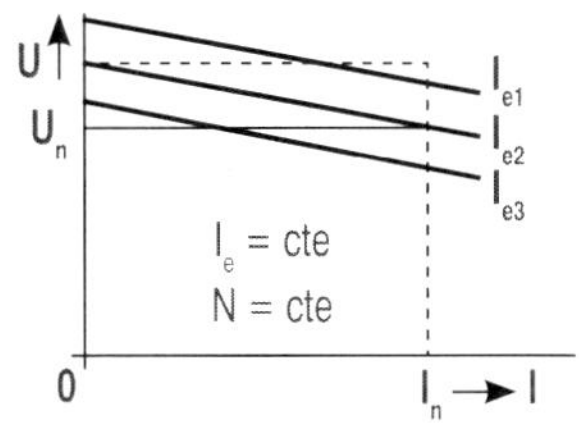

B) Característica externa del generador de excitación paralelo

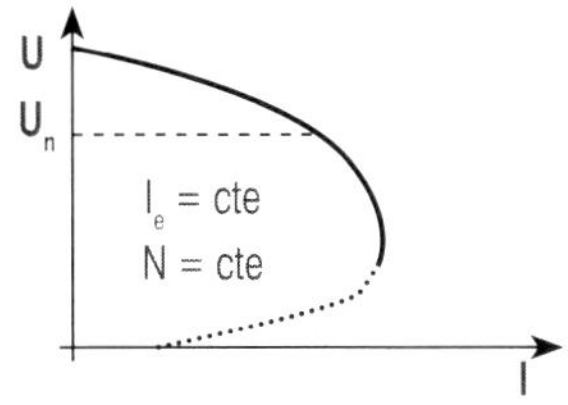

C) Característica externa del generador de excitación serie

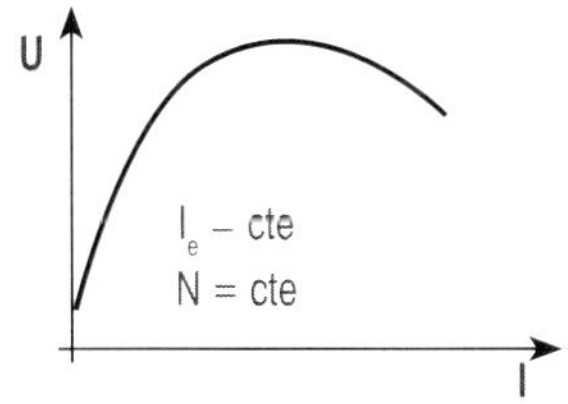

D) Característica externa del generador compound o compuesto

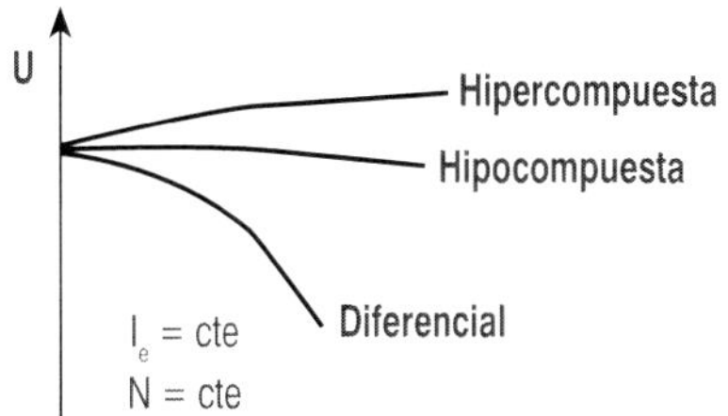

2.3. Control de tensión en generadores

Podemos diferenciar:

A) **Control de tensión en generadores de excitación independiente**

El control en este tipo de generador podemos realizarlo aumentando la fuerza electromotriz inducida, con lo que aumentaremos la tensión en los terminales también.

Existen dos formas de controlar la tensión inducida en el generador, una es cambiando la velocidad de giro y otra variando al corriente de excitación.

Si se cambia la velocidad de giro, aumentamos la fuerza electromotriz inducida y con lo cual la tensión en los terminales.

Si cambiamos la corriente de excitación, la resistencia de campo disminuye y por lo tanto la intensidad de campo aumentará, esto provoca un aumento del flujo en la máquina y como consecuencia un aumento de la tensión inducida, con lo que se logra aumentar la tensión en los terminales.

El método de variación de la intensidad de excitación es el más usado para regular la velocidad en generadores.

B) **Control de tensión en generadores en derivación**

Al igual que ocurría en los generadores de excitación independiente, el control de la tensión en este tipo de generadores se puede realizar de dos formas:

- ▹ Modificando la velocidad de giro. Si aumentamos la velocidad de giro, aumentará la fuerza electromotriz inducida y con lo cual la tensión en los terminales.
- ▹ Variando la resistencia de campo o excitación. Cuando se varía el valor de la resistencia de campo o excitación, varía también la intensidad de excitación de forma en que si la resistencia de campo disminuye, la intensidad de excitación aumentará y por lo tanto aumentará también la fuerza electromotriz inducida.

C) **Control de tensión en generadores compuestos acumulativos**

Las técnicas de control de tensión son las mismas que en los dos casos anteriores.

1. Modificando la velocidad de giro. El aumento de la velocidad de giro provocará un aumento de la fuerza electromotriz inducida y por tanto el aumento de la tensión en los terminales.
2. Variando el valor de la resistencia de campo. Al variar el valor de la resistencia de campo conseguimos una variación de la corriente de excitación de tal forma que si la resistencia disminuye, la intensidad de excitación aumentará y por consiguiente aumentará también la fuerza magnetomotriz de la máquina, lo que origina un aumento de flujo que

da lugar a un aumento de la tensión o fuerza electromotriz inducida, y por lo tanto de la tensión terminal.

Para el control de la tensión del generador compuesto diferencial se utiliza el mismo método que para el compuesto acumulativo.

2.4. Reacción del inducido en la máquina de corriente continua

Cuando circula una intensidad por el inducido, se origina un campo magnético que distorsionará al campo creado por los polos inductores.

Esta distorsión se conoce con el nombre de reacción del inducido. Esto tiene una serie de consecuencias, como el desplazamiento de la línea neutra que origina problemas en la conmutación y una disminución del valor del campo que ocasiona una disminución del par y por lo tanto un aumento de la velocidad. Para compensar esta reacción del inducido se utilizan unos polos auxiliares de conmutación.

3. El generador de corriente alterna o alternador

Los generadores de corriente alterna o alternadores son los encargados de transformar la energía mecánica en energía eléctrica, pueden ser trifásicos o monofásicos.

1. **Alternador monofásico**.

2. **Alternador trifásico**.

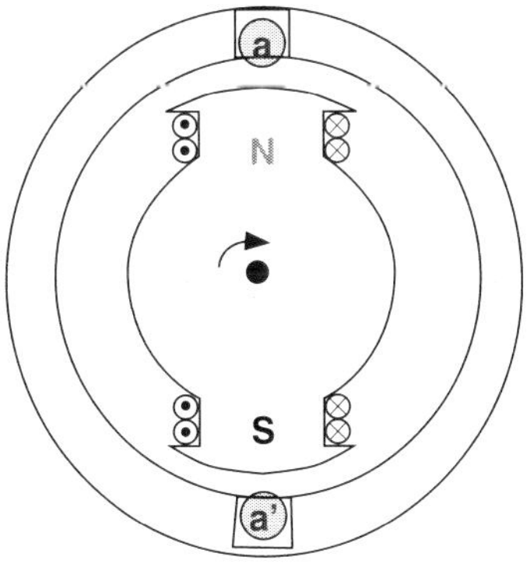

Un devanado (a-a')

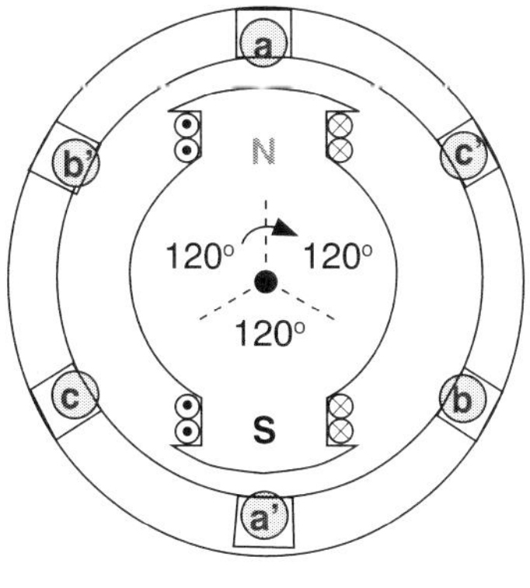

Tres devanados (a-a', b-b', c-c') desfasados 120°

En estas máquinas el inductor será el rotor y el inducido será el estátor, al contrario de lo que ocurría en los otros tipos de generadores.

En el alternador las bobinas del inductor son atravesadas por una corriente que procede de una batería, así el campo magnético que se induce en el rotor (inductor) es más fuerte que el que se crea en el inducido (estátor). La corriente de excitación entra en el rotor, a través de un sistema de escobillas, aunque en este caso, las escobillas no se utilizan para rectificar la corriente como ocurría en la dinamo, porque la corriente que se genera en el estátor no se mueve.

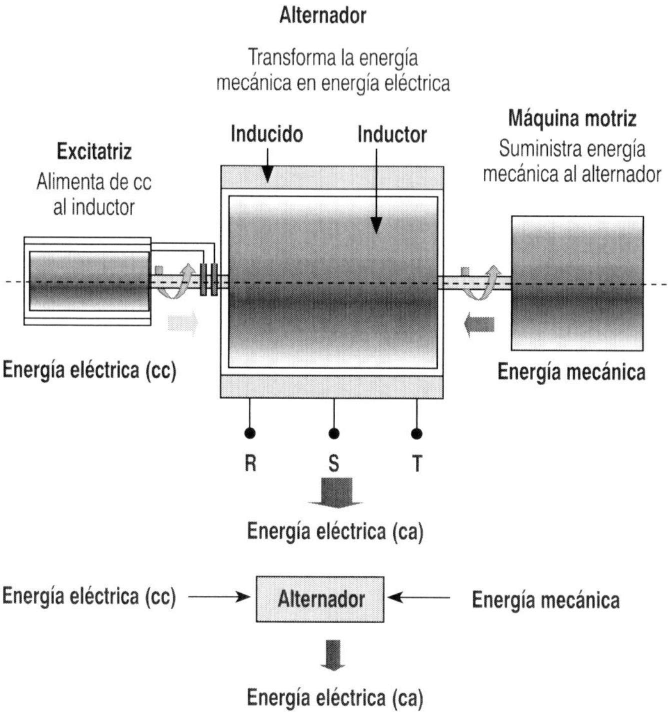

El principio de funcionamiento es el siguiente:

- La excitatriz alimenta de corriente continua al rotor, creando este un campo magnético constante. El rotor va girando a un determinado numero de revoluciones, impulsado por la máquina motriz, el campo magnético va a girar a la misma velocidad de giro que el rotor, entonces se forman tensiones inducidas en el estátor con una frecuencia igual a

  $$f = P*N/60$$

  donde **P** será el número de pares de polos de la máquina y **N** el número de revoluciones (rpm). En el momento en que se conecta una carga aparecen corrientes en el estátor que origina un campo giratorio, más comúnmente conocido como reacción del inducido, y por lo tanto el campo magnético resultante será la suma del campo magnético del inductor y del inducido.

La tensión en bornes del alternador será distinta de la fuerza electromotriz debido a la caída de tensión por la resistencia de los devanados y debido a la caída de tensión en la reactancia síncrona.

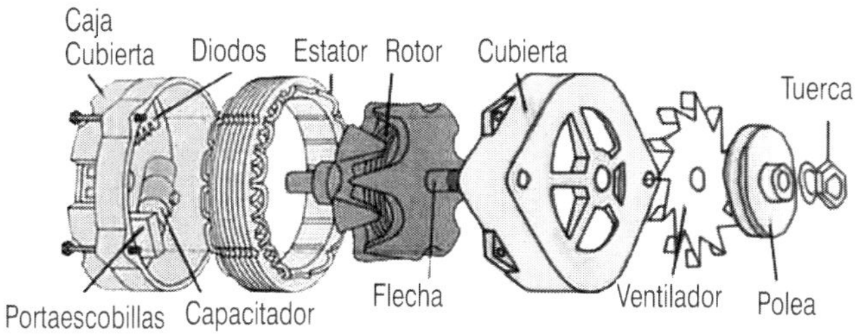

3.1. Tipos de inductores en el generador de corriente alterna

Podemos diferenciar:

A) **Rotor de polos lisos**

Presentan elevadas velocidades de giro. Suelen tener de 2 a 4 polos. Este tipo de generadores se usan para turbinas de gas y para turbinas de vapor.

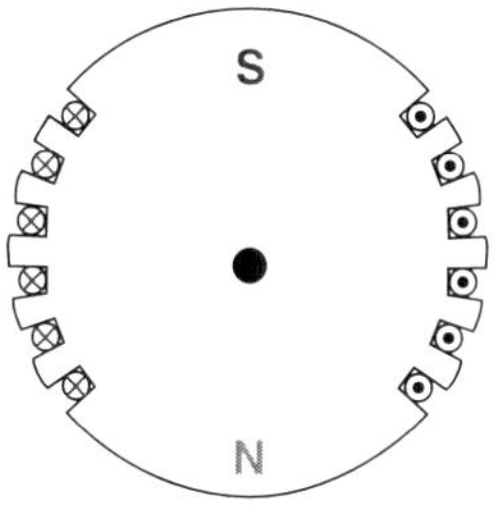

Rotor de polos lisos

p = 1

B) **Rotor de polos salientes**

Presentan bajas velocidades de giro, suelen presentar más de 4 polos, son los que se usan en turbinas hidráulicas.

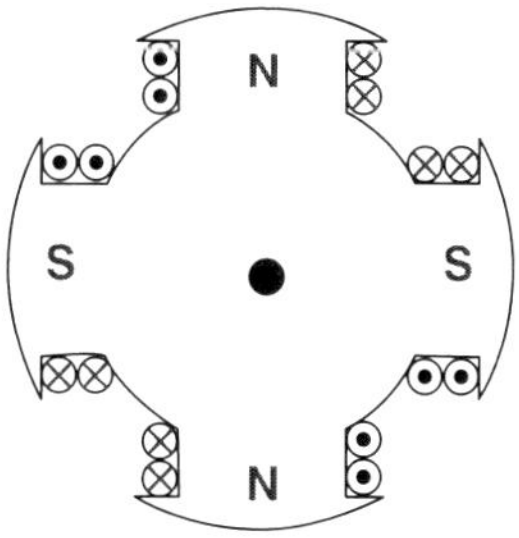

Rotor de polos salientes

p = 2

Para un generador de corriente alterna, si el rotor presenta "p" pares de polos, la frecuencia de la fuerza electromotriz creada por el alternador será:

f = P*N/60.

Como la frecuencia de la red es de 50 Hz, eso significa que el alternador tendrá 2 polos para 3.000 rpm, 4 polos para 1.500 rpm, 6 polos para 1.000 rpm, etc.

3.2. Reacción del inducido

¿A qué se conoce como reacción del inducido?

Cuando el alternador trabaja en vacío, la corriente de excitación del rotor, produce un flujo magnético, que en este caso es el único flujo que existe, pero cuando el alternador trabaja en carga, la corriente de excitación del rotor, cuando circula por los devanados del estátor, produce un campo magnético giratorio que provoca un par de giro contrario al giro de la máquina y que es necesario contrarrestar aportando potencia mecánica del exterior.

Cuando la carga conectada es inductiva, el flujo total disminuirá, mientras que si la carga es de tipo capacitiva, aumentará el flujo total. A este efecto creado en el estátor se le conoce con el nombre de reacción del inducido.

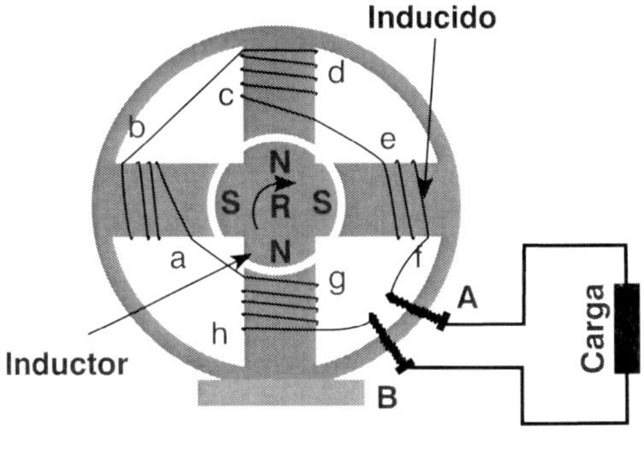

Actividades

Práctica

Dibuja el circuito equivalente de un generador de corriente continua de excitación paralelo.

Responde a las siguientes cuestiones

1. **Un generador de corriente eléctrica:**
   a) Transforma la energía eléctrica en energía mecánica.
   b) Transforma la energía mecánica en energía eléctrica.
   c) Transforma la energía captada del sol en energía eléctrica.
   d) Todas son falsas.

2. **El generador de excitación compuesta se clasifica en:**
   a) Generador compuesto acumulativo y residual.
   b) Generador compuesto acumulativo y diferencial.
   c) Generador compuesto acumulativo y derivación
   d) Generador compuesto diferencial y residual.

3. **El control de la tensión en generadores de corriente continua de excitación compuestos se realiza:**
   a) Solamente variando la velocidad de giro.
   b) Variando el valor de la resistencia de campo y manteniendo constante la velocidad de giro.
   c) Solamente variando el valor de la resistencia de campo.
   d) Variando el valor de la resistencia de campo y modificando la velocidad de giro.

4. El rotor de los generadores de corriente alterna puede ser:

a) De rotor liso y de anillos rozantes.

b) De jaula de ardilla y de anillos rozantes.

c) De rotor liso y de polos salientes.

d) De rotor liso y de jaula de ardilla.

5. Para una frecuencia de 50 Hz y tres pares de polos tendremos una velocidad de giro de:

a) 1.500 rpm.

b) 1.000 rpm.

c) 500 rpm.

d) 3.000 rpm.

Capítulo 6

Motores y bombas

Rodio ediciones

Índice

1. Maniobra y protección

Comenzaremos este apartado con la descripción de algunos elementos básicos.

1.1. Motor

Es la máquina eléctrica que convierte la energía eléctrica aplicada en sus bornes en energía mecánica.

Los motores pueden ser de corriente continua o de corriente alterna.

1.2. Bomba

Es la máquina que convierte la energía mecánica en energía hidráulica.

Las bombas son accionadas por un motor eléctrico y tienen como función suministrar al fluido una determinada cantidad de energía para transportarlo y dotarlo de una presión.

En instalaciones solares térmicas, las bombas que se utilizan son bombas centrífugas, que transportan el fluido desde los colectores hasta el almacenamiento y los puntos de consumo.

Para este tipo de instalaciones se utilizan tres tipos de bombas:

- Bomba monobloc.
- Bomba de rotor sumergido.
- Bomba de ejes distintos.

Las partes principales de una bomba son:

1. Álabes.
2. Rodete impulsor.
3. Cámara de impulsión.
4. Orificio de aspiración.
5. Difusor.
6. Tubo de aspiración.

Las bombas centrífugas utilizan la fuerza centrífuga para dar la presión necesaria al agua. Empieza a girar el rodete, y se impulsa el agua hacia fuera. Las bombas que suelen utilizarse para instalaciones de energía solar tienen poca aspiración aunque sí poseen gran impulsión.

A) ¿Cómo funciona una bomba?

En el centro del rodete se encuentra situado el orificio de aspiración por donde estará el líquido, después será aspirado hasta llegar a los álabes donde aumentará su energía cinética gracias al movimiento de rotación que produce el motor acoplado en el eje de la bomba.

El rodete que sigue girando, proporciona una presión o vacío, y esto proporcionará al fluido una presión necesaria para su impulsión. La suma de las presiones de impulsión y aspiración será la presión que habrá adquirido el fluido.

Una vez que hemos proporcionado la presión necesaria al fluido, este es conducido a la cámara de presión y de aquí al orificio de impulsión por donde saldrá al exterior.

B) Tipos de bombas centrífugas que se utilizan para instalaciones solares térmicas

- Bomba monobloc: puede desmontarse en cualquier posición porque el rodete y el eje del motor están unidos en una sola pieza.
- Bomba de rotor sumergido: estas bombas son fáciles de purgar, deben montarse en línea y con el eje horizontal para el buen funcionamiento de los cojinetes. Se aconseja en este caso que la caja de conexiones del motor no se instale por debajo de la tubería para que en caso de goteo no se vean afectadas las conexiones eléctricas.
- Bomba con ejes distintos: el eje de la bomba y el motor se unen a través de un acoplamiento elástico. Este tipo de bombas suelen ser muy ruidosas.

La potencia que la bomba entrega al fluido puede expresarse como:

$$P = Qg\rho H$$

Esta potencia que proporciona la bomba solo debe vencer una altura determinada, la altura máxima para elevar el agua en el caso de una instalación solar térmica, sería la máxima cota del panel.

"Q" será el caudal en m^3/seg, y dependerá de la conexión de las bombas, si es serie el caudal sería el que entra en un panel, mientras que si la conexión es paralelo, el caudal total será dos veces el caudal de circulación de un panel.

Con esta bomba, se puede regular la temperatura de salida del agua. Según las necesidades de la instalación, la bomba podrá conectarse o bien en serie o bien en paralelo como hemos indicado anteriormente, en el caso de que hagamos el montaje en serie, se aumentará la presión y un pequeño aumento del caudal.

Para el caso de que hagamos el montaje en paralelo, conseguiríamos un gran aumento del caudal, mientras que la presión permanecería en las condiciones en que estaba.

Será recomendable caudales como mínimo de 50 litros por hora y m^2 de colector, en caso de que el fluido fuera el agua.

Las bombas disponen de un dispositivo de regulación de caudal para varios regímenes de velocidad, ya que si el fluido pasa al acumulador con gran velocidad, no dará tiempo a ceder el calor que aporta dicho fluido.

Otra manera de regular el caudal, puede ser con un sistema de *by-pass*, de esta forma, cuando se pare la bomba seguirá circulando el agua.

2. Maniobras en motores eléctricos

Los principales tipos de maniobras que se llevan a cabo en motores eléctricos son el arranque, la regulación de la velocidad y parada del motor, por supuesto todo esto acompañado del tipo de protecciones que se utilizan para motores.

2.1. Aparatos de arranque

Podemos diferenciar:

A) Contactor para arranque de motor eléctrico

Este dispositivo que funciona electromagnéticamente, tiene como objetivo principal interrumpir los circuitos de fuerza. El contactor está formado por un circuito de potencia y un circuito de mando, el circuito de potencia está normalmente formado por los tres conductores generales que se alimentan desde la red, un interruptor tripolar, y una salida hacia el motor.

Los terminales de entrada se denominan: R, S, T y los terminales de salida se denominan U, V y W.

El circuito de mando lo forman la bobina que se alimenta de dos fases y un interruptor unipolar que va en serie con la bobina.

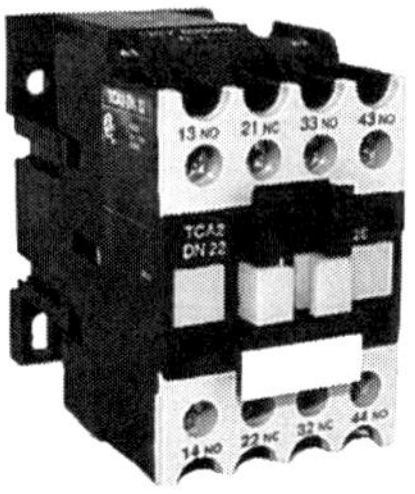

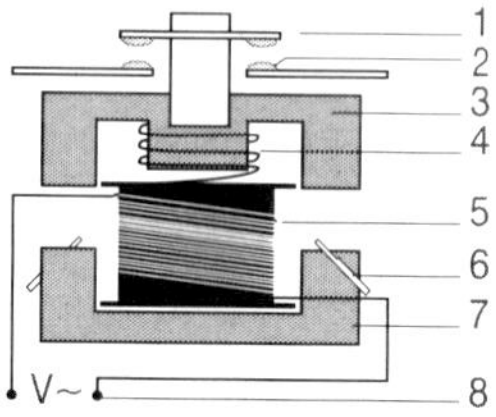

1. Contactos móviles.
2. Contactos fijos.
3. Hierro móvil.
4. Muelle antagonista.
5. Bobina.
6. Espira de sombra (en corriente alterna).
7. Hierro fijo.
8. Alimentación bobina.

En serie con este contactor se instala una bobina apagachispas que consiste básicamente en una bobina arrollada sobre un núcleo de hierro cuya función no es otra que la de disminuir el campo magnético que se crea cuando se forma un arco, de forma que el arco termina separándose del contacto. Debido a la rápida acción extintora, se reduce notablemente el desgaste y quemadura de los contactos.

Para un buen funcionamiento de los contactos debemos seguir las recomendaciones del fabricante, teniendo en cuenta una serie de factores:

- La presión de contacto inicial y final.
- Entrehierro.
- Distancia de ruptura. Separación entre contactos, donde se inicia el arco.
- Desgaste permitido.

La presión inicial se mide con los contactos abiertos a través de un dinamómetro y la final con los contactos cerrados mediante la utilización de un dinamómetro también.

Los contactores de corriente alterna y de corriente continua se fabrican de forma similar, con la diferencia de que los de corriente alterna dispondrán de dos, tres y cuatro contactos principales para poder interrumpir las líneas de los motores monofásicos, trifásicos y bifásicos.

Podemos encontrar contactores que estén accionados por interruptores, por un juego de pulsadores paro-marcha, o con un juego de pulsadores en la misma caja del contactor.

B) Arranque en estrella-triángulo

Es el método más utilizado y más económico. Este tipo de arranque se utiliza en motores de media potencia. Para este tipo de arranque debe emplearse un motor que tenga una tensión nominal de trabajo en triángulo igual a la tensión de línea.

Se utiliza un conmutador que conecta el motor en estrella y cuando la velocidad del motor es la de régimen lo conecta en triángulo.

El hecho de conectarlo en estrella en el arranque es porque la tensión, es la tensión de línea que es la normal de funcionamiento y por lo tanto la corriente absorbida no será tan elevada en el momento del arranque.

Para este tipo de arranque, el mando puede realizarse con interruptor tripolar de palanca o con un conmutador tripolar de palanca aunque el sistema que más se utiliza es el del interruptor de tambor, que es especial para la conmutación estrella-triángulo.

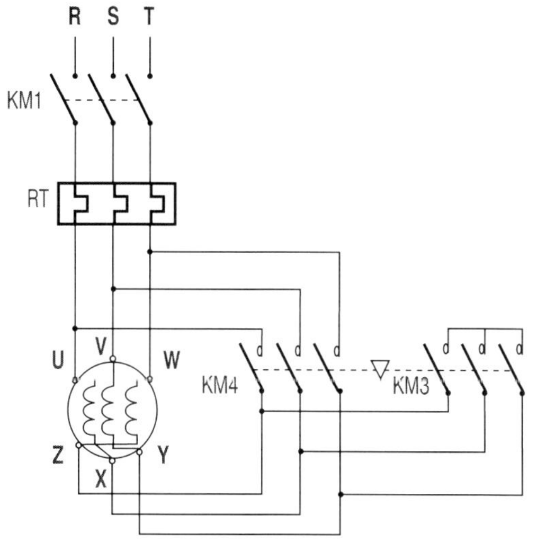

Circuito de potencia

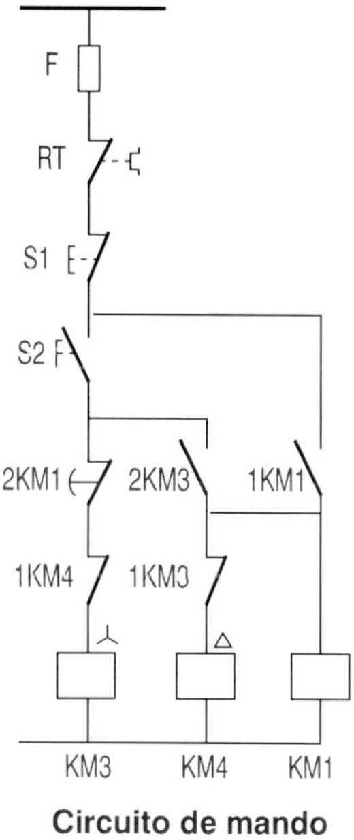

Circuito de mando

C) Arrancadores de autotransformador

Este método consiste en dos autotransformadores conectados en triángulo para arrancar con tensión reducida. Existen tres tomas correspondientes al 50% de la tensión de línea, al 65% de la tensión de línea y al 80% de la tensión de línea. Así la corriente y el par varían en función de la tensión aplicada, de manera que el terminal del 50% proporcionaría un par de arranque del 25%.

Este tipo de arrancador presenta una serie de características:

- Presenta una corriente de línea reducida.
- Potencia absorbida reducida.
- Factor de potencia bajo.

Los arrancadores por autotransformador pueden ser automáticos y manuales. Los manuales llevan los contactos sumergidos en aceite y son accionados por una palanca desde fuera de la caja del arrancador. El automático dispone de un contactor de arranque con 5 contactos (S) y otro de marcha de tres contactos (R).

El contactor de arranque se encarga de conectar la línea al transformador, y el motor a las tomas de tensión reducidas y pone en marcha un relé de tiempo, cuando el motor ha acelerado el relé de tiempo entra en acción desconectando el contactor de arranque y accionando el de marcha. Así el transformador se desconecta y el motor se conecta a la línea.

D) Arrancadores de corriente alterna de reóstato primario

Este método consiste en poner en el estator un reóstato en serie. El objetivo que se consigue buscar al colocar esta resistencia en serie con el estátor es disminuir la caída de tensión en esta con lo que conseguiremos reducir la tensión que se aplica al motor. A medida que aumenta la velocidad del motor, disminuirá la corriente que se absorbe de la línea, la caída de tensión en el reóstato también disminuye, con lo cual la tensión que se aplica al motor aumenta y el par aumentará también. Tras un intervalo de tiempo se acciona un dispositivo que pone en marcha el contactor de aceleración. Este contactor de aceleración cortocircuita el reóstato de arranque, el motor no perderá velocidad y llevará una aceleración relativamente suave.

Comparación del arrancador de reóstato con el de autotransformador.

La diferencia existente entre el arrancador de reóstato y el de autotransformador radica básicamente en que el primero tiene más potencia de la línea en el arranque y ofrece una aceleración más suave y rápida con el mismo par inicial, pero el factor de potencia es más elevado.

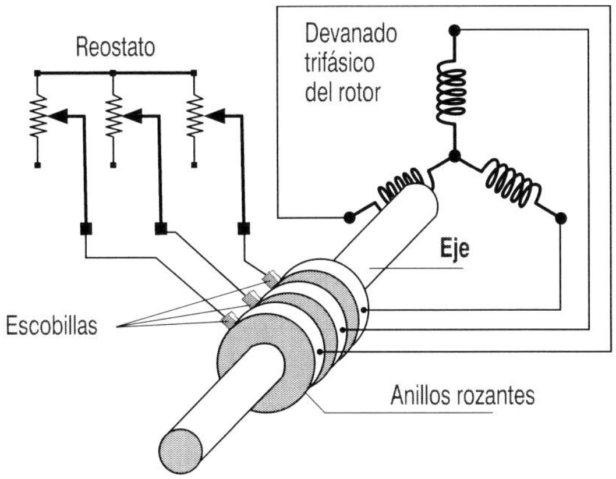

E) Arrancadores de corriente continua

Los motores de corriente continua pueden arrancarse solos si son de pequeña potencia. Los de mayor potencia necesitarán un arrancador de tensión reducida.

Para obtener una tensión reducida en el arranque basta con colocar una resistencia en serie con el inducido, o con disminuir la tensión de dicho inducido.

Los arrancadores pueden clasificarse en:

- **Arrancador manual**. Se utiliza este tipo de arrancador cuando no es necesario arrancar y parar frecuentemente.
- **Arrancadores directos a la línea**. Son los aparatos más sencillos para el arranque de pequeños motores. Si los motores son de gran potencia, bastará con colocar un reóstato en serie con el inducido. Se clasifican en:
  - ▹ *Arrancadores de palancas múltiples*. Suelen usarse cuando la corriente a conmutar es demasiado elevada para el tipo de palanca frontal.
  - ▹ *Arrancador de placa frontal*.
  - ▹ *Arrancador de tambor*. Este tipo de arrancadores presenta más ventajas sobre los de palanca múltiple y palanca frontal, como son:
    - ° Mejor fabricación mecánica.
    - ° Presentan tensiones de contacto superiores
    - ° Tienen buen aislamiento de las piezas.

- Emplean bobinas apagachispas.
- Es menos voluminoso y más fácil de manipular.

F) Arrancadores de corriente continua electromagnéticos

Se utilizan cuando el arrancador funciona con frecuencia y la distancia que existe entre el motor y el operario es considerable, o cuando es necesario un mando automático o interruptor fin de carrera.

Se conecta en serie con el inducido una resistencia que limita la intensidad inicial.

2.2. Reguladores de velocidad

Éstos se clasifican en:

a) Regulador de velocidades múltiples.
b) Regulador de velocidad con reóstato secundario.
c) Reguladores de velocidad de corriente continua.

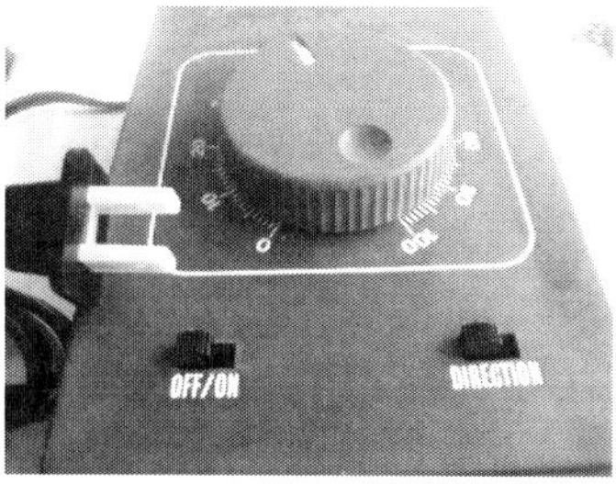

2.3. Dispositivos de parada

Los hay de los siguientes tipos:

a) Frenado dinámico de un motor shunt de corriente continua.
b) Frenado dinámico de un motor de inducción de corriente alterna.
c) Calado por inversión de los motores de corriente continua.
d) Calado por inversión de los motores de corriente alterna.
e) Frenos electromagnéticos.

3. Elementos de protección en motores

- **Cortocircuitos fusibles**

  Su función es la de proteger a los conductores de conexión del motor más que al motor propiamente dicho. No son una buena protección contra sobrecargas, solo protegerían al motor de un cortocircuito. Dicho fusible deberá tener una intensidad nominal mayor a la del motor, ya que si no, cada vez que se arrancara el motor se fundiría el fusible.

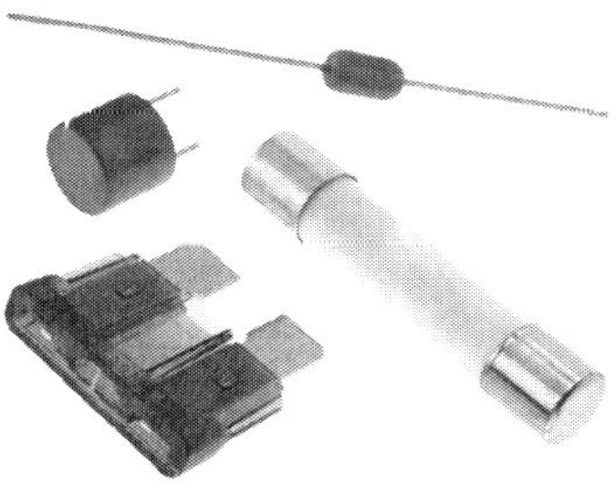

- **Relés protectores de máxima**

  Es una bobina que se conecta en serie al circuito del motor y un núcleo móvil, de forma que cuando la corriente alcanza un determinado valor, el núcleo móvil es atraído hacia el centro de la bobina.

  Esto provoca la apertura de un contacto que desconecta el motor de la línea.

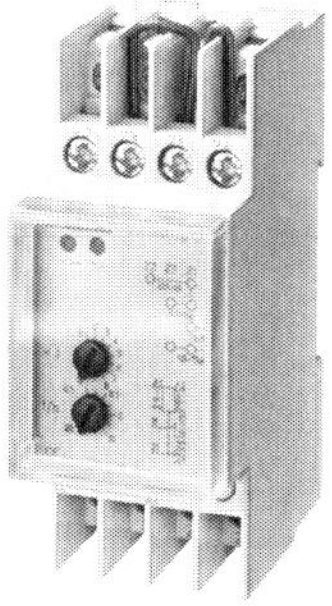

- **Protección de mínima tensión**

  Se trata de un dispositivo que provoca la interrupción del circuito principal cuando detecta que hay un fallo o una disminución de la tensión. Esto se realiza con un disyuntor principal. Cuando existe un descenso de la tensión, el disyuntor permanece abierto y para el motor.

Para volver a arrancar es necesario accionar un pulsador.

- **Protecciones térmicas de sobrecargas**

  Estas protecciones térmicas están formadas por dos bobinas conectadas en serie con el circuito a proteger, que disponen de unas láminas bimetálicas, que serán el disparo para abrir el mecanismo de contacto.

  Cuando circula una corriente de sobrecarga, se produce un calentamiento que hace deformarse a las láminas provocando el disparo y la apertura de los contactos. El reenganche puede ser de tipo automático o manual. Para el reenganche manual, será necesario que el operario se desplace hasta el cuadro de arranque, de esta forma se aprovecha para inspeccionar el estado del dispositivo y corroborar el fallo que originó la sobrecarga. En las protecciones de reenganche automático, los contactos vuelven a cerrarse de forma automática pasado un intervalo corto de tiempo tras haber funcionado la protección.

- **Protección contra inversiones de fase**

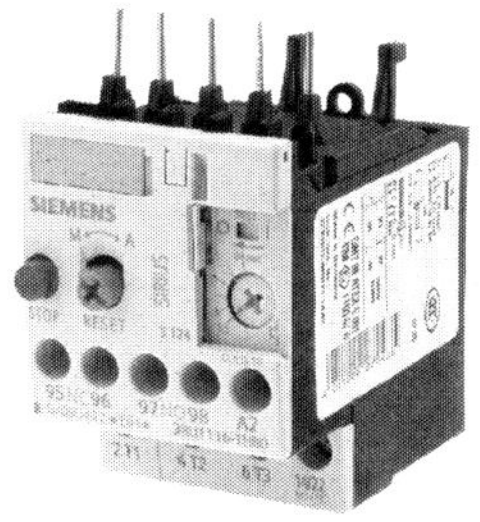

- **Interruptores de seguridad de fin de carrera**

- **Protección de máxima o mínima velocidad**

4. Diferentes elementos de mando en motores

Lo que se denomina "mando" en motores no es más que una serie de operaciones como son el arranque, la regulación de la velocidad, el frenado, el sentido de la marcha, etc. La mayoría de estas operaciones pueden realizarse de forma manual, como hemos visto anteriormente podemos hacerlo utilizando interruptores de cuchillas, reóstatos de arranque, etc.

En ocasiones las máquinas sobre las que debemos maniobrar son demasiado grandes o tienen demasiada fuerza o potencia como para poder realizar las operaciones de forma manual.

Es por ello por lo que aparecen los elementos de mando. En el mando automático en motores eléctricos utilizamos los siguientes elementos:

- Se empiezan a utilizar aquellos aparatos que son capaces de controlar el tiempo, y las señales como son los relés, los temporizadores, los contactores, etc.
- Se usan amplificadores rotativos que se combinan en ciertas ocasiones con relés y contactores. Los reguladores sustituyen a los aparatos de mando.
- Se usan para este tipo de mando amplificadores magnéticos, que realizan la regulación del motor.
- Además de estos se utilizan otros elementos electrónicos que combinados con relés realizan una correcta regulación del motor. Pueden usarse diodos semiconductores, transistores, tiratrones y otros elementos electrónicos de potencia.

En la actualidad suelen emplearse dispositivos como relés y contactores, aunque a veces estos elementos no responden a todas las necesidades que se exigen en grandes procesos, es por eso por lo que aparecen nuevos dispositivos como pueden ser:

- Amplificadores rotativos.
- Amplificadores magnéticos.

En el sistema de mando automático se puede diferenciar un sistema de mando de bucle abierto y un sistema de mando de bucle cerrado.

a) Sistemas de mando de bucle abierto. Cualquier variación, por ejemplo de una carga aplicada al eje que provoca una modificación en el sistema de funcionamiento del motor.

b) Sistemas de mando de bucle cerrado. Mantienen su régimen de funcionamiento sean cuales sean las perturbaciones existentes.

Estos pueden dividirse en tres grupos:

- Sistemas de acción continua.
- Sistemas de acción impulsional.
- Sistemas de relés.

Actividades

Práctica

Describe brevemente qué sistemas son utilizados como reguladores de la velocidad en motores.

Responde a las siguientes cuestiones

1. **Indica cuál de las siguientes es una protección contra sobrecargas en motores.**
   a) Interruptor diferencial.
   b) Dispositivo temporizador.
   c) Protección térmica con dos bobinas conectadas en serie con el circuito a proteger.
   d) Todas son falsas.

2. **El método de arranque de motores más económico es:**
   a) Arranque en estrella triángulo.
   b) De autotransformador.
   c) De reóstato primario.
   d) Ninguna de las anteriores es correcta.

3. **¿Qué tipo de bomba es la más utilizada en instalaciones solares térmicas?**
   a) Monobloc.
   b) De rotor sumergido.
   c) De eje distinto.
   d) Las tres anteriores son las más utilizadas.

4. **Los arrancadores de corriente continua pueden ser:**
   a) Automático y manual.
   b) Directos a la línea y automáticos.
   c) Directos a la línea y manual.
   d) Las respuestas a) y c) son verdaderas.

5. **Los sistemas de mando de bucle cerrado se clasifican en:**
   a) De acción continua y de acción impulsional.
   b) De acción continua, de acción impulsional y de relés.
   c) De acción continua, de relés y de fin de carrera.
   d) Todas las anteriores son falsas.

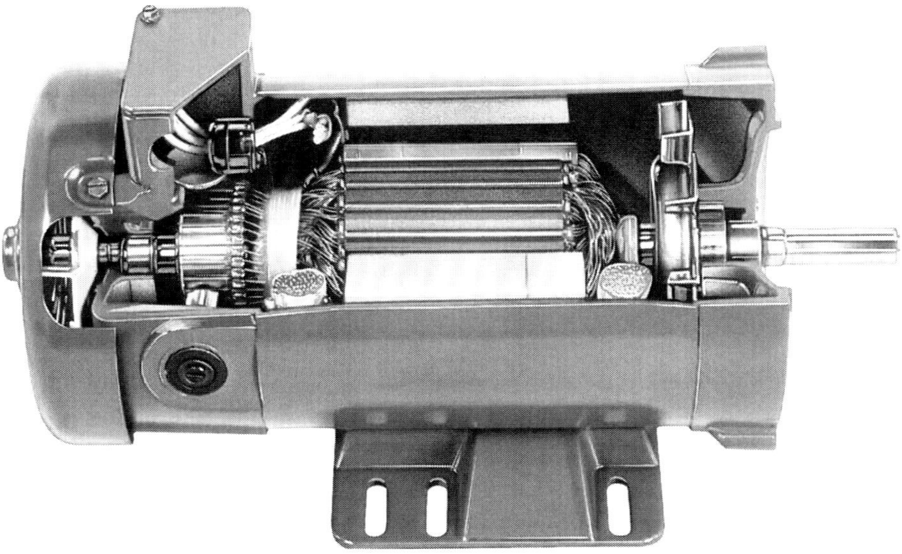

Capítulo 7

Diferentes tipos de motores

Rodio ediciones

Índice

1. Introducción

Un motor es aquella máquina eléctrica capaz de transformar la energía eléctrica que recibe a su entrada en energía mecánica a la salida por medios electromagnéticos.

Debido a la gran variedad de motores que existen podemos hacer una clasificación atendiendo a varios factores, como son el número de fases, el tipo de alimentación eléctrica, el sentido de giro, su flecha, ventilación, carcasa, forma de sujeción y posición de su flecha.

Según el tipo de alimentación, podemos clasificarlos en:

- Motores de corriente continua. La corriente permanece constante en el tiempo.
- Motores de corriente alterna. La corriente varía con el tiempo.
- Motores universales. Son motores de velocidad variable. Están diseñados como si fueran motores de corriente continua pero están hechos para funcionar como motores de corriente alterna.

Si los clasificamos atendiendo al número de fases de su alimentación:

- **Motores eléctricos monofásicos**. Son lo que tienen una sola fase de alimentación y podemos clasificarlos a su vez en:
    - ▹ Motores de rotor devanado.
    - ▹ Motores de repulsión.
    - ▹ Motores de jaula de ardilla. Estos motores presentan ciertos problemas para arrancar.
    - ▹ Motores de fase partida. Tienen devanado de arranque.
    - ▹ Motores de fase partida con condensador. Tienen devanado de trabajo.
    - ▹ Motores de polo de sombra.
    - ▹ Motores de histéresis.

- **Motores eléctricos bifásicos**. Son los que tienen dos fases en la alimentación y podemos clasificarlos en:
  - ▷ Motores de rotor devanado. Solo tienen devanado de trabajo.
  - ▷ Motores de jaula de ardilla. No tienen devanado de arranque.
- **Motores eléctricos trifásicos**. Disponen de tres fases para su alimentación. Son de rotor devanado y de jaula de ardilla.

Si los clasificamos atendiendo al sentido de giro, tendremos motores con giro horario y con giro antihorario.

1.1. Tipos de rotor

Si los clasificamos por su flecha, estos serán de flecha sólida y de flecha hueca. Según su ventilación pueden ser ventilados o autoventilados. Estos últimos llevan un ventilador en el rotor.

Atendiendo al tipo de carcasa, podemos clasificarlos como:

- Motores de carcasa cerrada.
- Motores de carcasa abierta.
- Motores a prueba de goteo.
- Motores a prueba de explosión.
- Motores sumergibles.

Por la forma de sujeción:

- Con brida lateral.
- Con brida frontal.

2. El motor de corriente continua

Los motores de corriente continua son de gran utilidad, tanto para aplicaciones que requieran variaciones de velocidad, así como en el uso de sistemas de potencia de corriente continua.

En la actualidad los motores de inducción con sus sistemas de accionamiento de estado sólido, están haciendo de forma directa la competencia a los motores de cc, tanto por su simplicidad como por su fiabilidad. No obstante todavía se instalan máquinas de corriente continua para control de velocidad en trenes, aviones, etc.

2.1. Elementos constitutivos del motor de corriente continua

Un motor de corriente continua está formado por una serie de elementos, unos situados en el inducido (rotor) y otros pertenecen al inductor (estátor), podemos decir que se compone de:

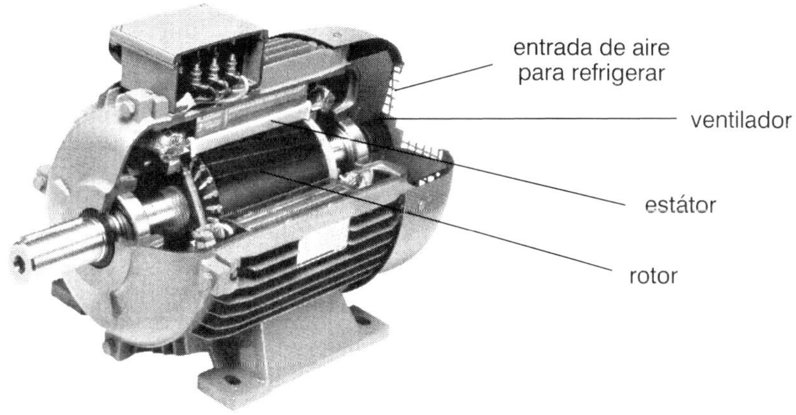

a) Rotor (parte móvil).
   - Eje.
   - Núcleo y devanado.
   - Colector.

b) Estátor (parte fija).
   - Armadura
   - Imán permanente.
   - Escobillas y portaescobillas
   - Tapas.

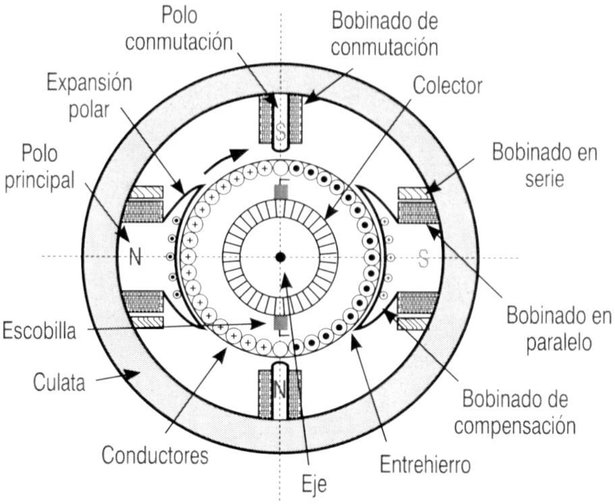

El motor de corriente continua está formado por un **rotor**, que es la parte móvil, y por un **estátor**, que es la parte fija.

El rotor comprende varios elementos:

- El *eje*, está fabricado normalmente de acero laminado, es el que le da movimiento al núcleo.
- El *núcleo* está formado por delgadas capas de acero y su función es facilitar el paso del flujo magnético que circula por el devanado. El núcleo se fabrica de láminas delgadas para minimizar las pérdidas por histéresis y dispone de ranuras a lo largo de toda su superficie para albergar el bobinado.
- El *devanado*: el devanado lo forman las bobinas convenientemente aisladas entre sí y aisladas del núcleo. El devanado está conectado eléctricamente con el colector de delgas.
- El *colector de delgas* está formado por unas delgas o láminas de material conductor, se encuentran aisladas y separadas del centro del eje para evitar que se produzcan cortocircuitos. El colector de delgas está situado en los extremos del eje del rotor de forma que gira al girar este, se encarga de recoger la corriente producida por el devanado inducido y se transmite al circuito a través de las escobillas.

Los elementos en el estátor son:

- La *armadura o yugo* es el soporte del motor, y tiene también como función proporcionar un camino de retorno al flujo magnético del rotor para completar el circuito magnético.
- El *imán* permanente está compuesto por un material ferromagnético de alta remanencia que está fijado a la armadura y proporciona un cam-

po magnético uniforme en el devanado del rotor que interactúa con el campo que forma la bobina y como resultado proporciona movimiento al rotor.

- Las *escobillas* están hechas de carbón, están situadas en una de las tapas del estátor colocadas en el portaescobillas y se encarga de transmitir la tensión y corriente de la fuente de alimentación hasta el colector de delgas desde donde llegará al bobinado del rotor.

  Si la presión ejercida a las escobillas por parte de los portaescobillas fuese excesiva, se produciría un desgaste por fricción de las escobillas y del colector y si la presión fuera mínima, se produciría lo que se conoce como "chisporroteo" y aparecerán chispas entre la superficie del colector y las escobillas debido a la falta de contacto entre ellos.

Los motores de corriente continua podemos clasificarlos en:

- Motor de excitación independiente.
- Motor en serie.
- Motor shunt o derivación.
- Motor Compound.

1. En el **motor de excitación independiente**, tanto el inductor como el inducido se alimentan de dos fuentes independientes. En el motor serie los devanados inductor e inducido se conectan en serie. Para el motor shunt estos devanados se conectan en paralelo. En el motor compound, un devanado inductor está en serie con el inducido y el otro devanado inductor está en paralelo con el inducido.

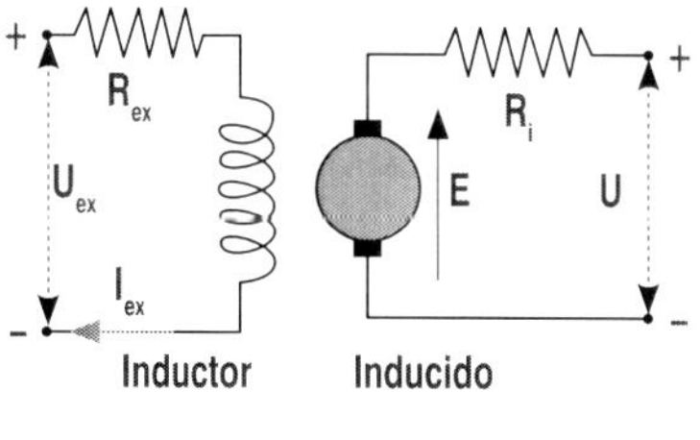

$$U = E - R_i I - V_{escobillas}$$

$$U_{ex} = R_{ex} I_{ex}$$

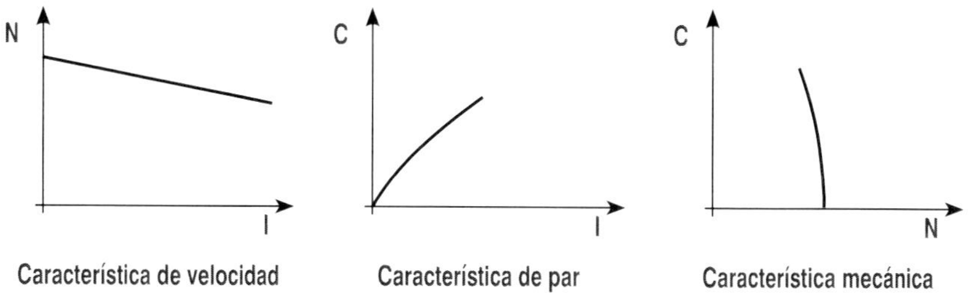

Parámetros de funcionamiento de motores de corriente continua.

Para el buen manejo y entendimiento de los motores de corriente continua vamos a examinar una serie de parámetros que están en juego en el funcionamiento de estas máquinas:

- Régimen de giro: velocidad a la que gira el motor, se expresa en revoluciones por minuto (rpm).
- Potencia eléctrica absorbida por el motor: consumo que realiza el motor para la producción de energía mecánica en el eje, se expresa en Kw (kilovatios).
- Par motor da una idea de la capacidad de arrastre del motor, se expresa en Kg × m.
- Rendimiento. El rendimiento del motor expresa la relación entre la potencia de salida, en este caso potencia mecánica, y potencia de entrada, en este caso potencia eléctrica. Esto nos dará una idea de las pérdidas del motor.

Cuando el motor de corriente continua funciona en vacío, es decir, sin carga a la que alimentar, su velocidad puede aumentar de forma brusca por lo que se vuelven bastante inestables.

2. El **motor de excitación serie** está bobinado con pocas espiras pero gran sección. Desarrolla un par-motor de arranque elevado. Este tipo de configuración puede llegar a ser peligrosa cuando se aumenta la carga, ya que la intensidad de corriente disminuye y por lo tanto la velocidad del motor se dispara.

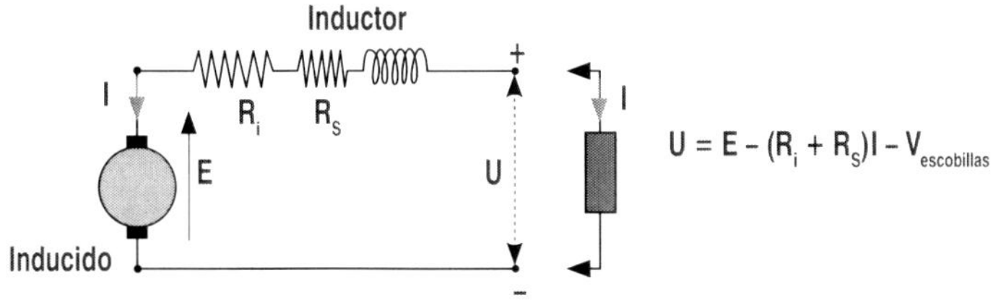

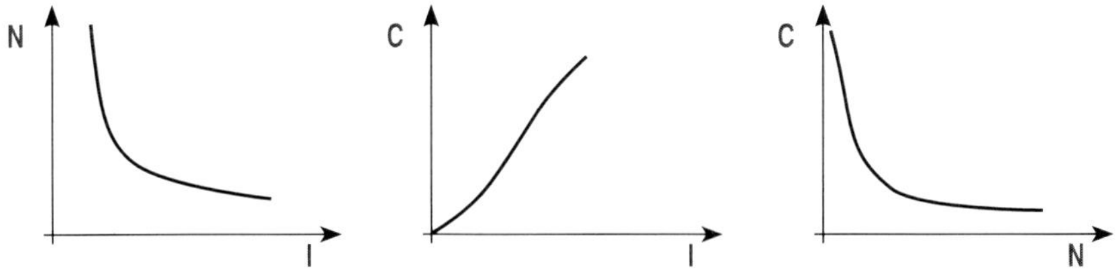

Característica de velocidad | Característica de par | Característica mecánica

Presenta por lo tanto un elevado par de arranque para pequeñas velocidades y un par de arranque menor a medida que aumentan las velocidades. El motor tipo serie debe tener siempre carga acoplada al eje. Se usan estos tipos de motores en tranvías, locomotoras, etc.

3. El **motor de excitación shunt**. La forma del conexionado para este tipo de motores es conectando en paralelo las bobinas inductoras con las inducidas. Al estar en paralelo tanto el circuito de excitación como el inducido están a la misma tensión. Aparecen entonces dos intensidades de corriente diferentes, y la intensidad total absorbida por el motor se traduce en una intensidad que circula por el inducido y una intensidad que circula por el inductor.

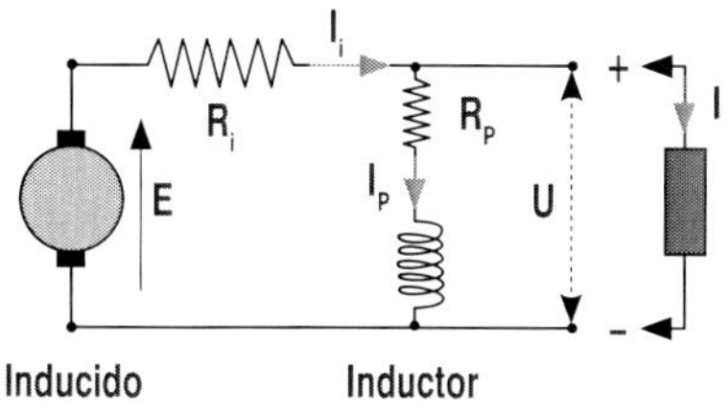

$U = E + R_i + I_i + V_{escobillas}$

$U = R_p \, I_p$

(Las características del motor de excitación independiente y paralelo son equivalentes)

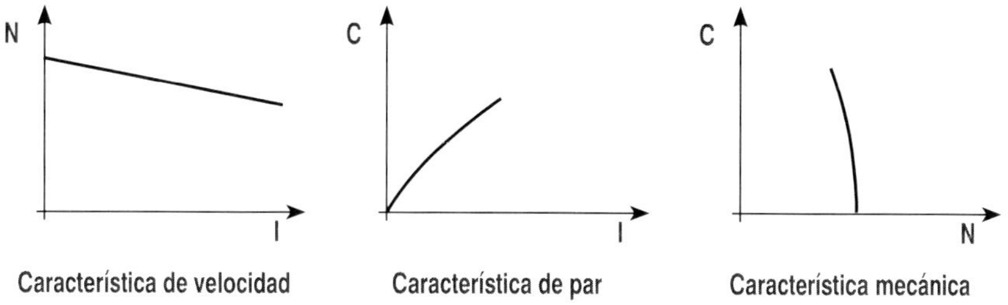

Al contrario de lo que sucedía con los motores en serie, para este tipo de motor en el arranque, el par motor es menor. Es también un motor más estable que el motor serie ya que al funcionar en vacío, si la corriente disminuye, no afecta tanto a la velocidad.

Este tipo de motores se utiliza en aquellas situaciones en las que no queramos un par elevado con pequeñas velocidades, como por ejemplo en herramientas eléctricas.

4. **Motor compound**. Es una composición de ambos motores serie y shunt, donde se conecta una bobina inductora en serie con una bobina del inducido y la otra bobina inductora se conecta en paralelo con la otra bobina del inducido.

Este montaje presenta un elevado par de arranque, y aunque llega a alcanzar un elevado número de revoluciones no es inestable cuando trabaja en vacío, como ocurría en el caso del motor serie.

2.2. Pérdidas y rendimientos en un motor de corriente continua

El rendimiento podemos expresarlo como la relación existente entre la potencia de salida que en este caso es potencia mecánica, es decir, potencia útil en el eje, y la potencia de entrada que es la potencia eléctrica.

La potencia útil que es la potencia de salida será siempre menor que la potencia de entrada debido a las pérdidas que se producen en la máquina como son por ejemplo las pérdidas por calentamiento o por efecto Joule, son pérdidas en el cobre. Estas pérdidas se traducen en $P_{cu} = RI^2$.

El rendimiento siempre será menor al 100%, y así se debe cumplir que la potencia eléctrica de entrada deberá ser igual a la potencia útil en el eje de salida más las pérdidas por efecto Joule.

$$P_{eléctrica} = P_{util\text{-}eje} + P_{cu}$$

En un motor de corriente continua podemos expresar la potencia útil o mecánica como el producto del par electromagnético por la velocidad del motor. La potencia eléctrica podemos expresarla como: el producto de la tensión por la intensidad. Así tenemos que si $P_{electr} = U{*}I$ es > 0, o la $P_{util} = C{*}\omega > 0$, entonces el motor absorbe energía de la red y suministra energía mecánica por el eje.

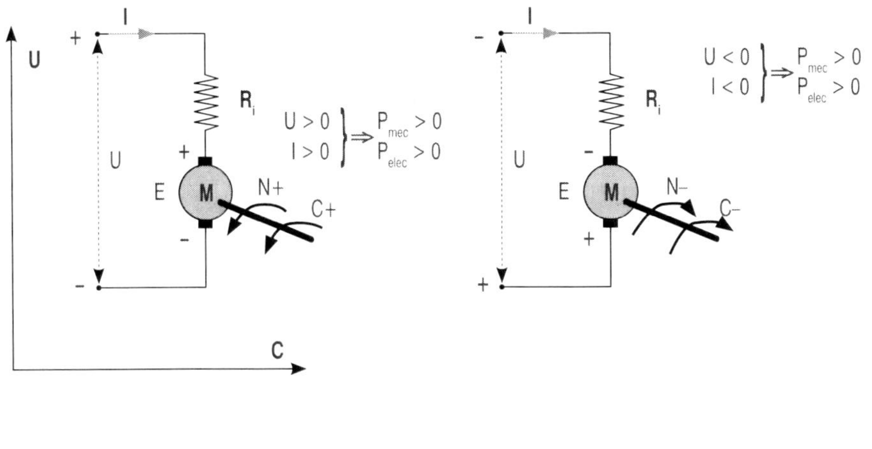

3. Motor de corriente alterna

Las motores de corriente alterna podemos clasificarlos en motores síncronos, que se caracterizan por tener una velocidad constante sea cual sea la carga, y los motores asíncronos, en los que la velocidad varía sensiblemente con la carga.

También podemos clasificarlos atendiendo al tipo de corriente de alimentación que necesite para su funcionamiento, monofásica, trifásica, bifásica. Y también pueden clasificarse, atendiendo al inductor, en motores de campo constante, campo giratorio y campo alterno.

3.1. El motor síncrono

El motor síncrono de corriente alterna puede ser monofásico o polifásico.

La excitatriz alimenta de corriente continua al rotor, este crea un campo magnético constante, el rotor comienza a girar a la velocidad de sincronismo, entonces el campo magnético del rotor y el campo magnético del estátor giran a la misma velocidad, entonces es cuando los polos reales del rotor y los polos ficticios del estátor, interactúan produciendo fuerzas tangenciales y por lo tanto un par en el sentido de giro.

3.2. El motor asíncrono

a) **Estátor**. Formado por tres devanados que están desfasados $2\pi/3P$, donde P representa al número de pares de polos de la máquina.

b) **Rotor**: en este tipo de motores puede ser de jaula de ardilla o de rotor bobinado.

   El motor de rotor de jaula de ardilla tiene los conductores distribuidos igualmente por la periferia del rotor quedando aislado del exterior debido a que tiene sus extremos cortocircuitados. Las ranuras suelen estar dispuestas de forma inclinada porque así mejora las propiedades del arranque y se eliminan los ruidos.

   El motor de rotor bobinado tiene los devanados del rotor similares a los del estátor, el número de fases del rotor no tiene por qué coincidir con el número de fases del estátor, pero el número de polos sí debe ser el mismo.

En este tipo de motor los devanados se montan sobre anillos colectores que van montados en el mismo eje.

A) Principio de funcionamiento del motor asíncrono

En el estátor del motor existe un campo magnético giratorio, con velocidad $N = 2\pi f/P$, donde N es la velocidad, f es la frecuencia de la red y P es el número de pares de polos.

El campo magnético del estátor induce una fuerza electromotriz en el rotor que hace que circulen por este unas corrientes eléctricas. Estas corrientes que circulan por el rotor y el campo magnético giratorio en el estátor, producen fuerzas electromagnéticas, y por lo tanto se produce un par electromagnético en el rotor que lo hace girar.

El rotor gira a una velocidad N, que es inferior a la velocidad de sincronismo. Si la velocidad fuera mayor a la de sincronismo, no se induciría fuerza electromotriz en el rotor y por lo tanto no habría par electromagnético y el rotor no giraría.

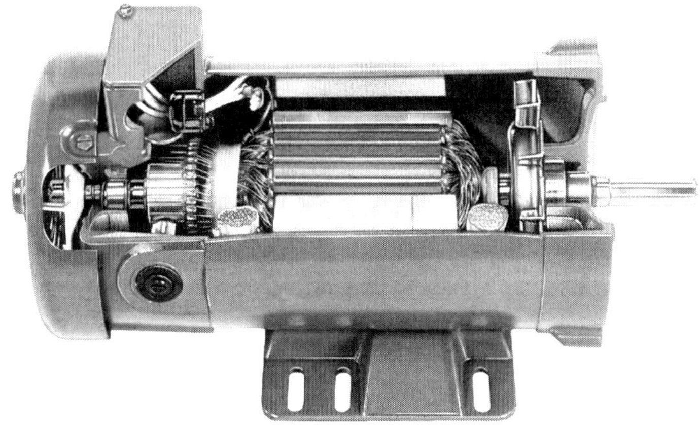

Existen motores con rotor de doble jaula de ardilla, que está formado por dos jaulas, una externa y otra interna. La externa es de menor sección y alta resistividad y la interna presenta mayor sección y baja resistividad. Las jaulas están separadas entre sí dejando una delgada ranura por donde aumentará el flujo de dispersión, en la jaula interior.

Con esto conseguimos que la jaula exterior presente una elevada resistencia y una reactancia muy baja, y que la jaula interior presente una elevada reactancia y una resistencia muy baja.

La finalidad de este tipo de motores es conseguir un par de arranque muy elevado con altas resistencias y baja intensidad.

4. Diferencias y analogías entre motor de cc y de ca

Tanto el motor de corriente continua como el de corriente alterna pueden trabajar en un determinado momento como motor y como generador según donde se ejerza el trabajo, ambas son máquinas reversibles. Ambos motores están formados por una parte eléctrica y otra parte magnética.

En los motores de corriente continua la parte eléctrica está formada por dos devanados, el inductor (bobinas polares) y el inducido (en el rotor), mientras que en la máquina de corriente alterna, la parte electromagnética consta de un solo devanado en el estátor que es fijo, y otro devanado en el rotor.

El motor de corriente continua tiene la característica de contar con un colector de delgas que funciona como conmutador y hace que se rectifique la corriente que pasa a través de él. Sin embargo el motor de corriente alterna cuenta con anillos provistos de un colector.

Motor de rotor bobinado

Estos motores son fabricados con sistema electromecánico que permite el cortocircuitamiento de los anillos colectores y el levantamiento de las escobillas luego de la partida.

Son motores con una alta fiabilidad de trabajo por los materiales y las tecnologías usadas en su fabricación, además tienen un sistema de funcionamiento similar a los motores de jaula.

Su aplicación más común es en casos en que la carga posee un alto conjugado resistente o alta inercia en la partida. Las resistencias externas son utilizados apenas para partir el motor, proporcionando elevado conjugado y reducción acentuada en la corriente de partida.

Las escobillas permanecen en contacto con los anillos colectores solamente durante la partida del motor, evitando de esta forma, el desgaste desnecesario de las escobillas y anillos colectores durante el funcionamiento en régimen, permitiendo un mayor tiempo de uso para el conjunto.

5. Servomotores

Los servomotores son motores impulsados por una corriente que procede de amplificadores eléctricos.

Una de las características fundamentales que debe presentar un servomotor es presentar un par de salida proporcional a la tensión aplicada y que la dirección del par esté determinada por la polaridad de la tensión de control.

Todos los servos disponen de dos cables de alimentación y uno para el tren de pulsos de control, debe aplicarse un pulso de duración y una determinada frecuencia.

Posicionamiento de un servo:

- Dependiendo de la anchura de pulso, el circuito de control interno, girará al servo un determinado ángulo, pudiendo poner el eje del servo en 0°, 90° y 180°.

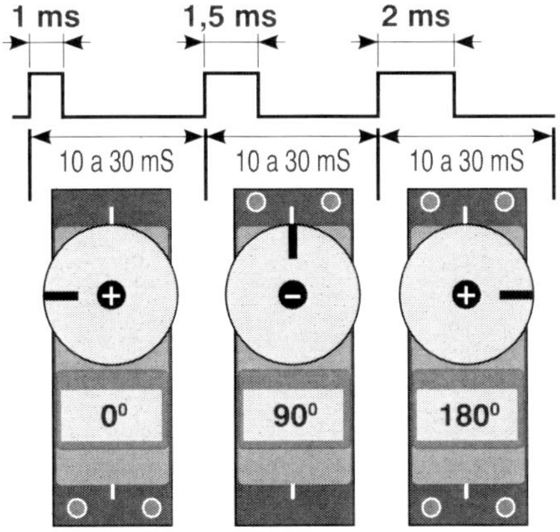

- El servo puede desmontarse fácilmente para usarlo como fuente de tracción en un móvil, para ello debemos desconectarlo del potenciómetro de control de los engranajes.

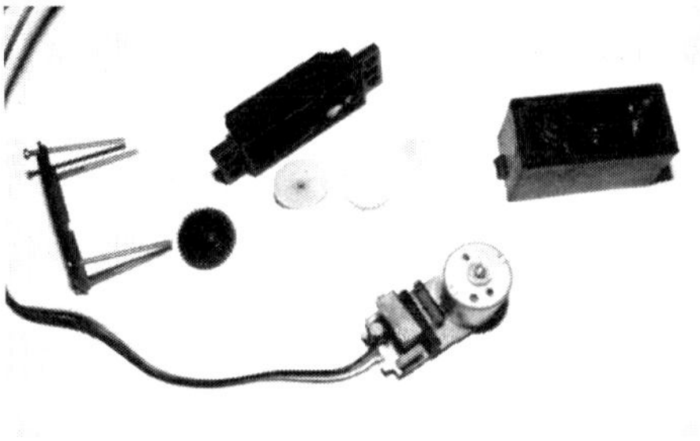

A continuación mostramos algunas de las características de dos tipos de servo diferentes.

Servomotor 1:

- Duración del pulso mínima (0°) en milisegundos: 0,9 ms.
- Duración del pulso neutral (90°) en milisegundos: 1,5 ms.
- Duración del pulso máxima (180°) en milisegundos: 2,1 ms.
- Frecuencia: 50 Hz.
- Color del terminal +: Rojo.
- Color del terminal -: Negro.
- Color del terminal de control: Blanco.

Servomotor 2:

- Duración del pulso mínima (0°) en milisegundos: 1,2 ms.
- Duración del pulso neutral (90°) en milisegundos: 1,7 ms.
- Duración del pulso máxima (180°) en milisegundos: 2,2 ms.
- Frecuencia: 50 Hz.
- Color del terminal +: Rojo.
- Color del terminal -: Azul.
- Color del terminal de control: Negro.

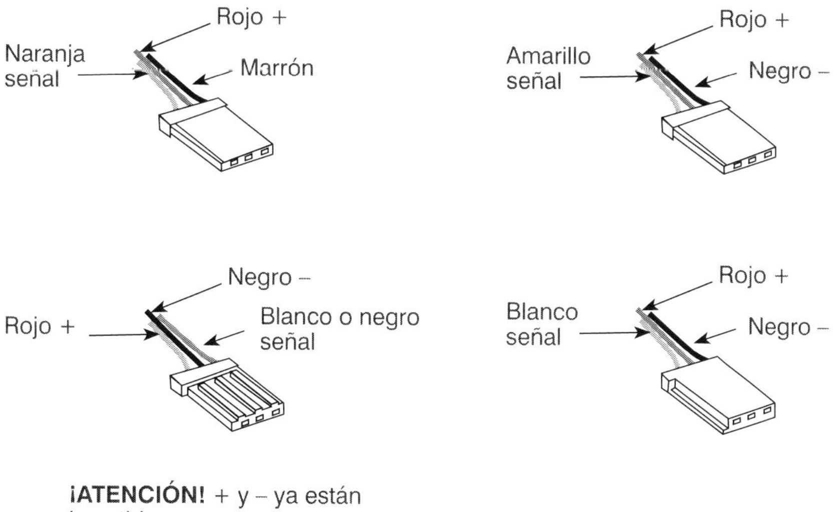

¡ATENCIÓN! + y – ya están invertidos

Actividades

Práctica.

Indica los cuatro grupos en los que se pueden clasificar los motores de corriente continua.

Responde a las siguientes cuestiones

1. **Un motor eléctrico es una máquina capaz de:**
   a) Transformar la energía eléctrica en energía mecánica por medios electromagnéticos.
   b) Transformar la energía mecánica de entrada en energía eléctrica por medios electromecánicos.
   c) Transformar la energía cinética en energía mecánica.
   d) Ninguna de las anteriores es correcta.

2. **En un motor de corriente continua el estátor es:**
   a) La parte móvil del motor y el inducido.
   b) La parte fija del motor y el inductor.
   c) La parte móvil de motor y el inductor.
   d) La parte fija del motor y el inducido.

3. **El motor de corriente continua en su configuración serie en vacío:**
   a) Disminuye su velocidad cuando desarrolla un par de arranque elevado.
   b) Mantiene siempre su velocidad constante.
   c) Mantiene un par de arranque invariable.
   d) Dispara su velocidad cuando desarrolla un par de arranque elevado.

4. **El motor con rotor del tipo jaula de ardilla es un motor:**
   a) De corriente continua
   b) De corriente alterna.
   c) No existen motores con este tipo de rotor.
   d) De un motor de combustión interna.

5. **Un servomotor dispone de:**
   a) Dos cables de alimentación.
   b) Un cable de alimentación y un cable para el control.
   c) Tres cables: dos para alimentación y uno para el control.
   d) Dos cables para alimentación y dos cables para el control.

Capítulo 8

Medidas de magnitudes eléctricas

Rodio
ediciones

Índice

1. Introducción

En cualquier proceso industrial existe una variedad de magnitudes que es interesante medir para obtener en todo momento la máxima rentabilidad del proceso productivo. Podemos agrupar dichas magnitudes de la siguiente forma:

a) Magnitudes eléctricas, como pueden ser la tensión, la intensidad, la resistencia eléctrica, la potencia eléctrica, etc.

b) Magnitudes que tenemos que medir por procedimientos eléctricos como ocurre con el flujo luminoso de una sala, una intensidad de campo, etc.

c) Magnitudes mecánicas que se determinan en el estudio de la maquinaria como bien podría ser el par motor o la potencia mecánica.

d) Magnitudes que no tienen carácter eléctrico, pero a la hora de su medición empleamos elementos parcial o totalmente eléctricos, como podría ser la temperatura.

La parte de la ciencia que se encarga de realizar dichas mediciones es conocida como **metrología**.

A la rama de la ciencia que se encarga de estudiar las medidas eléctricas se le conoce como **electrometría**.

Antes de llevar a cabo cualquier medición, es muy importante tener siempre en cuenta las medidas de seguridad.

Los instrumentos que se utilizan en un proceso de medición eléctrica pueden clasificarse, según la forma en que expresan el resultado de la medición, en **digitales** y en **analógicos**.

Los aparatos digitales expresan el resultado mediante una serie de cifras, expresadas normalmente en base decimal, esto ofrece mayor precisión a la hora de la lectura. Por el contrario, los aparatos de medición analógicos, muestran el resultado mediante una escala y una aguja indicadora, en este caso, la precisión depende de la longitud de la escala, de su nitidez y de la habilidad de la persona que toma la lectura.

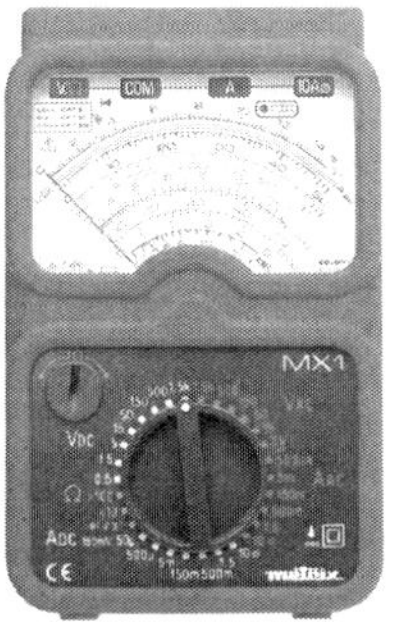

Existen dos formas diferentes de realizar una medición, de forma directa o de forma indirecta, sea cual sea el tipo de aparato de medida, independientemente de si es analógico o digital.

La medición será directa cuando la magnitud que buscamos se obtiene directamente del equipo de medida que usemos, por ejemplo, medir una intensidad de corriente eléctrica con un amperímetro. En cambio, la medición será indirecta cuando la magnitud que queramos obtener la obtengamos a través de otras magnitudes, realizando operaciones algebraicas, como por ejemplo sería obtener el valor de una resistencia eléctrica a través de los datos obtenidos de la tensión y la intensidad de corriente eléctrica, mediante aplicación de la Ley de Ohm.

1.1. Fases para realizar una medida

A la hora de realizar una medición debemos tener en cuenta una serie de pasos a seguir para obtener la magnitud buscada.

Existe una primera fase previa, donde:

- Se establece el grado de exactitud requerido, esta es la decisión más importante porque hay muchos parámetros que dependen del grado de exactitud a la hora de realizar una medida, requiere preparación por parte del técnico y requiere tiempo para poder realizar las mediciones entre otras cosas. Por ejemplo, una medición con un grado de exactitud bajo requiere un entrenamiento del técnico limitado, un tiempo de operación de pocos minutos, un coste del equipo no demasiado elevado y suelen usarse en comercios e industrias; en cambio, por el contrario, las mediciones que se realizan en los laboratorios de normalización, necesitan de un personal experto, requieren unos días para realizar la operación, disponen de unos equipos sumamente costosos y necesitan unos instrumentos especiales.

- Se estima el valor aproximado de la magnitud a medir, ya que realizando una estimación previa, ahorraremos en tiempo y nos facilitará la elección del método que sea más apropiado para realizar la medición.
- Elegiremos el método que vamos a usar en la medida.
- Finalmente, realizaremos un esquema detallado del montaje y conexiones que vamos a realizar, incluyendo todos los elementos, equipos y componentes, símbolos y cualquier anotación necesaria, acompañada de las expresiones matemáticas empleadas de manera que cualquier persona técnica pueda interpretarlas de la manera más sencilla posible.

Pasamos a una segunda fase, la fase experimental. Es la fase práctica de la realización de la medida y deberemos tener en cuenta varios aspectos:

- Tener el material necesario y los equipos lo más cerca posible para facilitar las tomas de lectura.
- Seleccionaremos el equipo que más se ajuste a nuestras necesidades según la medición que vayamos a realizar.
- Si vamos a utilizar varios equipos con distinto alcance, empezaremos conectándolos para su alcance máximo y después pasaremos a su alcance óptimo dependiendo del resultado obtenido en ese alcance máximo.
- Deberemos tener muy en cuenta que los campos magnéticos de los equipos exteriores van a tener influencia sobre ciertos equipos a la hora de tomar la medida.
- Antes de empezar a utilizar un equipo, nos aseguraremos de que esté en la posición cero.
- Evaluaremos las lecturas teniendo en cuenta la clase de exactitud del equipo. Por último para no llevarnos el resultado de una medición errónea, repetiremos la medición un número determinado de veces.

La última etapa de todo proceso de medición es la fase final o informe, donde tenemos como objetivo proporcionar la información que hemos obtenido tras realizar todas las mediciones. En este informe sobre mediciones será necesario que aparezcan los siguientes datos:

- ¿Qué se ha medido?
- ¿Cómo se ha medido?
- ¿Con qué se ha medido?
- ¿Qué datos hemos obtenido y qué cálculos hemos realizado?
- Evaluación de los resultados obtenidos y conclusiones finales.

2. Aparatos de medida

¿A qué llamamos sensibilidad? La sensibilidad de un equipo de medida podemos definirla como la relación entre el desplazamiento de la aguja y la variación de la magnitud que provoca ese desplazamiento. Así por ejemplo, cuando se dice que un amperímetro tiene de sensibilidad 2 mm/A, quiere decir que una intensidad de corriente de 1 A, provoca un desplazamiento de la aguja de 2 mm.

¿Qué entendemos por constante de escala? Es la relación que existe entre el campo de medida de un determinado equipo y el número de divisiones que presenta la escala. Por ejemplo, para un voltímetro con un campo de medida de 0-60 voltios y una escala de 100 divisiones dará un valor de constante de escala de 60/100 = 0,6 voltios/división.

Veamos un ejemplo sobre cómo debemos tomar la lectura:

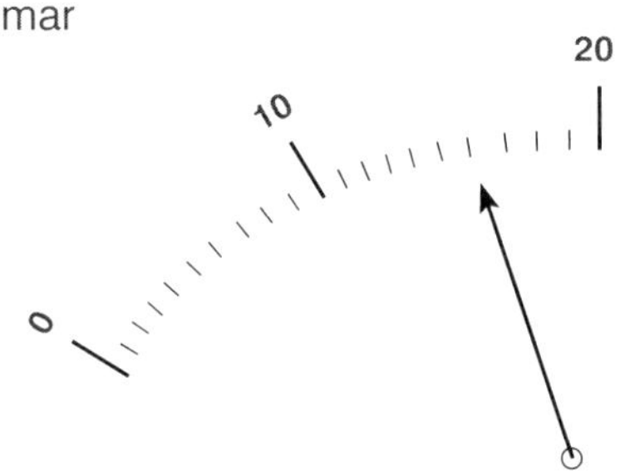

La aguja indicadora de la figura está marcando un valor que está comprendido entre 10 y 20, debemos saber que la medida que necesitamos tiene un valor por encima de 10 pero inferior a 20. Las divisiones que existen entre cada valor, es decir, entre el valor 10 y el valor 20, contamos que hay 10 espacios, a eso se le conoce con el nombre de subdivisiones, calcularemos entonces a cuánto equivale cada subdivisión, teniendo en cuenta que la diferencia entre el valor mayor y el menor es de 20 − 10 = 10, y existen 10 subdivisiones, por lo tanto eso equivale a decir que cada espacio es igual a 1, por lo tanto, en este ejemplo, podemos decir que la aguja se ha desplazado 6 espacios, tendremos 6 × 1 = 6, pero como hemos empezado a contar desde 10 y no desde cero, si lo hacemos desde el principio la medida tomada será de 10 + 6 = 16 unid. Si lo que estamos midiendo es tensión, entonces serán 16 (V) voltios.

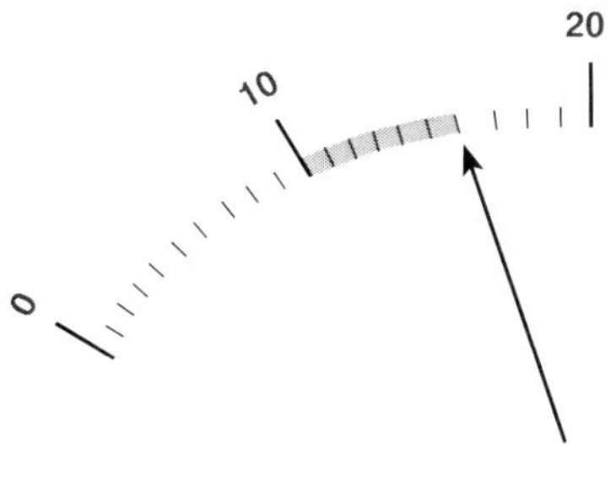

A continuación se hace una clasificación de los aparatos de medida:

- Aparatos de medida indicadores o analógicos.
- Aparatos de medida digitales.
- Aparatos de medida registradores.
- Aparatos de medida totalizadores.

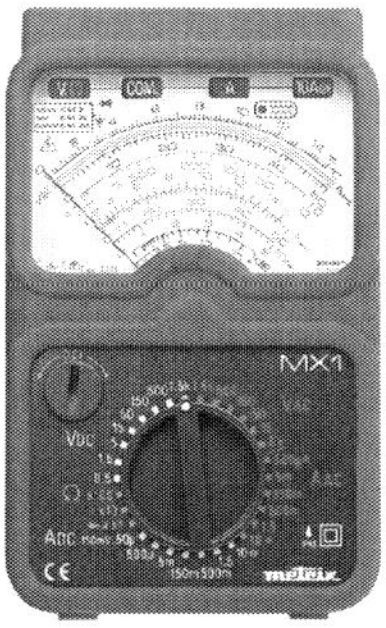

Pero independientemente de la clasificación anterior, podemos clasificarlos de forma más simplificada aún:

- **Según la clase de corriente a medir**. Según sea corriente continua, corriente continua y alterna o solo para corriente alterna.
- **Atendiendo a la magnitud eléctrica a medir**:
  - ▹ Para medir la tensión, utilizaremos un voltímetro o un milivoltímetro, obtendremos voltios (V) o milivoltios (mV).
  - ▹ Para medir la intensidad, utilizaremos un Amperímetro o miliamperímetro para obtener amperios (A) o miliamperios (mA).
  - ▹ Para medir resistencia eléctrica, utilizaremos un Ohmímetro o un megohmímetro y obtendremos Ohmios (Ω) o Megohmios (MΩ).
  - ▹ Para medir la capacidad de un condensador, utilizaremos un capacímetro, la unidad obtenida se expresaría en Faradios (F).

- ▷ Para medir la potencia activa, utilizaremos un vatímetro y la unidad obtenida se expresaría en vatios (W).
- ▷ Para la obtención de la potencia reactiva usaremos un varímetro, la unidad obtenida serán Voltamperios reactivos.
- ▷ Para la medición de energía activa, utilizaremos un contador de energía y la unidad obtenida será el Kilovatio-hora (Kw×h).
- ▷ Para medir la energía reactiva, utilizaremos un contador de energía.
- ▷ La frecuencia la mediremos con un frecuencímetro y su unidad se expresa en Hertzios (Hz).
- ▷ El desfase se medirá con un fasímetro y nos dará el factor de potencia (cos φ).

- **Según las características constructivas**. Teniendo en cuenta el tipo de envolvente que presenta, podemos agruparlos en aparatos de montaje fijo, que son los que se utilizan en los cuadros de medida, o bien clasificarlos como aparatos portátiles que se utilizan en laboratorios.
- **Atendiendo al principio de funcionamiento**. El funcionamiento de los equipos de medida viene determinado por el movimiento de la aguja indicadora en la mayoría de los casos, así podemos distinguir entre:
  - ▷ Magnetoeléctricos: son aquellos cuyo sistema de medida consta de una bobina móvil y un imán fijo.
  - ▷ Electromagnéticos: son aquellos cuyo sistema de medida consta de una bobina fija y un imán móvil.
  - ▷ Electrodinámicos: son aquellos cuyo sistema de medida está formado por una bobina móvil y una bobina fija.
  - ▷ Inducción: su funcionamiento se basa en los efectos de la inducción de flujos magnéticos.
  - ▷ Electrostáticos: su principio de funcionamiento se basa en los efectos electrostáticos de las cargas eléctricas.
  - ▷ Electrotérmicos: su principio de funcionamiento se basa en los efectos caloríficos de las cargas eléctricas.
- **Según la precisión con que realice la medida**. Los métodos generales de medida que se utilizan son dos:
  - ▷ El primero, en el que se hace la medición de forma directa, es decir, cuando el parámetro que buscamos puede obtenerse de manera instantánea utilizando el equipo de medida adecuado. Por ejemplo cuando buscamos el valor de una tensión y para ello utilizamos un voltíme-

tro, cuando buscamos el valor de la intensidad eléctrica y utilizamos un amperímetro, que nos da la lectura de forma inmediata.

- En el segundo caso se realizaría la medición de forma indirecta, es decir, el parámetro que buscamos no se obtiene de forma inmediata midiendo en un determinado aparato de medida, sino que a través de dos parámetros ya medidos y obtenidos, y por medio de una expresión matemática, obtenemos el parámetro deseado. Sería el caso en el que obtenemos el valor de una resistencia, haciendo uso de otros parámetros ya medidos anteriormente.

3. Medidas de tensión y de intensidad

3.1. ¿Cómo podemos medir intensidad de corriente?

Para llevar a cabo la medición de la intensidad de corriente vamos a utilizar el equipo de medida apropiado, en este caso un amperímetro (A).

La forma de conectar un amperímetro es siempre en serie con el receptor, y va conectado de forma intercalada, al conductor por el que circula la corriente. A continuación se puede observar en la figura la manera de medir intensidades de corriente.

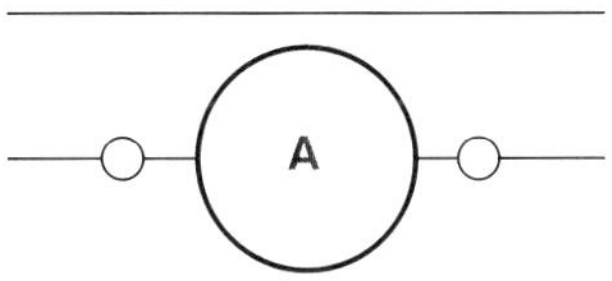

3.2. ¿Cuál es la manera correcta para medir tensiones?

Para llevar a cabo la medición de la tensión eléctrica, debemos saber que el aparato empleado para realizar esta medición es el voltímetro, y la forma de conectarlo es siempre en paralelo con el receptor, con un terminal en una fase y el otro terminal en el neutro, es decir, entre los conductores donde exista una diferencia de potencial.

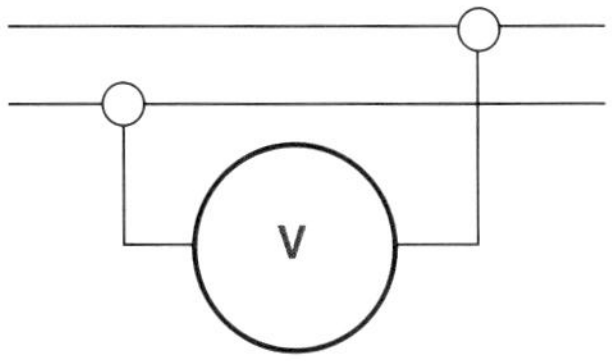

4. Algunas características que presentan los equipos de medida

Debemos saber que los amperímetros con sistema de medida magnetoeléctrico solo se utilizan para corriente continua porque como máximo mediría hasta 100 mA, debido al fino conductor que lleva su bobina.

Los amperímetros con sistema de medida electromagnético, utilizados tanto en alterna como en continua, pero preferiblemente para corriente alterna, pueden llegar a medir en un rango de 0,5 A hasta los 300 A ya que están formados por una bobina de gran sección, es por ello por lo que se suele emplear en cuadros de medida de redes de distribución. Los amperímetros de tipo electrodinámicos pueden medir de forma directa hasta 10 (A). Los amperímetros cuando se emplean como aparatos portátiles suelen tener varios campos de medida.

En cuanto a los voltímetros, podemos distinguir entre voltímetros que presentan un sistema de medida magnetoeléctrico, electromagnético, electrodinámico o con varios campos de medidas.

5. Medida de resistencias

Para medir resistencias de conductores eléctricos se emplean tres métodos:

1. El **método voltiamperimétrico**, se trata de una medición indirecta ya que calculamos el valor de la resistencia, una vez que conocemos la intensidad de corriente que atraviesa la resistencia y el voltaje. Basta aplicar la Ley de Ohm para obtener el resultado. Este método presenta dos variantes conexión en U, donde el voltímetro se intercala en paralelo en la resistencia a medir, y la segunda variante sería conexión en I, donde lo que se mide es la intensidad que circula por la resistencia.
2. **Método de comparación**, se trata, al igual que el anterior, de un sistema de medición indirecta, y consiste en comparar un parámetro, por ejemplo la intensidad de corriente, de un conductor cuya resistencia conocemos, con la intensidad de corriente del conductor cuya resistencia queremos calcular. Este método presenta dos variantes, una sería por comparación de intensidades donde el amperímetro se conecta en serie con la resistencia que queremos conocer y hacemos lo mismo con una resistencia de la que conozcamos su valor y comparamos. La segunda variante consistiría en comparación de tensiones, donde se comparan dos tensiones que son producidas por la misma intensidad, en dos resistencias que están en serie.
3. El tercer método consiste en la **medición directa a través del equipo de lectura correspondiente**, para el caso de las resistencias usaríamos un ohmímetro.

Es aconsejable saber que antes de realizar cualquier medición debemos ajustar el equipo a cero, y en el caso de medición de resistencias, no deberemos tocar nunca con las manos la resistencia que se quiere medir pues se añadiría nuestra resistencia corporal en paralelo y estaríamos tomando lecturas de valores que son erróneos.

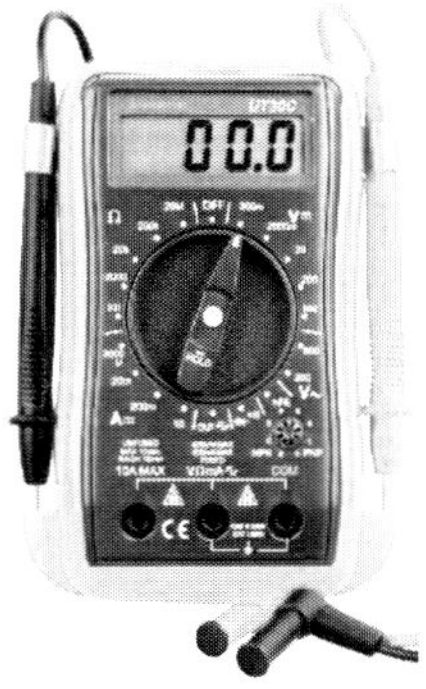

6. Medida de potencia activa y reactiva

El vatímetro es un aparato de medida que permite registrar la potencia activa o real disipada en un circuito eléctrico.

Al igual que el polímetro, el resultado puede expresarse de dos formas según sea un vatímetro digital, cuando la representación es numérica, o un vatímetro analógico cuando la medida se representa mediante una aguja indicadora en una escala graduada.

El principio de funcionamiento de los vatímetros analógicos se basa en el principio electrodinámico, empleándose para la medición una bobina voltimétrica, de conductor fino, devanada con muchas espiras y una bobina amperimétrica, bobina con menor número de espiras y conductor grueso, que registra la corriente que atraviesa la carga.

Los vatímetros digitales muestran en la pantalla la lectura de cada una de las bobinas, la voltimétrica y la amperimétrica, por separado, de forma que podemos usarlos como voltímetro y amperímetro seleccionando adecuadamente sus controles.

Así, por medición indirecta, podemos calcular el factor de potencia, dividiendo lo que tenemos registrado como vatímetro entre el producto de los valores que han registrado las bobinas voltimétrica y amperimétrica.

7. Vatímetro analógico monofásico

Este tipo de vatímetro basa su funcionamiento en el vatímetro electrodinámico. Está formado por una bobina fija que constituye el sistema de medida amperimétrico, que va conectado en serie con el receptor cuya potencia se quiere medir. Es una bobina de pocas espiras y conductor grueso.

La bobina móvil forma el sistema de medida voltimétrico, al que se le suele intercalar una resistencia adicional en serie, y se conecta en paralelo con el receptor cuya potencia se desea medir. Esta bobina móvil, al contrario de la bobina fija del sistema amperimétrico, está formada por muchas espiras y de conductor muy fino.

De esta forma, por la bobina fija circula la misma intensidad de corriente que por el receptor y en los bornes de la bobina móvil existe la misma diferencia de potencial que en bornes del receptor.

Medida de potencia en un sistema monofásico.

A continuación podemos observar la conexión de un vatímetro analógico monofásico para medir la potencia de la carga. La bobina amperimétrica se conecta en serie con la fase y la bobina voltimétrica se conecta en paralelo con la carga.

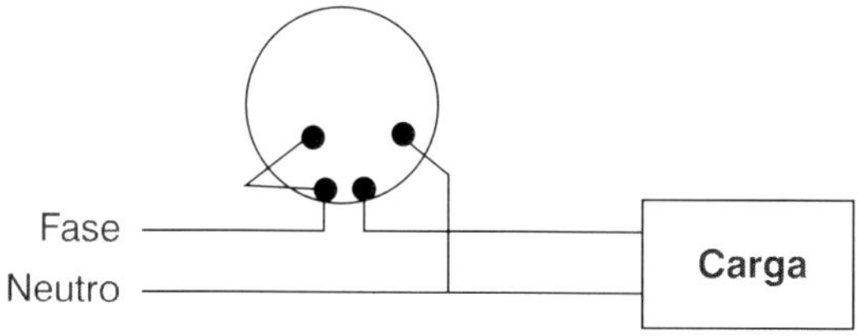

8. Vatímetro trifásico

Se basa en la medida de la potencia de un sistema trifásico por el método de los dos vatímetros.

El método se basa en colocar dos vatímetros, como puede observarse en la figura siendo:

- Lectura del primer vatímetro:

$$P_1 = - U_2 I_1$$

- Lectura del segundo vatímetro:

$$P_2 = U_1 I_2$$

- Siendo la potencia total la suma de la lectura de los dos vatímetros.

$$P = P_1 + P_2$$

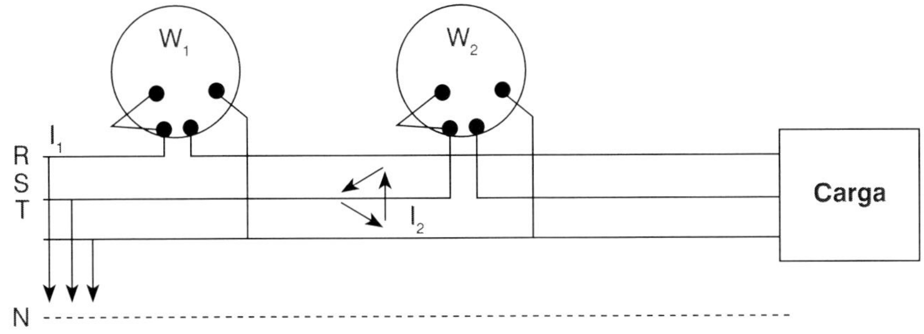

9. El vatímetro digital

El vatímetro digital presenta el resultado de la medida en un visualizador de tipo digital.

Cuando las tensiones e intensidades son elevadas, se utilizan dos transformadores de medida: un transformador de intensidad y un transformador de tensión, para reducir estas magnitudes a valores adecuados.

Mediante la resistencia del secundario del transformador de intensidad, se transforma la intensidad en tensión.

En la siguiente etapa el multiplicador analógico produce como salida el producto de las tensiones que es proporcional a la potencia instantánea producida por la carga.

En la siguiente etapa, el integrador de valor medio, produce a su salida una señal que es proporcional al valor medio de la potencia instantánea, es decir proporcional a la potencia activa.

El convertidor analógico-digital se encarga de cuantificar la señal analógica de potencia de la etapa previa, emitiendo el resultado numérico por el display o lo almacena en la memoria para realizar operaciones posteriormente.

Antes de realizar una medida con este aparato conviene saber que:

1. Debemos asegurarnos que está seleccionado correctamente el botón correspondiente a la función o medida que vayamos a realizar.
2. Comprobar que el rango seleccionado (en caso de que se trate de medida de ACV o potencia) es el adecuado para el valor que se espera medir.
3. Realizar el conexionado adecuado para la medida que vaya a efectuarse.
4. Desconectar el equipo siempre que se modifique el conexionado.

Ejemplo de vatímetro digital. Características técnicas. Vatímetro digital.

- **Cuando funciona como vatímetro** tiene las siguientes características:

  Rango: 2000 W, Resolución: 1 W.

  Rango: 6000 W, Resolución: 10 W.

- **Cuando funciona como voltímetro (AC)**:

  Rango: 200 V, Resolución: 0,1 V; impedancia de entrada 1 MΩ.

  Rango: 750 V, Resolución: 1 V; impedancia de entrada: 1 MΩ.

- **Cuando funciona como amperímetro** (AC/DC):

  Rango: 10 A, Resolución: 10 mA.

- **Cuando funciona como voltímetro (DC)**:

  Rango: 200 V; Resolución: 0,1 V; Impedancia de entrada: 1 MΩ.

  Rango: 1000 V; Resolución: 1 V; Impedancia de entrada: 1 MΩ.

Se trata de un vatímetro digital con el que la visualización de las medidas se refleja en una pantalla digital de tres dígitos y medio.

Presenta cinco rangos de funcionamiento (seleccionables manualmente mediante los selectores que presenta en su lateral izquierdo):

- ACV (medida de tensión alterna).
- ACA (medida de corriente alterna).
- DCV (medida de tensión continua).
- DCA (medidas de corriente continua).
- WATT (medidas de potencia con dos escalas).

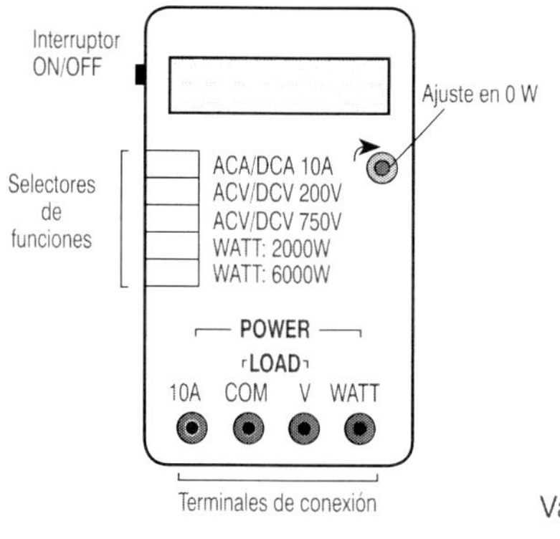

Vatímetro digital

Principales características técnicas:

1. Display de 0,5", de cristal líquido.
2. Posibilidad de uso como amperímetro y voltímetro además de vatímetro (DCV/AC, DCA/ACA, WATIOS).

3. Ajuste cero: permite calibrar la escala del vatímetro exteriormente cuando se realizan medidas de potencia, la calibración se regula internamente para los restantes tipos de medida posibles.
4. Presenta un ajuste automático de la polaridad, visualizándose en la pantalla un signo negativo si se mide a la inversa.
5. Cuando el valor de entrada es superior a la escala seleccionada aparece en pantalla un 1 o un −1 en el caso de que la polaridad estuviera invertida.

A) Medida de potencia con el vatímetro

Para realizar una correcta medición de la potencia con este dispositivo vamos a seguir una serie de pasos:

1. Pondremos el conmutador en ON.
2. Ajustamos el potenciómetro de ZERO ADJS hasta que aparezca en pantalla un cero o un valor próximo a este (antes de conectar el circuito a medir).
3. Determinar anticipadamente el valor máximo de la medida, para elegir la escala adecuada, que en caso de duda, se elegirá la escala máxima 6.000 W, para reducirla posteriormente si es necesario.
4. Comprobar que el conexionado se hace conectando la carga entre "V" y "COM" y la alimentación irá conectada a "10 A" y "WAT".
5. Durante el proceso de medida de la potencia también podremos obtener medidas de intensidad y de tensión, simplemente pulsando los botones correspondientes a visualización de la lectura de la bobina amperimétrica y voltimétrica respectivamente. Por lo tanto podemos también obtener el valor del factor de potencia cos φ como:

$\cos\varphi$ = Lectura en WATIOS /(Lectura en VOLTIOS × Lectura en AMPERIOS).

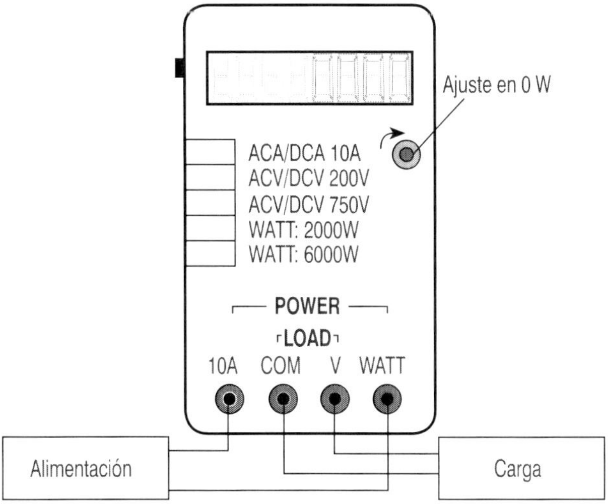

Medida de potencia

B) Medida de tensiones AC/DC con el vatímetro digital (uso como voltímetro)

Los pasos a seguir para la correcta realización de la medida serían los siguientes:

1. Conectaremos los cables de conexionado a los terminales V y COM, y los extremos de los cables al lugar del circuito en el que se desea conocer la tensión (en paralelo).
2. Seleccionar el pulsador de función adecuado, teniendo en cuenta si vamos a medir en continua (DC. o en alterna (AC. y la escala adecuada. En caso de duda elegiremos la de mayor rango.
3. Por último, ya puede conectarse el circuito.

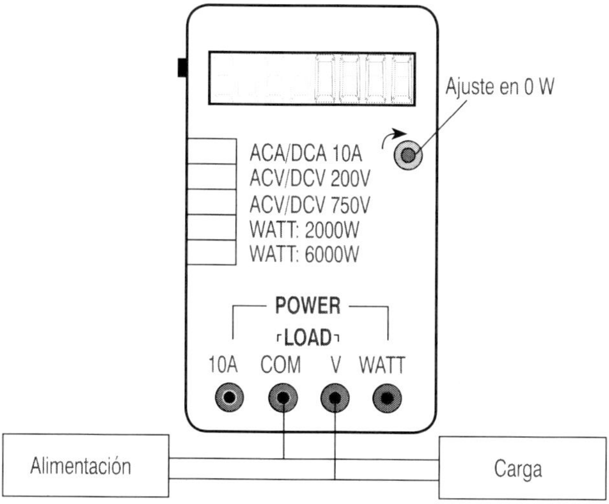

Uso como voltímetro

C) Medida de intensidades con el vatímetro digital (uso como amperímetro)

Los pasos a seguir para la correcta realización de la medida serían los siguientes:

1. Conectaremos los cables de conexionado a los terminales 10 A y COM, y los extremos de los cables al lugar del circuito en el que se desea conocer la intensidad (en serie).
2. Seleccionaremos el primer pulsador de funciones (ACA /DCA).
3. Podemos conectar el circuito.

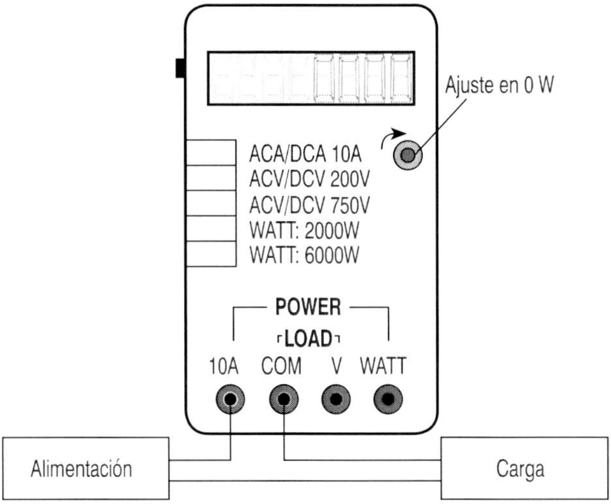

Uso como amperímetro

10. Pinzas voltiamperimétricas

Con este instrumento de medida podemos medir la intensidad de corriente y la tensión de un circuito de corriente alterna. Está compuesta por una pinza o tenaza que no son más que dos piezas metálicas unidas mediante un muelle, que al presionar un botón, la pieza que es móvil se separa de la que es fija y permite abrir y cerrar.

Poseen varias graduaciones, normalmente la escala con color rojo sirve para medir la tensión eléctrica, mientras que la escala en color negro nos permitirá medir la intensidad de corriente eléctrica.

La pinza voltiamperimétrica nos permite la medición de intensidad de corriente alterna sin necesitad de desconectar el circuito eléctrico.

Basta con abrazar con la pinza el conductor por el que circule la intensidad que deseamos medir.

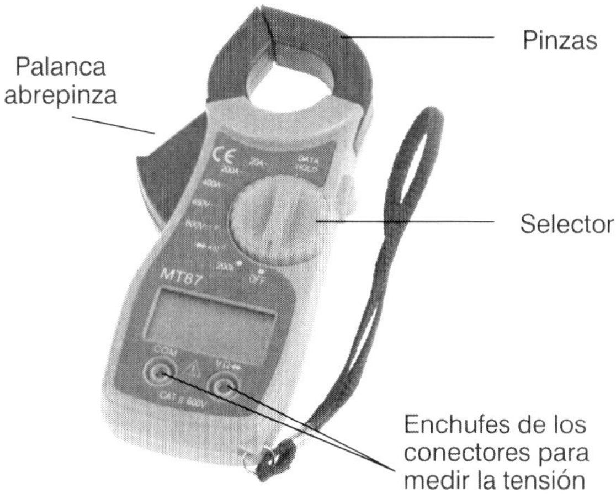

Para la realización de la medida seguiremos los mismos pasos que para los aparatos anteriores, siempre que no tengamos seguridad del valor de la magnitud de la medida a tomar, es recomendable poner el selector de escala en una escala mayor.

11. Otros instrumentos de medida

Sistemas que realizan la evaluación de varios parámetros de una señal eléctrica y los presenta de forma gráfica, numérica o alfanumérica. Podemos dividir los instrumentos de medida en:

a) Instrumentos de medida de señales analógicas.
   - ▷ Polímetros.
   - ▷ Medidores de impedancia.
   - ▷ Osciloscopios.

b) Instrumentos de medida de señales temporales.
   - ▷ Contadores digitales universales.
   - ▷ Analizador lógico.

Las señales analógicas más utilizadas son:

- La señal de continua, que tienen un valor constante a lo largo del tiempo y la velocidad de variación es muy pequeña.
- Las señales alternas senoidales de frecuencia fija, del orden de la red de alterna (50 Hz).

Tanto un tipo de señal como el otro pueden ser de corriente o de tensión.

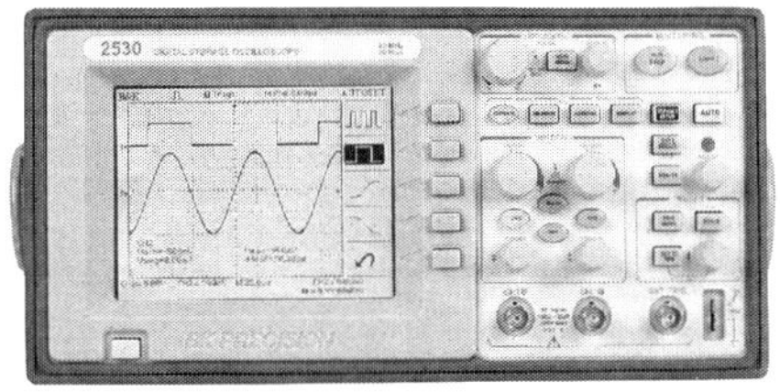

11.1. El polímetro

Es un aparato destinado a la medida de magnitudes eléctricas como pueden ser intensidad de corriente, voltaje o diferencia de potencial, resistencias, capacidades, frecuencias, aunque la mayoría de polímetros que existen en el mercado miden únicamente la corriente, el voltaje y la resistencia eléctrica.

Los polímetros se pueden clasificar en función de la ausencia o presencia de un amplificador electrónico entre sus componentes, de esta forma tendremos dos tipos de polímetros, el polímetro eléctrico, que no lleva amplificador electrónico y el polímetro electrónico que sí lo lleva.

a) **Polímetros eléctricos**. No llevan ningún amplificador y el elemento básico es un galvanómetro de cuadro móvil, que no es más que un imán permanente que crea un campo magnético en cuyo interior gira una bobina a través de la que circula una corriente continua, que es el valor que se quiere medir. Al circular esta corriente se crea un par que hace girar a la bobina unida mecánicamente a un muelle que genera un par antagónico.

b) **Polímetros electrónicos**. Son aquellos que presentan un circuito electrónico que amplifican la señal a medir antes de aplicarla a un aparato de medida. La ventaja que presenta es que la impedancia de entrada es mucho mayor que la de los polímetros eléctricos. Se clasifican a su vez en:

   ▹ *Analógico*. Poseen como elemento de visualización un galvanómetro. Estos aparatos tienen como elemento básico un voltímetro, constituido por un amplificador de tensiones continuas cuya salida se conecta al galvanómetro. Este amplificador inicialmente se realizaba con válvulas y en la actualidad con semiconductores.

   ▹ *Digital*. Utilizan como elemento de visualización un indicador numérico de estado sólido que proporciona a un observador información en el sistema de numeración decimal.

El elemento básico de todo polímetro digital es un convertidor analógico-digital, que es un sistema electrónico que convierte una tensión continua presente en la entrada, en una combinación binaria de n bits a su salida, representada por otros tantos transistores que pueden encontrarse en estado de saturación.

Los polímetros digitales son sistemas que no necesitan una gran rapidez de respuesta y por eso, los convertidores que se incluyen en ellos utilizan métodos de conversión lentos.

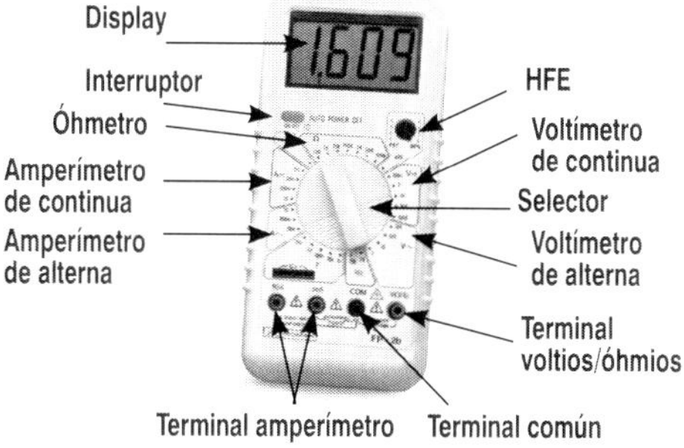

Precauciones que conviene saber para el buen manejo del polímetro:

- En el supuesto de no conocer con cierta aproximación el valor de la medida que vamos a efectuar, comenzaremos a medir situándonos en la escala más alta, y después ir disminuyendo la escala hasta conseguir la resolución adecuada.
- Asegurarse siempre de tener el aparato seleccionado de acuerdo con el tipo de medición que vamos a efectuar, un error en un aparato de intentar medir tensión en el lugar de resistencia, puede dañar el circuito interno, ya que circularía una corriente excesiva.
- También es conveniente saber, sobre todo si vamos a utilizar multímetros analógicos, que no debemos efectuar la medición en las proximidades de campos electromagnéticos fuertes.

11.2. Medidor analógico universal de impedancias

El medidor analógico de impedancias, es un instrumento de medida que nos permite obtener los valores de los resistores, en continua y en alterna, de los condensadores (capacidad y factor de disipación) y de los inductores (inductancia y factor de calidad), dentro de un amplio rango de valores.

Está formado por un conjunto de impedancias resistivas capacitivas e inductivas, que con el apoyo de un conjunto de conmutadores, configuran un mínimo de cuatro puentes de medida.

Para medir la capacidad, se utiliza el puente de Schering, formado por un condensador de referencia y resistores de precisión situados en las distintas ramas del puente que permiten determinar las pérdidas en el condensador sobre el que se realiza la medida.

Para medir la inductancia se utiliza el puente de Maxwell, para inductores con factor de calidad bajo, y para inductores con factor de calidad elevado se utiliza el puente de Hay.

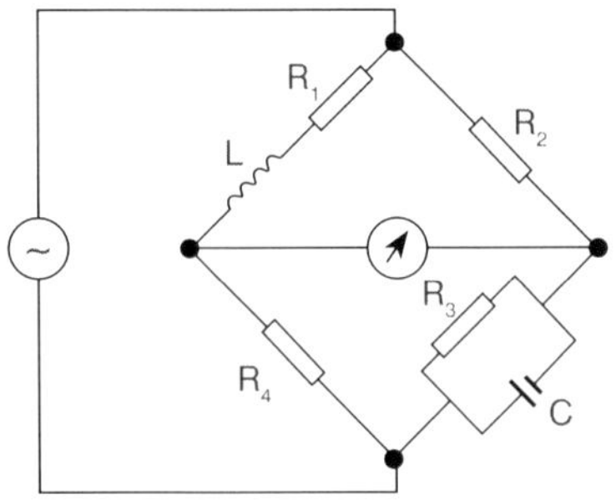

Actividades

Práctica

¿Qué aparato de medida utilizarías para obtener el valor de las siguientes magnitudes eléctricas?

1. Tensión eléctrica.
2. Intensidad de corriente eléctrica.
3. Energía activa.
4. Resistencia.

Responde a las siguientes cuestiones

1. ¿Cómo conectarías un amperímetro?

a) En paralelo con el receptor.
b) En serie con el receptor.
c) En paralelo o en serie, cualquiera de las dos conexiones es válida.

2. ¿Cuál sería la forma correcta de conectar un voltímetro?

a) En serie con el receptor.
b) En paralelo con el receptor.
c) En serie o en paralelo, cualquiera de las dos conexiones es válida.

3. Además de medida de potencia, ¿qué otras medidas se pueden realizar con un vatímetro digital?

a) Solo puede medirse potencia activa.
b) Puede medir además tensión eléctrica.
c) Puede medir además intensidades de corriente y tensiones.
d) Ninguna es correcta.

4. ¿Qué aparatos basan su funcionamiento en los efectos caloríficos de las cargas eléctricas?

a) Los aparatos magnetoeléctricos.

b) Los aparatos electromagnéticos.

c) Los aparatos electrotérmicos.

d) Los aparatos electrostáticos.

5. Para poder realizar una medición de forma adecuada, ¿con cuál de estos elementos no es necesario interrumpir el circuito eléctrico?

a) Amperímetro.

b) Voltímetro.

c) Ohmímetro.

d) Pinza.

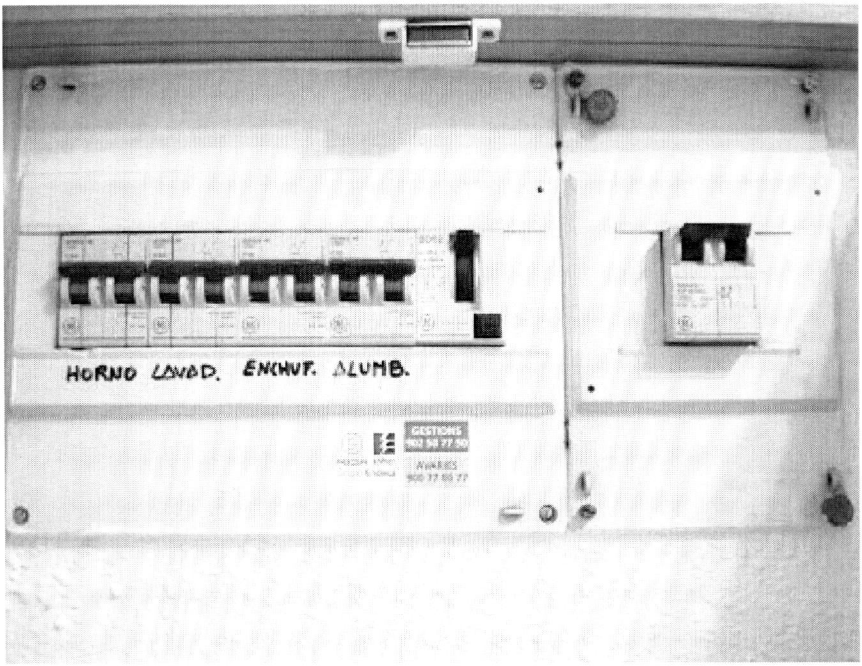

Capítulo 9

Elementos eléctricos de maniobra en baja tensión

Rodio ediciones

Índice

1. Introducción

Son aquellos dispositivos que permiten conectar/desconectar determinados circuitos así como motores eléctricos, entre otros.

Entre estos dispositivos encontramos:

- Interruptores para baja tensión.
- Seccionadores de baja tensión.
- Interruptores para maniobra en carga.
- Interruptores para motores.
- Interruptores de potencia. Elementos constructivos.
- Dispositivos de desenganche de los interruptores de potencia.
- Dispositivos de accionamiento de interruptores de potencia.
- Ventajas de los interruptores de potencia.
- Interruptores y conmutadores para viviendas.

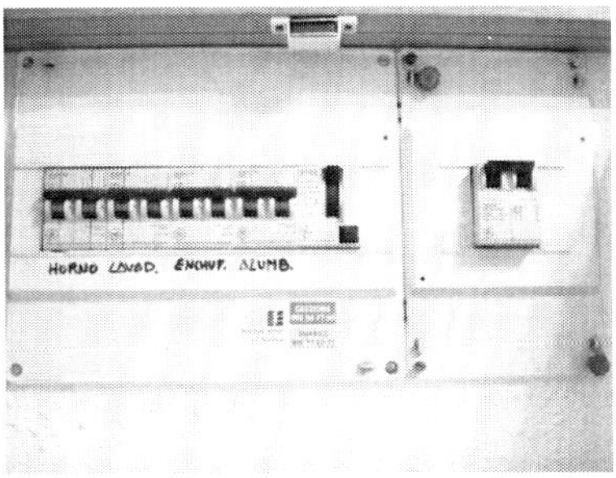

2. Interruptores para BT

El interruptor es un aparato de maniobra destinado a cerrar o interrumpir un determinado circuito.

Podemos clasificar los interruptores atendiendo al modo de funcionamiento, a la clase de accionamiento del que esté provisto, según la forma de extinción del arco, según la finalidad para la que vayan a ser destinados y según la potencia de desconexión.

a) Según el modo de funcionamiento encontramos:
    - ▹ Interruptores con fuerza de retroceso.
    - ▹ Interruptores sin fuerza de retroceso.

b) Según el tipo de accionamiento podemos agruparlos en:

- ▷ Interruptores manuales.
- ▷ Interruptores de pedal.
- ▷ Interruptor de mando a distancia.

Interruptor manual

c) Según la forma de extinción del arco podemos decir que los interruptores son:

- ▷ Interruptores de aire.
- ▷ Interruptores de agua.
- ▷ Interruptores de vacío.
- ▷ Interruptores de aceite.
- ▷ Interruptores de gas a presión.

d) Según para qué vayan a ser empleados los interruptores tenemos:

- ▷ Interruptores que se utilizan como selectores.
- ▷ Interruptores que se utilizan como seccionadores.
- ▷ Interruptores cuya misión es la de proteger.
- ▷ Interruptores de mando.
- ▷ Interruptores auxiliares.

e) El tipo de clasificación más utilizado se hace atendiendo a la potencia de desconexión, que puede ser:

- ▷ Interruptores para maniobras en vacío.
- ▷ Interruptores para maniobra en carga.
- ▷ Interruptores para motores.
- ▷ Interruptores como disyuntores.

Los interruptores para maniobras en vacío solo pueden interrumpir la corriente cuando no llevan carga o esta es muy pequeña.

El seccionador o el seccionador conmutador es un interruptor de maniobra de tipo en vacío.

Al contrario de lo que sucede con los interruptores en vacío, los interruptores para maniobra en carga se utilizan para desconectar circuitos que llevan una corriente superior a la intensidad nominal, incluso existen interruptores de maniobra en vacío que soportan hasta 2 y 4 veces la intensidad nominal dependiendo de cómo sea la carga. Se recomienda abrir estos dispositivos con poca carga.

Estos interruptores suelen utilizarse en alumbrado, motores de corriente continua, calefacción, etc.

Los interruptores que podemos encuadrar dentro de este tipo y que son los que más se utilizan en las instalaciones eléctricas son:

- Interruptor y conmutador de palanca.
- Interruptor y conmutador rotativos.
- Interruptor de paquete.
- Interruptor de tambor.

Dentro del grupo de los interruptores para motores encontramos:

- Interruptores de tambor.
- Contactores.
- Guardamotores.

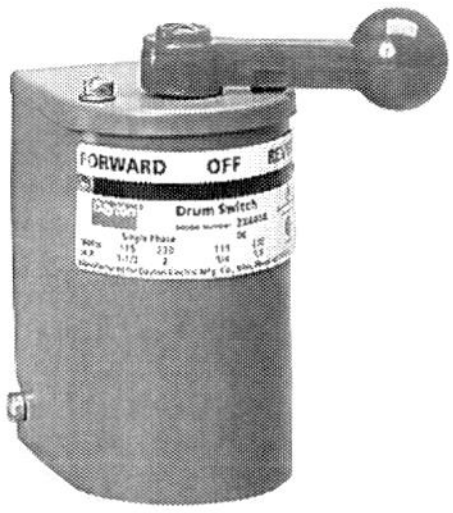

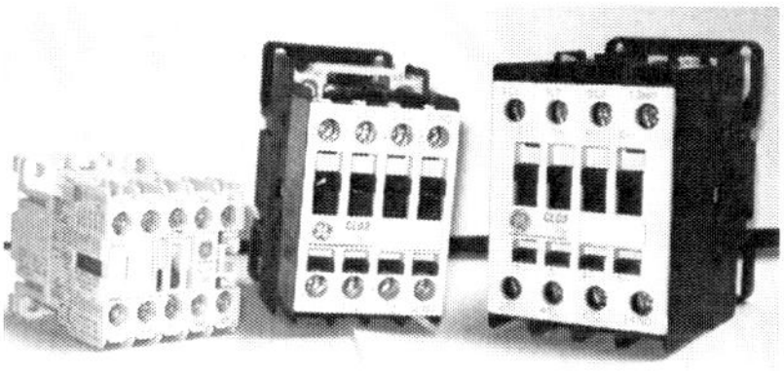

Son aquellos aparatos de maniobra capaces de cortar una intensidad de hasta 6 u 8 veces la intensidad nominal. Se emplean en maniobra directa de motores eléctricos.

Los disyuntores o interruptores de potencia presentan la ventaja de que tienen gran capacidad para cortar intensidades de hasta cortocircuito. Este tipo de interruptor suele emplearse como protección de redes contra cortocircuitos y sobreintensidades.

En estos dispositivos, la capacidad de conexión y desconexión es independiente de la carga, solo depende de la intensidad de cortocircuito de la red.

Por lo tanto, a la hora de elegir un interruptor, debemos plantearnos antes qué potencia de desconexión queremos que tenga, qué función principal será la que desempeñe, con qué frecuencia va a tener que realizar las correspondientes maniobras, etc.

3. Interruptores para maniobra en vacío

3.1. Seccionador de BT

Un seccionador es un dispositivo de mando encargado de romper la continuidad de un conductor siendo la intensidad que recorre mínima.

Estos dispositivos no presentan poder de corte, pero sí tienen poder de seccionamiento, y aíslan de la red al equipo de mando para que se puedan realizar operaciones de mantenimiento. Estos dispositivos **no** maniobran en carga.

Interruptor de maniobra seccionador

Normalmente están dotados de unos contactos auxiliares que se abren antes de que se abran los contactos principales. Por otra parte deberán estar preparados para aguantar las intensidades de pico que pueden producirse cuando funciona este de modo normal.

Para poder manejar un seccionador en baja tensión, se utilizan palancas que en ocasiones suelen estar provistas de un sistema de enclavamiento a posición abierta.

Existen varios tipos de seccionadores:

- Con contactos a presión.
- Con contactos de cuchillas giratorias.

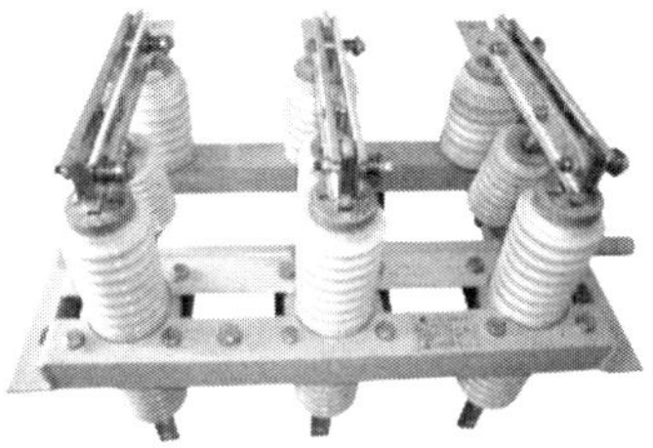

Seccionador de cuchillas giratorias

También existe la posibilidad de combinar un seccionador con un cortafusible de alto poder de corte.

Algunos tipos de seccionadores:

- Seccionador unipolar de cuchillas giratorias.
- Seccionador tetrapolar.

Interruptor

Seccionador exterior

4. Interruptores para maniobra en carga

Este tipo de interruptores se utiliza para conexión y desconexión de intensidad de corriente próximos a la intensidad nominal.

Los interruptores de palanca están formados por una cuchilla que encaja entre dos resortes del contacto, de esta forma el circuito queda cerrado. Los interruptores de tipo palanca pueden ser unipolares, bipolares, tripolares... Las cuchillas quedan unidas por un travesaño aislante donde se encuentra la empuñadura, de forma que pueda maniobrarse sin peligro.

El material del que se componen las cuchillas suele ser el latón o el cobre. Pueden construirse dos cuchillas por polo para intensidades mayores a 400 A. Los contactos del interruptor se montan a una determinada distancia para evitar que se produzca el arco eléctrico.

Para grandes intensidades, cada polo lleva su cámara apagachispas correspondiente. Si los interruptores van a estar montados en instalaciones de viviendas donde se vaya a manipular por personal no especializado, entonces se montarán dentro de una caja protectora de material aislante para evitar accidentes por contacto directo.

Estos interruptores se fabrican de dos tipos:

- De corte rápido.
- De corte lento.

En el interruptor de corte rápido se añade un muelle entre la palanca y la cuchilla, así al coger el mando se va estirando el muelle hasta que la cuchilla queda directamente separada del contacto fijo.

En el caso del interruptor de corte lento, ocurre lo contrario, es decir, al tomar el mando para desconectar el interruptor debe pasar un determinado tiempo desde que se acciona el mando hasta que el interruptor se abre totalmente.

5. Interruptor tripolar de palanca

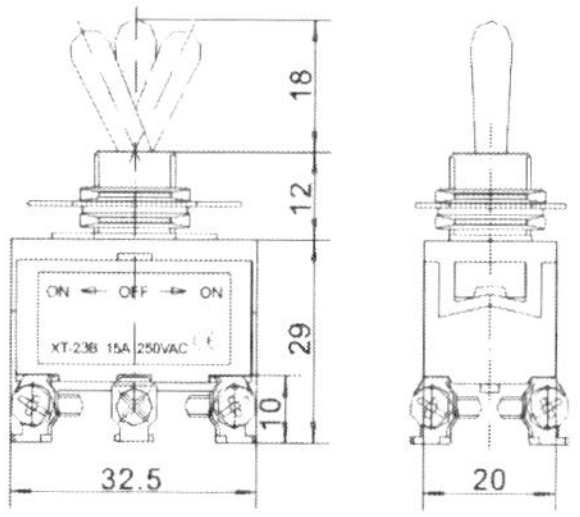

El interruptor de corte rápido es más utilizado para corriente continua y para extinción del arco, mientras que los interruptores de corte lento, se usan más en corriente alterna. También existen en el mercado los conmutadores de palanca muy similares en construcción a los interruptores.

Los interruptores de corte rápido presentan más ventajas sobre los conductores de corte lento.

Para el mando de motores, el dispositivo que se utiliza es el interruptor de tambor.

6. Interruptores para motores

Son utilizados para conectar y desconectar motores eléctricos y presentan como característica principal que son capaces de interrumpir intensidades de motor 6 u 8 veces el valor de la intensidad nominal, aunque cuando funcionan normalmente conectan y desconectan intensidades de corriente de valor próximo a la intensidad nominal del circuito a controlar.

Los contactos de estos interruptores están preparados para soportar sobrecargas durante un corto intervalo de tiempo.

Para poder elegir el interruptor más adecuado, tenemos que saber:

- Cuál es la intensidad nominal en el motor.
- Tendremos que tener en cuenta que un motor en el arranque es cuando más intensidad absorbe, un valor de 5 ´6 veces la intensidad nominal del motor, así que este tipo de interruptor estará preparado para conectar corrientes cuando se produzca el arranque.
- Deberán interrumpir la corriente en caso de conexión brusca.
- Tendremos que tener en cuenta el tipo de maniobra, lo que dura un interruptor sin considerar piezas de contacto y lo que dura un interruptor considerando dichas piezas.

Todo esto dependerá de la potencia que tenga el motor, aunque normalmente se suelen cambiar por desgaste las piezas de contacto.

Los interruptores que más se usan para motores eléctricos son:

- Guardamotores.
- Contactores.

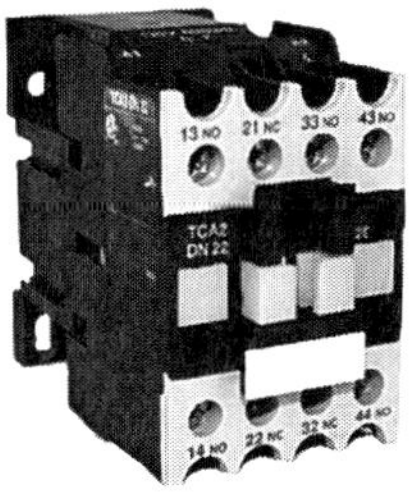

Los guardamotores se encargarán de proteger los devanados de un posible calentamiento por sobrecarga y por supuesto desempeñan la función de conexión y desconexión de los motores.

Lo que se suele utilizar normalmente para proteger de sobrecargas son los relés térmicos, instalado en cada uno de los polos del interruptor.

Los relés térmicos desconectan además en caso de cortocircuitos a tierra.

Los guardamotores suelen utilizarse como:

1. Interruptores de trinquete.
2. Contactos protectores.

7. Interruptores de potencia

Los interruptores de potencia son los llamados disyuntores. Su función es proteger de sobrecargas y cortocircuitos. Los interruptores de potencia están formados por:

- Disparadores de sobrecarga.
- Disparadores de cortocircuito.
- Desenganche libre.
- Capacidad de corte de cortocircuito.

  Formados a su vez de diferentes sistemas de disparo:

  - ▷ Contra subtensión.
  - ▷ Contra sobretensión.
  - ▷ Contra corrientes a tierra.

El poder de corte de estos dispositivos será como mínimo la máxima intensidad de cortocircuito.

Estos dispositivos quedan conectados durante varios días o semanas, no como en el caso de los guardamotores o contactores en los que el número de maniobras diarias era más elevado.

Si se construyen solamente con una frecuencia de maniobra de 100.000 maniobras solo podremos admitir como mucho unas 30 maniobras diarias.

Los interruptores de potencia con intensidades nominales superiores a los 400 A llevan los contactos principales fabricados en plata fina (que conserva mejor sus propiedades a pesar de haber estado sometidos a sobrecargas), esto se debe a que no disponen de limpieza automática, como es el caso de los contactores, que eliminan la suciedad que puedan tener gracias al arco, y deben tener una fuerza mayor en los contactos para conservar su reducida resistencia.

Además de los contactos principales y los contactos de ruptura existen unos contactos intermedios, que se utilizan por seguridad.

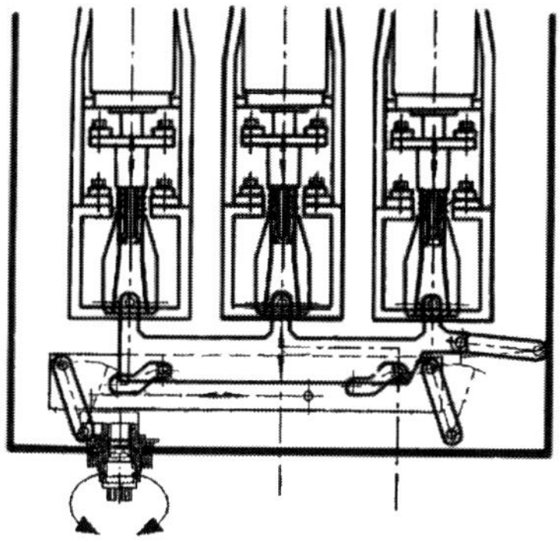

Cuando la intensidad supera los 400 A, el arco de ruptura es empujado hacia la cámara de extinción, para poder reducir el arco en caso de carga inductiva, las cámaras de arco tienen unas placas metálicas que se encargan de desionizar y enfriar los gases del arco. Cuando la capacidad de desconexión se supera puede ocurrir lo siguiente:

- Que el interruptor no pueda desconectarse porque tenga los contactos soldados entre sí.
- El arco siga existiendo entre contacto fijo y móvil.
- Puede ocurrir que el arco salte a aquellas partes que están puestas a tierra produciendo así un cortocircuito secundario en los bornes de entrada del interruptor.
- Debido a los efectos térmico y electrodinámico de las corrientes de cortocircuito pueden quedar dañados algunos elementos del interruptor.

Es muy importante a la hora de elegir el interruptor de potencia no guiarse únicamente por la intensidad nominal sino también por la intensidad de cortocircuito en el punto de montaje de la red.

Algunos interruptores vienen instalados con relés térmicos de sobrecarga, relés magnéticos de sobreintensidad y relé de mínima tensión.

Otros tipos de interruptores pueden llevar algunos de los siguientes elementos:

- Relé electromagnético sobre trafo de intensidad.
- Relé electromagnético directo.
- Relé independiente sobre trafo de intensidad.
- Relé magnetotérmico para proteger de cortocircuitos y sobrecargas.

Los relés electromagnéticos sobre transformadores de intensidad se utilizan en corriente alterna, mientras que el relé electromagnético directo se usa con corriente continua.

Actividades

Práctica

Clasifica los diferentes elementos de maniobra atendiendo a la potencia de desconexión.

Responde a las siguientes cuestiones

1. **Un interruptor de tambor se utiliza para:**
   a) Interruptores en carga.
   b) En vacío.
   c) Interruptores en carga y motores.
   d) Solo se utiliza en motores.

2. **Los seccionadores de baja tensión:**
   a) No aíslan de la red el equipo de mando.
   b) Solo tienen poder de corte.
   c) Aíslan de la red el equipo de mando.
   d) Todas son falsas.

3. **Los guardamotores además de permitir la conexión y desconexión de motores:**
   a) Protegen a sus devanados frente a un calentamiento por sobrecarga.
   b) Pueden actuar como seccionadores.
   c) Pueden ser de ruptura lenta y de ruptura rápida.
   d) Todas las anteriores son falsas.

4. **Los relés electromagnéticos sobre transformadores de intensidad se utilizan:**
   a) Para corriente continua.
   b) Para corriente alterna.
   c) Para corriente alterna y continua indistintamente.
   d) Todas son falsas.

5. **¿Cuál de las siguientes opciones es un sistema de disparo del interruptor de potencia?**
   a) Con toma de tierra.
   b) Contra intensidad.
   c) Contra contactos indirectos.
   d) Contra subtensión.

Capítulo 10

Principios de regulación y control

Rodio ediciones

Índice

1. El control lógico programable

Hasta hace unos años, los procesos de automatización se realizaban con el control de secuencias de operación a base de cuadros de relés y módulos especiales para controlar ciertas variables.

Gracias al avance de la tecnología, se consiguió sustituir la antigua lógica cableada que usaba transmisores electrónicos y unidades lógicas y de tiempo, por la actual lógica programada.

Estos sistemas de lógica cableada, presentaban el inconveniente de que eran menos flexibles que la lógica programada, ya que cuando el programa era modificado, el sistema requería de un recableado nuevo, para la nueva aplicación y todo esto requería de mucho tiempo y un mayor coste.

La nueva generación de PLC comenzó en la década de los 70, aunque fue en los 80 con la llegada de microprocesadores dotados de memoria y características de entrada y salida, cuando se dieron a conocer estos dispositivos.

El MODICON 0,84 fue el primer PLC del mundo producido comercialmente.

En la actualidad, estos dispositivos son capaces de realizar operaciones aritméticas, manipulaciones de datos, gracias a la memoria pueden almacenar gran cantidad de datos.

Hoy en día los PLC se utilizan por ejemplo para controlar líneas de ensamblado de productos y procesos químicos entre otros.

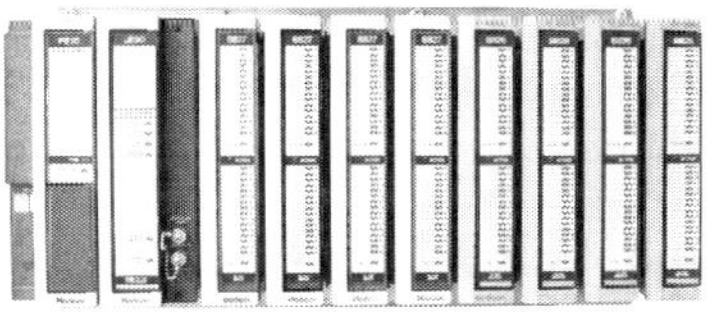

A continuación se citan algunas de las ventajas de los PLC en comparación con la lógica cableada:

- Los PLC presentan gran flexibilidad a la hora de controlar otros sistemas de forma sencilla.
- Están preparados para diseñar controles mucho más complejos.
- Son de fácil programación y presentan un menor tiempo de actividad del proceso.
- Sus componentes tienen una larga vida útil.
- Presentan gran velocidad de operación y están diseñados para operar en condiciones extremas de humedad, altas temperaturas, bajo influencia de campos magnéticos, etc.
- Capacidad de entradas y salidas.

- En el caso de eliminar un proceso, se vuelve a reutilizar el sistema de control para otras aplicaciones.
- Se pueden modificar los programas con el sistema funcionando.
- Se le pueden aplicar otros periféricos.

2. ¿Qué es el control lógico programable?

Un PLC como suele llamarse, es un dispositivo de control, que dispone de una memoria interna donde almacena información, que luego utiliza para implementar funciones que controlarán determinados procesos.

Un PLC está formado por los siguientes elementos:

- Unidad central de procesos (CPU). La Unidad Central de Procesos se encarga de todo el control interno y externo, del PLC, y además interpreta las instrucciones del programa.
- Módulos de entrada y de salida (E/S).
- Una fuente de alimentación.
- Dispositivos periféricos.
- Interfaces.

En función de la información almacenada en la memoria, y de los datos que recibe de las entradas, genera unas determinadas señales a la salida.

3. Estructura de un controlador lógico programable

En el mercado existe gran variedad de PLC, con diferentes características.

Podemos decir que un PLC está formado fundamentalmente por 3 partes diferenciadas.

- La unidad de control de procesos (CPU).
- Memoria.
- Sistemas de entrada/salida.

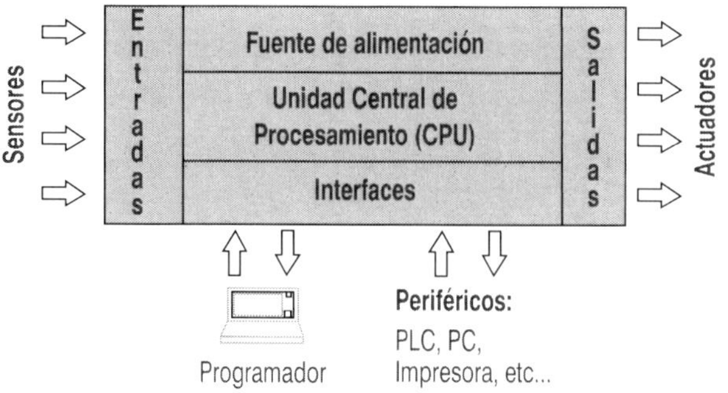

A) Unidad de control de procesos (CPU)

Es la unidad que dirige y controla e interpreta todas las funciones del control programable, se encarga del control interno y externo.

La CPU recibe la información de las entradas, ejecuta las órdenes lógicas según el programa almacenado en la memoria, y controla los dispositivos de salida según los resultados.

Normalmente los PLC suelen llevar una CPU, aunque existen PLC que disponen de dos unidades de control de procesos.

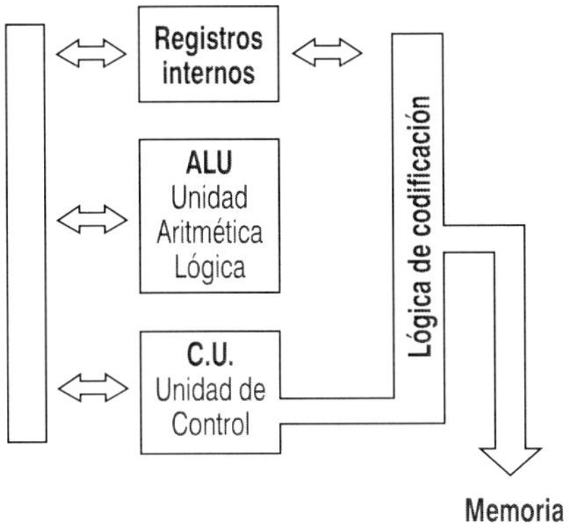

Dispone también de un microprocesador que lleva incorporado su propio lenguaje, que es un lenguaje máquina. Los microprocesadores que se utilizan habitualmente son los de 8 y 16 bits.

La ALU (unidad aritmética lógica) es la encargada de realizar las operaciones lógicas, operaciones aritméticas, lectura y modificación de datos.

La unidad de control CU gestiona a la unidad de control de procesos con los demás periféricos.

B) Memoria

El PLC dispone de una memoria, donde se almacena la información y los códigos que ejecutarán las funciones programadas para el control del proceso.

En la memoria se almacenan los datos del proceso, variables internas, datos alfanuméricos y constantes, etc.

Los tipos de memoria que existen son:

- Memoria RAM (Random Access Memory): es una memoria de lectura y escritura.

- Memoria ROM (Read Only Memory): memoria de solo lectura, no es reprogramable.
- Memoria EPROM: memoria de solo lectura reprogramable con borrado por ultravioleta.
- Memoria EEPROM: memoria de solo lectura, alterable por medios eléctricos.

La memoria RAM es la que se utiliza principalmente como memoria interna. Las memorias ROM y EPROM se utilizan para guardar programas.

La memoria interna que tiene el PLC se utiliza para almacenar datos de variables, entradas, salidas, señales de estado, etc.

La memoria de programa es una memoria externa, donde se almacena el programa escrito por el usuario, estas memorias son siempre del tipo RAM, EPROM, EEPROM.

Memoria EPROM

Para poder programar la memoria necesitamos un interfaz, es decir, un medio de comunicación entre el programador y el PLC para poder grabar el programa con las instrucciones que van a determinar un proceso. Esta interfaz se lleva a cabo mediante la conexión del dispositivo PLC al ordenador personal en el que existe un software para este tipo de aparatos.

C) Entradas y salidas

Los módulos de entrada y salida conectan el controlador con el proceso. Conectan el PLC con el proceso en cuestión

Las entradas y salidas de un PLC pueden ser:

- Digitales.
- Analógicas.
- Especiales.

PLC con 32 variables de entradas y salidas

Las E/S digitales presentan dos estados diferentes, ON y OFF, encendido y apagado, contacto abierto o cerrado, etc.

Algunos valores de tensión de entradas más usuales pueden ser: 5VDC, 24VDC, 48VDC, 220VAC.

En las salidas, los aparatos más usuales son los relés.

Las E/S analógicas convierten por ejemplo una intensidad o una tensión en una expresión binaria, mediante conversores analógicos digitales (ADC).

Las E/S especiales se utilizan cuando las E/S tanto digitales como analógicas no han dado buen resultado en el proceso, porque el programa puede que necesite un número elevado de instrucciones, para poder obtener el dato requerido por el dispositivo PLC.

Características técnicas de entradas digitales:

Tensión de trabajo (V):

100/120 ac;	200/240 ac;	24 cc;	5 cc.

Tensión de funcionamiento:

85-132;	170-265;	10-30	4,5-5,5.

Entradas:

4/8/16	4/8/16	8/16	16

Consumo de corriente (A):

0,035/50/85	0,035/50/85	0,050/0,140	

Retardo ON/OFF (ms):

35/45	35/45	8/160.25/0.45	

Tensión des. máx. (V):

30	50	5	5.5

Corriente des. máx. (mA):

2	2	1	4.1

Corriente nom. entr. (mA):

12	12	8	3.7

Características técnicas de salidas digitales:

Tensión de trabajo (V):

120/2450 ac	24cc	5TTL	relé ac/cc

Tensión de funcionamiento (V):

85/265	10/50	4,5-5,5	5-265 c/138cc

Salidas:

8/16	8/16	16	4/8/16

Retardo ON/OFF (ms):

0,1/11	0,1/1	0,5/0,5	10/10

Coor. de carga mínima (mA):

10	1	0,15	0

Entradas analógicas. Características técnicas.

a) **Módulos inteligentes**:

- ▹ Basic: Programas en lenguaje Basic. Permite la ejecución de operaciones complejas, cálculos estadísticos, lectura de código de barras, etc.
- ▹ ASCII: Código ASCII, para dispositivos alfanuméricos no inteligentes. Permite la interfaz con el usuario. Entrada de alta velocidad: memoriza y detecta trenes de pulsos, que debido a la velocidad con que se producen, es ilegible para la CPU.

b) **Salidas analógicas**.

- ▹ Contadores. Comunicaciones.
- ▹ Consola de programación.
- ▹ Programadores dedicados.
- ▹ Programadores específicos.
- ▹ Programadores genéricos.

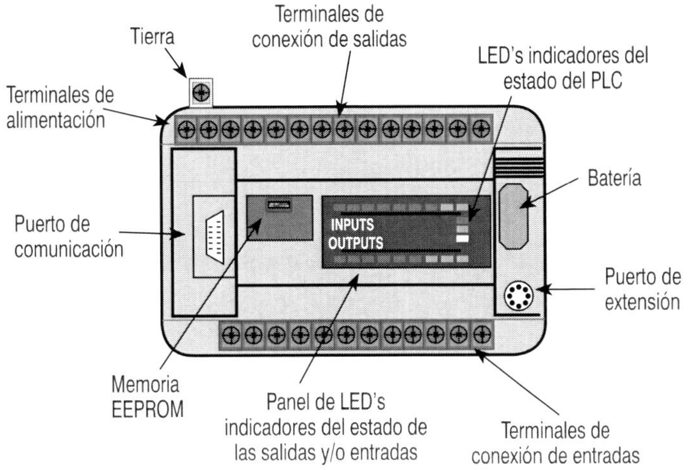

4. Clasificación de un PLC

Atendiendo a la estructura externa, podemos clasificar los PLC como:

- **Compactos**: es un solo bloque donde se albergan todos los elementos que forman el PLC (fuente de alimentación, CPU, entradas, salidas, interfaces...). Este tipo de PLC resulta más económico pero presenta el inconveniente de que no se puede ampliar posteriormente.
- **Modulares**: en los modulares, los diferentes elementos del PLC, se agrupan en módulos. Una estructura muy utilizada consiste en poner en un bloque la CPU con la fuente de alimentación, la memoria y los interfaces y en otro bloque a parte las unidades de entrada/salida, que podrán ser ampliadas con posterioridad según las necesidades.

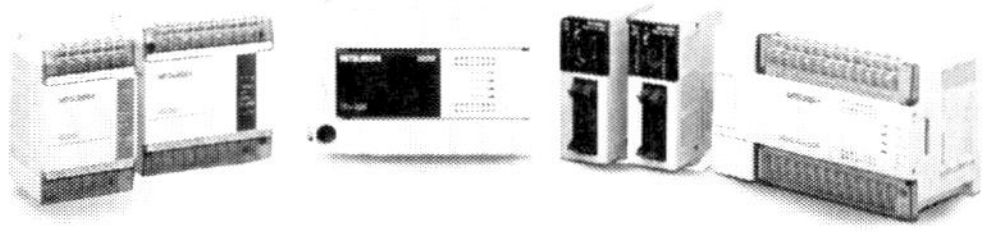

PLC compactos

PLC modular

5. Funcionamiento del control lógico programable

Los PLC ejecutan de forma cíclica las instrucciones que indica el programa y que se almacena en su memoria, de esta forma genera una señal a partir de los datos de entrada y da las órdenes de salida correspondientes. Esto se va repitiendo de forma cíclica.

6. Lenguajes de programación

Es el lenguaje donde se escriben las normas que se le envía al PLC. Existen diferentes lenguajes de programación:

- Listado de instrucciones: consiste en añadir una serie de instrucciones que el autómata deberá ir realizando.
- Con símbolos lógicos: el proceso de programación se lleva a cabo utilizando símbolos similares a los que se utilizan para puertas lógicas.
- Símbolos de contactos: se usan redes de contacto (ladder). Es el lenguaje de programación más utilizado.

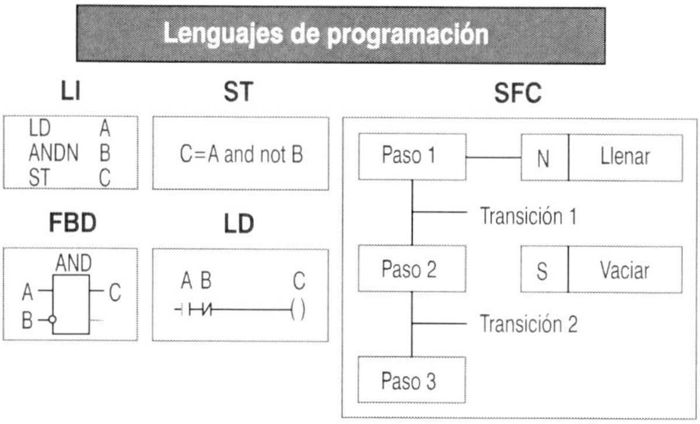

7. Unidades de programación

A través de estos equipos podremos entrar en el programa, pueden ser de varios tipos, de tipo calculadora, PC, o consola.

- Tipo calculadora: se trata de un dispositivo provisto de un teclado y un pequeño visor y se utiliza para modificar datos. Solo permite visualizar 1 o 2 líneas del programa.
- Tipo consola: en este dispositivo se pueden visualizar hasta 20 o 30 líneas del programa.

- Tipo PC: cualquier ordenador que disponga del software y la interfaz correspondiente puede programar un PLC. Se suele utilizar para grandes autómatas.

8. Elementos de escala lógica

A continuación describiremos algunos de los componentes básicos en un programa de escala lógica.

- Contacto. Dispositivo general de entrada. Se puede activar por un interruptor externo lógica de activación interna o función de tiempo. Los contactos pueden ser normalmente abiertos o normalmente cerrados.
- Bobina. Dispositivo general de salida, se suele usar para el manejo de motores. Se utilizan para operar dispositivos externos y temporizadores internos, contadores y banderas.

9. Programación de un PLC (Siemens)

9.1. ¿Cómo funciona un PLC?

En la siguiente imagen se explica cómo funciona la puesta en marcha de un PLC. Se trata de seguir una secuencia realizando un test donde se verifican las conexiones con el exterior. Y se ponen todas las posibles salidas a cero.

El proceso es un proceso cíclico en el que se empieza leyendo el valor de las entradas y después se van ejecutando instrucción por instrucción del programa. Internamente construye lo que va a ser la salida y con los resultados obtenidos se llega al final del programa donde se transfiere toda esa información a la salida. Al terminar este proceso se realiza una prueba interna y se cargan las instrucciones otra vez para poder ejecutarlas de nuevo y así sucesivamente siguiendo un ciclo.

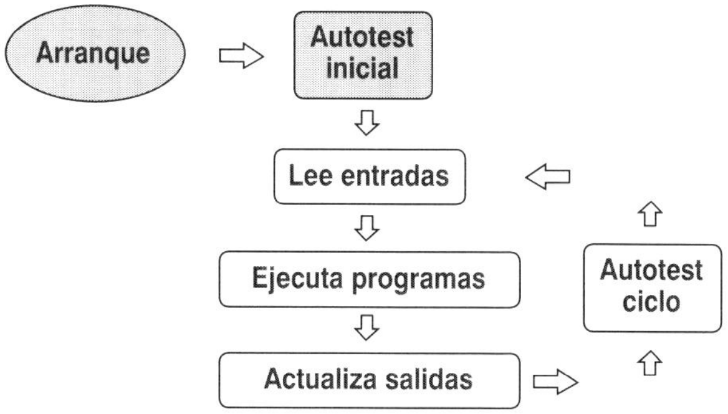

Los elementos importantes para programar un PLC, son entre otros:

- Contactos normalmente abiertos y normalmente cerrados.
- Bobinas.
- Temporizadores. Aquellos dispositivos que regulan el encendido de forma automática.
- Contadores.

Algunos de los símbolos que podemos encontrarnos son:

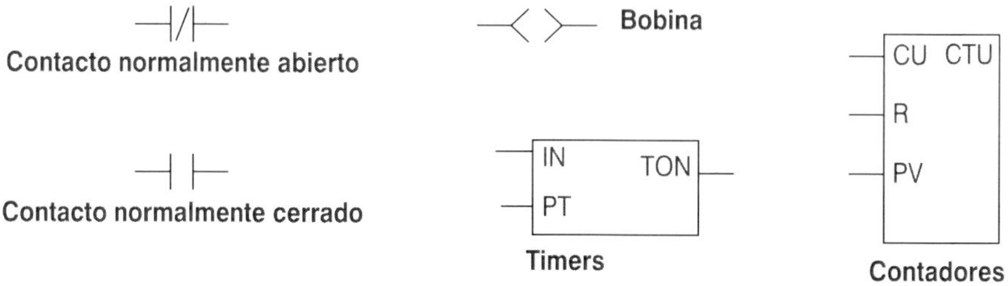

A) Contactos

Los contactos son elementos cuya misión es la de de abrir y cerrar un circuito eléctrico para que no pueda circular la corriente o para establecerla cuando se haya cortado. Estos dispositivos son elementos de entrada, así lo reconoce el PLC, a las entradas se les conoce con la letra I (input).

Cuando se activa un contacto y se cierra (contacto normalmente abierto) se pasa de un estado lógico 0 a 1.

0 Normalmente abierto.

1 Cerrado.

En cambio cuando un contacto se activa y este se abre (contacto normalmente cerrado) se pasa de un estado lógico 1 a un estado lógico 0.

1 Normalmente cerrado.

0 Se abre.

B) Bobinas

Las bobinas son arrollamientos de hilo de cobre en las que al aplicar una determinada tensión, aparecerá a circular una intensidad que creará un campo magnético. Las bobinas en los PLC son los electroimanes de relevadores eléctricos. Son elementos internos del PLC aunque también pueden ser salidas.

Cuando se representan internamente, hacen la función de electroimán, la principal característica será entonces la M y la V.

Cuando funcionan en las salidas se suelen representar con la letra Q. Lo más normal es que se usen en salidas para representar a motores eléctricos, solenoides, etc.

C) Temporizadores. Diferentes tipos

Existen diferentes tipos de temporizadores. A continuación se muestran las características de los que más se utilizan por ejemplo para un lenguaje KOP.

- S_IMPULS: es un temporizador de impulso. Corresponde al tiempo máximo en el que la señal de salida se encuentra a 1. Es el tiempo programado.
- S_VIMP: en este caso la señal de salida permanece en 1 durante el tiempo que se haya programado.
- S_EVERZ: para estos temporizadores, la señal de salida será 1 cuando acaba el tiempo que se ha programado. Mientras la señal de entrada continúa siendo 1.
- S_SEVERZ: la señal de salida será 1 solo si el tiempo ha concluido.
- S_AVERZ: en este caso la señal de salida será 1 si el temporizador está en funcionamiento. El temporizador arranca cuando en la entrada la señal pasa de ser 1 a ser 0.

Ejemplo 1

El primer ejemplo consiste en armar un motor en escalera que encienda un motor eléctrico a través de un contacto y que se apague al accionar otro contacto.

Observamos que a la entrada tenemos un contacto I.00, I.02 y las bobinas M0.0 que es un elemento interno del PLC.

La salida que es un motor eléctrico viene representada por Q 0.0

Al accionar el elemento I 0.0, se activa la bobina M 0.0 ocasionando el cierre del contacto auxiliar M0.0 con lo cual se encenderá el motor eléctrico.

El contacto auxiliar M0.0 se utiliza como retroalimentación al circuito. El hecho de retroalimentarlo se debe a que los contactos de entrada son de pulso y por lo tanto se encuentran en 1 hasta que lo soltemos, que caerá a cero. Para que esto no ocurra se retroalimenta de esta manera.

Encendido y paro de motor eléctrico

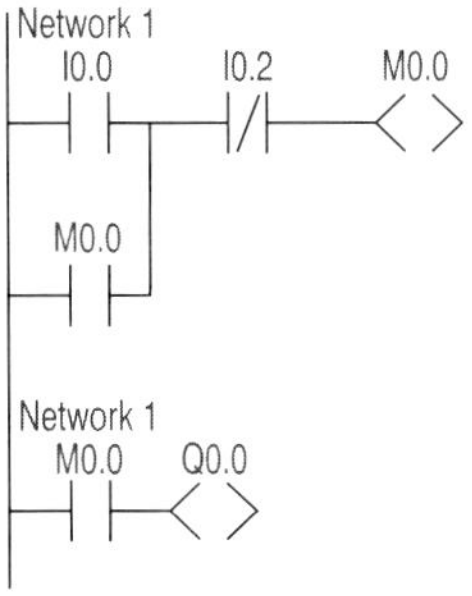

El motor solo se detendrá cuando se pulse el contacto I 0.2 que cortará la retroalimentación existente en el circuito.

Otro tipo de programación podría ser realizar en lenguaje escalera, un programa que encienda el paro de un motor eléctrico. Además deberá contar con protecciones para el motor de forma que si existiera una sobrecarga, este se detuviera en el momento, y que se detenga también cuando exista alta temperatura del motor. Para este caso tendríamos que hacer uso de elementos como el temporizador y contador.

10. Otros tipos de entornos

Para poder programar el PLC en el entorno STEP-7, vamos a seguir una serie de pasos:

- Arrancamos el programa step-7 y crearemos un nuevo proyecto.
- Comprobamos la comunicación con el PLC.
- Editamos el programa.
- Una vez editado el programa lo cargamos y lo ejecutamos en el PLC.
- Por último depuramos el programa.

11. Aplicaciones

Fundamentalmente los PLC se utilizan en aquellas instalaciones donde se llevan a cabo procesos de maniobra y control. Es por ello por lo que su aplicación abarca desde procesos de fabricación industrial, hasta control de instalaciones, transformadores, domótica, etc.

Podemos encontrar fácilmente PLC por ejemplo en:

- Instalaciones de industria plástica.
- Instalaciones de industria azucarera.
- Instalación de tratamientos térmicos.
- Instalaciones de seguridad.
- Instalaciones de aire acondicionado y calefacción.
- Instalaciones domóticas.
- Maquinaria en proceso de arena y cemento.
- Instalaciones de almacenamiento y transporte.

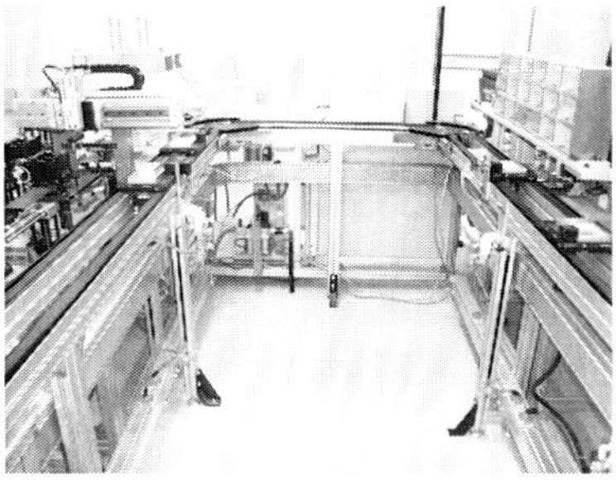

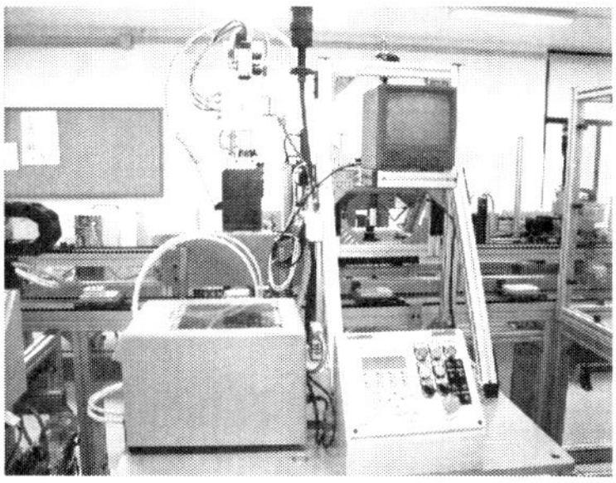

Actividades

Práctica

Realiza un programa que consista en armar un motor en escalera que encienda un motor eléctrico a través de un contacto y que se pare al accionar otro contacto.

Responde a las siguientes preguntas

1. ¿Cuáles de los siguientes forman parte de la estructura de un PLC?

a) La CPU y módulos de entrada y salida.

b) La CPU y fuente de alimentación.

c) b) y c) son correctas.

d) Todas son falsas.

2. La ALU (unidad aritmética lógica) es la encargada de:

a) Gestionar a la unidad de control.

b) Almacenar toda la información que se recoge.

c) Realizar las operaciones lógicas, operaciones aritméticas, lectura y modificación de datos.

d) Todas son falsas.

3. La memoria RAM es una memoria:

a) De solo lectura.

b) De lectura y escritura.

c) De solo lectura reprogramable con borrado por ultravioleta.

d) Todas son falsas.

4. Las entradas y salidas de un PLC pueden ser:

a) Analógicas digitales y especiales.

b) Analógicos y digitales.

c) Las entradas son digitales y las salidas son analógicas.

d) Las entradas son analógicas y las salidas son digitales.

5. Atendiendo a su estructura, los PLC pueden ser:

a) Compactos y modulares.

b) Compactos y de registro.

c) Modulares y de registro.

d) Todas las anteriores son falsas.

Bloque 3

Montaje de circuitos y equipos eléctricos de instalaciones solares térmicas

Capítulo 1

Especificaciones de montaje

Rodio ediciones

Índice

1. Procedimientos y operaciones de preparación del montaje de las instalaciones eléctricas

En cuanto al montaje eléctrico de sistemas solares térmicos, se podrían proponer numerosas soluciones. En este capítulo veremos algunas posibles instalaciones.

2. Elementos de la instalación solar térmica

La instalación eléctrica de un sistema solar térmico suele tratar de la alimentación eléctrica de los siguientes elementos:

a) **Bomba de circulación**: es la encargada de hacer circular el fluido caloportador que circula por los captadores solares. Solo es necesaria en sistemas de circulación forzada.

b) **Sistema de regulación y control**: se encarga de medir la temperatura en el depósito acumulador principal y gobernar el funcionamiento de la bomba de circulación y del sistema auxiliar de energía.

c) **Depósito acumulador secundario**: como sistema de apoyo se utiliza un depósito acumulador auxiliar dotado con una resistencia eléctrica inmersa dentro del depósito. También se puede optar por una caldera de combustión, no estando permitidos los sistemas de calentamiento instantáneo de agua, como pueden ser los termos a gas convencionales.

Por tanto, habrá que prever tres circuitos eléctricos, uno para cada elemento.

3. Cuadro general de protección y mando

Cada circuito deberá estar protegido mediante un interruptor magnetotérmico, que se encontrará situado en el cuadro general de protección y mando de la instalación del edificio.

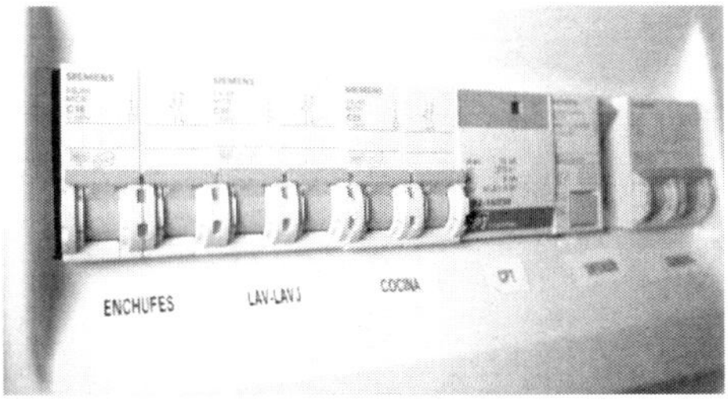

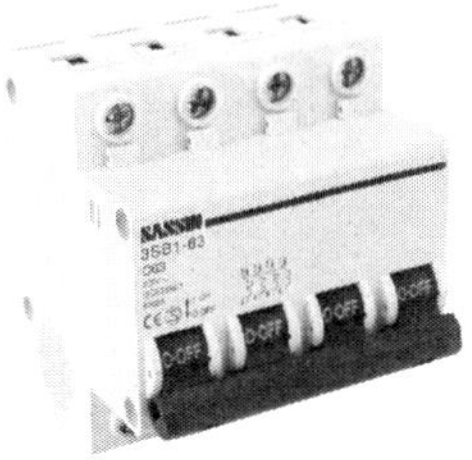

Por lo que el cuadro general debe tener capacidad para añadir entre 1 y 3 interruptores magnetotérmicos bipolares.

4. Sistema de instalación

Se deberá también prever el tipo de instalación de los circuitos eléctricos. Existen numerosos sistemas de instalación, siendo los más usuales:

- **Circuitos empotrados en paredes**: se trata de circuitos alojados en tubos de PVC flexible, empotrado en regolas hechas en los muros y tabiques y enlucidas.

- **Circuitos en montaje superficial**: se trata de circuitos alojados en tubos de PVC rígido, montados en la superficie de los muros y tabiques.

Para la elección del tipo de instalación se deberán tener en cuenta aspectos como:

- Uso de la instalación: industrial, comercial, particular.
- Materiales y acabados de los muros y tabiques.
- Instalación eléctrica existente.
- Distancia entre el cuadro general de protección y mando y la instalación del sistema solar térmico, etc.

5. Cables

En cuanto al cable utilizado para los circuitos, este será de cobre, multifilar, y podrá ser:

- **Cable unipolar**. Con aislamiento de PVC, EPR o XLPE.

- **Manguera tripolar**. Con aislamiento de PVC, EPR o XLPE.

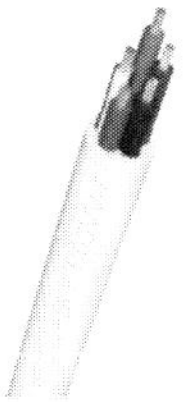

6. Otros elementos

Se necesitarán también otros elementos como:

- **Cajas de derivación**: donde se realizarán las conexiones a los distintos equipos.

- **Fichas de empalme**: para realizar las conexiones.

- **Base de enchufe monofásica con toma de tierra**: los acumuladores eléctricos usados como depósitos acumuladores auxiliares suelen estar provistos con una clavija de enchufe monofásica con toma de tierra, por lo que se deberá colocar una base de enchufe para conectar dicho acumulador.

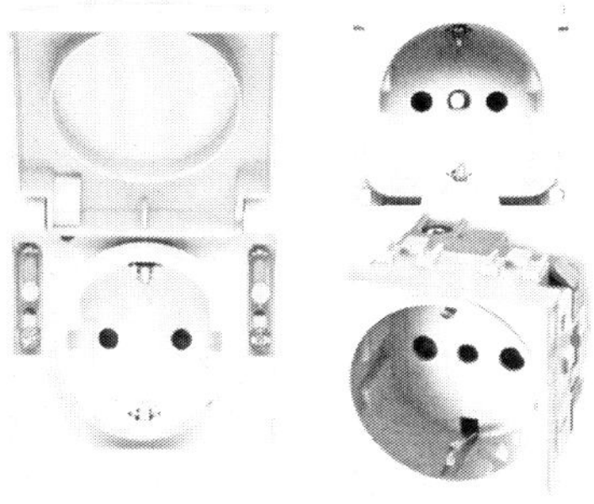

Decir que, como se ha comentado anteriormente, existen multitud de soluciones posibles ante la instalación eléctrica de sistemas solares térmicos, habiéndose descrito las más usuales.

Actividades

Práctica

Indica cuáles son los elementos eléctricos más usuales en instalaciones solares térmicas.

Responde a las siguientes preguntas

1. **Los sistemas de instalación de circuitos eléctricos más usuales son:**
   a) En montaje superficial o sobre bandeja perforada.
   b) Empotrado bajo tubo de PVC o enterrado.
   c) Grapeado o tensado.

2. **En el cuadro de protección y mando del edificio se instalará:**
   a) 2 interruptores magnetotérmicos para cada circuito.
   b) 1 interruptor magnetotérmico para cada circuito.
   c) 1 interruptor magnetotérmico común para todos los circuitos.
   d) No se instalará ningún interruptor magnetotérmico.

3. **El cable utilizado será de:**
   a) Aluminio.
   b) Cobre.
   c) Acero.
   d) Aleación.

4. **El cable utilizado será:**
   a) Cable unipolar con aislamiento de plástico duro.
   b) Manguera tripolar y cable unipolar con aislamiento de PVC, EPR o XLPE.

c) Manguera bipolar con aislamiento de XLPE.

d) Ninguna de las respuestas anteriores es correcta.

5. **¿Dónde se realizan las conexiones para los distintos elementos de la instalación eléctrica?**

a) En las fichas de empalme.

b) En el cuadro general de protección y mando.

c) Empotrado en la pared.

d) En las cajas de derivación.

Capítulo 2

Montaje de circuitos y equipos eléctricos de instalaciones solares térmicas

eRodio ediciones

Índice

1. Fases

Antes de realizar cualquier instalación eléctrica es de vital importancia cortar la alimentación del cuadro general de protección y mando. Para ello pulsaremos el botón de test en el interruptor diferencial situado en el cuadro general.

1.1. Fase 1: Instalación del sistema de montaje de los circuitos eléctricos

En primer lugar se ha de trazar el recorrido de los circuitos sobre los tabiques y muros del edificio, siendo estos siempre paralelos o perpendiculares a las aristas de las paredes, evitando a ser posible recorridos bajo suelos y minimizando el número de curvas en el circuito.

Tras esto, el procedimiento varía según el sistema de montaje:

- **Para montaje empotrado en paredes bajo tubo de PVC**, deberemos abrir con ayuda de martillo y cincel una roza donde se alojarán los tubos de PVC. Abriremos la roza desde el cuadro general hasta la caja de derivación, que estará situada cerca del sistema de energía solar térmica.

Se abrirán también rozas para la caja de empalmes, y a partir de esta, se abrirá una roza para cada circuito hasta donde situemos las bases de enchufe para los distintos elementos, empotrando una caja universal para mecanismos por cada base de enchufe prevista.

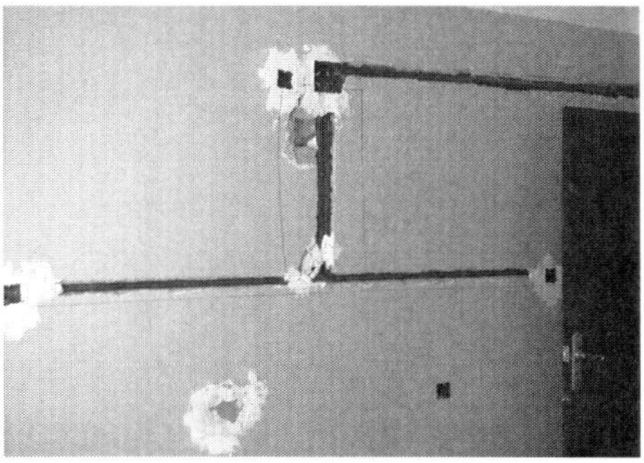

Una vez hechas las rozas, colocamos los tubos de PVC, la caja de derivación y las cajas universales y enlucimos las rozas con el mismo acabado de la pared.

- **Para montaje superficial deberemos anclar el tubo de PVC rígido a las paredes con la ayuda de abrazaderas para tal efecto**. Dichas abrazaderas se sujetarán a la pared con la ayuda de un taladrador-percutor mediante tacos y tornillos, al igual que la caja de derivación y los mecanismos.

Para las curvas se usarán piezas ya curvadas, que se unirán a los tramos rectos siguiendo las recomendaciones del fabricante de los tubos.

Las uniones entre tubos, así como las uniones entre los tubos y la caja de derivación o el mecanismo, deberán ser estancas, para lo cual se suele utilizar prensaestopas.

1.2. Fase 2: Instalación de los conductores

Una vez acabado el sistema de instalación, se introducirán los cables con ayuda de una guía de nylon. Para ello introduciremos primero la guía por el tubo de PVC, empezando por la parte que tiene un muelle. Si cuesta trabajo introducir la guía, se puede aplicar sobre esta talco para que se deslice mejor por el tubo.

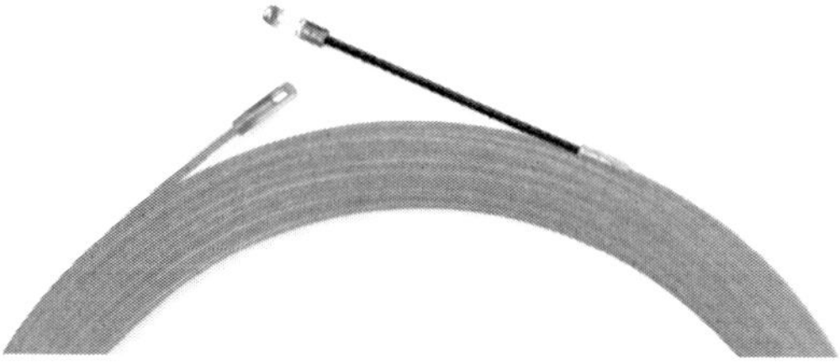

Una vez hayamos introducido la guía completamente, empalmaremos los cables al extremo de la guía que tiene un ojal, cubriendo con cinta aislante el empalme. Se instalarán tres cables por circuito: fase (negro, marrón o gris), neutro (azul) y protección (amarillo-verde).

Hecho esto, tomamos la guía por el extremo del muelle y tiramos poco a poco hasta introducir totalmente el cable.

Repetiremos el proceso para todos los circuitos a instalar, introduciendo los circuitos entre el cuadro general y la caja de empalme.

1.3. Fase 3: Instalación de los interruptores magnetotérmicos

Una vez tengamos los huecos en el cuadro general, colocaremos los magnetotérmicos quitando la tapa del cuadro general e insertándolos en el raíl situado en el fondo del cuadro.

Las conexiones eléctricas de los magnetotérmicos se harán con cable unipolar de la misma sección que el circuito al que pertenece y siguiendo el siguiente esquema:

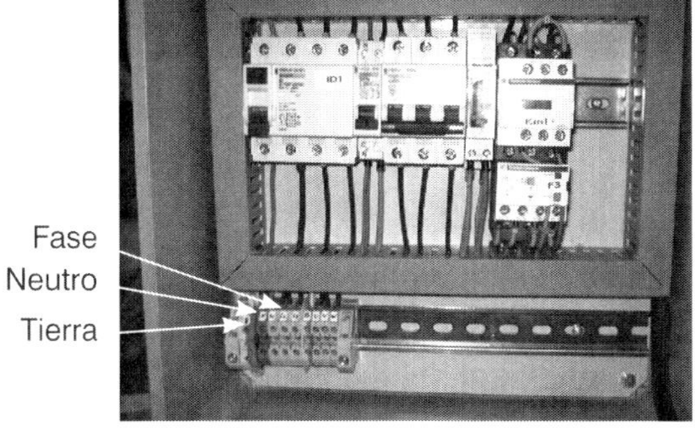

En lugar de utilizar cable unipolar para realizar las conexiones entre los interruptores magnetotérmicos, también se pueden utilizar peines de conexión.

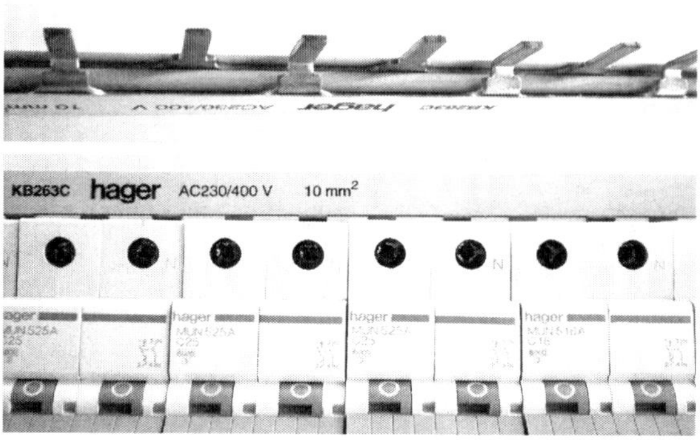

1.4. Fase 4: Instalación de las bases de enchufe

A partir de la caja de derivación y hasta las cajas universales para mecanismos, se introducirán los circuitos siguiendo el mismo procedimiento descrito anteriormente. Mediante fichas de empalme, se realizarán los empalmes en la caja de derivación uniendo fases, neutros y protecciones de cada circuito.

Tras esto, conectaremos las bases de enchufe, conectando fase (marrón, negro o gris) y neutro (azul) a los conectores centrales del mecanismo, y protección (amarillo-verde) al conector lateral del mecanismo.

1.5. Fase 5: Comprobación de la instalación

Una vez finalizado el montaje, deberemos comprobar la instalación. Para ello necesitaremos un multímetro.

Daremos servicio a las bases de enchufe, subiendo todos los magnetotérmicos y diferenciales en el cuadro general, no debiendo saltar ninguna de las protecciones. Para comprobar tensión en las bases de enchufe, colocaremos el multímetro para medir corriente alterna en una escala adecuada para medir 230 V, que es la tensión monofásica reglamentaria. Introduciendo los bornes del multímetro en las conexiones centrales de la base de enchufe, este deberá marcar 230 V. Si medimos entre cualquiera de los bornes centrales y el contacto de protección, deberemos obtener 0 V, aunque esta medida puede alcanzar de 2 a 3 V, no siendo esto una falla en el circuito.

2. Posibles fallos en la instalación

En este apartado podemos enumerar los siguientes fallos:

- **Derivación a tierra**: se da cuando algún conductor de fase (marrón, negro o gris) o neutro (azul), está en contacto con alguna parte metálica de la instalación, bien por haber perdido parte del aislamiento o bien por una mala conexión. Esta avería dará lugar al disparo del interruptor diferencial. Caso de una perdida de aislamiento, se ha de localizar el conductor derivado y reemplazarlo.
- **Derivación fase-neutro**: se da cuando entran en contacto el conductor de fase (marrón, negro o gris) con el conductor de neutro (azul), bien por haber perdido parte del aislamiento o bien por una mala conexión. Esta avería dará lugar al disparo del interruptor diferencial y del interruptor magnetotérmico del circuito derivado. Caso de una perdida de aislamiento, se ha de localizar el conductor/es derivado/s y reemplazarlo/s.

Actividades

Práctica

Explica brevemente la instalación de un sistema de montaje empotrado bajo tubo de PVC de un circuito eléctrico.

Responde a las siguientes cuestiones

1. **Paso previo antes de realizar cualquier instalación eléctrica.**
   a) Cortar la alimentación del cuadro general pulsando la tecla de test del diferencial.
   b) Cortar la alimentación de los enchufes bajando solo los magnetotérmicos.
   c) Cortar los cables.
   d) Abrir las rozas.

2. **El trazado de los circuitos eléctricos será:**
   a) En diagonal a la pared.
   b) Por el suelo.
   c) En paralelo o perpendicular a las aristas de la pared.
   d) Haciendo zigzag por el techo.

3. **Cada circuito constará de:**
   a) Conductores de fase (azul), neutro (negro, marrón o gris) y protección (amarillo-verde).
   b) Conductores de fase (negro, marrón o gris), neutro (azul) y protección (amarillo-verde).
   c) Conductores de fase (negro, marrón o gris) y neutro (azul).
   d) Conductores de neutro (azul) y protección (amarillo-verde)

4. **Para que las uniones entre tubos y cajas de derivación sean estancas, se utilizan:**
   a) Teflón.
   b) Cinta aislante.
   c) Silicona blanca.
   d) Prensaestopas.

5. **Para comprobar la instalación, se utiliza un:**
   a) Fasímetro.
   b) Multímetro.
   c) Óhmetro.
   d) Watímetro.

Capítulo 3

Organización del montaje de circuitos y equipos eléctricos de instalaciones solares térmicas

Rodio ediciones

Índice

1. Técnicas y procedimientos

Para una correcta organización lo primero que se debe realizar es una memoria de diseño en la que se debe incluir un esquema eléctrico del sistema.

Todas estas instalaciones y dispositivos como son el sistema eléctrico y de control deben cumplir con la normativa vigente reflejada en el reglamento electrotécnico de baja tensión.

Los electrocirculadores serán accionados o no según un dispositivo de control diferencial que actúa según la diferencia de temperatura entre los captadores y el acumulador.

La precisión del sistema de control y la regulación de los puntos de consigna es un método de eficiencia energética para el ahorro de energía y de horas de funcionamiento de los equipos.

La diferencia de temperaturas entre el punto de arranque y parada del termostato diferencial no será inferior a 2 °C, en cuanto a igualdad de temperaturas y cuando al diferencia supera los 4 °C salta en funcionamiento.

El sistema de control regulará que en las instalaciones para agua caliente sanitaria en ningún caso se alcancen temperaturas superiores a 45 °C en los puntos de consumo recomendándose el uso de válvulas mezcladoras.

De la misma manera el control de las temperaturas de usará para que las temperaturas límite de los materiales no se sobrepase, a modo de sistema de seguridad.

Al igual que el sistema de control media en que las temperaturas máximas límite de los componentes y materiales no se sobrepase. Cuando se está en el extremo contrario con temperaturas muy bajas, el electrocirculador hará circular el fluido para luchar contra la congelación del mismo y lo suele hacer tres grados por encima de la temperatura de congelación del fluido.

Los mecanismos de control suelen llevar una pantalla de display en el que son visibles los parámetros de los que se encarga el sistema de control para que sean visibles y se puedan observar y controlar por si existiese alguna anomalía.

El rango de temperatura ambiente de funcionamiento del sistema de control será como mínimo entre -10 y 50 °C.

Para asegurar un correcto funcionamiento, lo primero que se debe tener establecido es una colocación de los sensores idónea, ya sea debido al lugar de colocación como a la propia colocación en sí, que esté en perfecto contacto para que la toma de temperatura, por ejemplo, sea lo más real posible. Los sensores de temperatura deberán estar aislados contra la influencia de las condiciones ambientales que los rodean.

Preferentemente, las sondas serán de inmersión. Se tendrá especial cuidado de asegurar una adecuada unión entre las sondas de contactos y la superficie metálica, por lo motivos antes explicados.

2. Conexiones eléctricas

Durante el transporte de los termostatos y el proceso de instalación hay que tener cuidado con los golpes, las caídas o cualquier otro tipo de maltrato que pudiera producir daños al termostato, y por consecuencia su mal funcionamiento. La conexión se tiene que llevar a cabo por un instalador autorizado. Una conexión incorrecta podría producir una explosión del tanque.

En el caso que el consumo de ACS se encuentre durante las horas con poca o ninguna insolación, como por ejemplo, después de las 17:00 horas o antes de las 10:00 horas, se recomienda la utilización de un reloj, el cual activará automáticamente la resistencia durante estas horas.

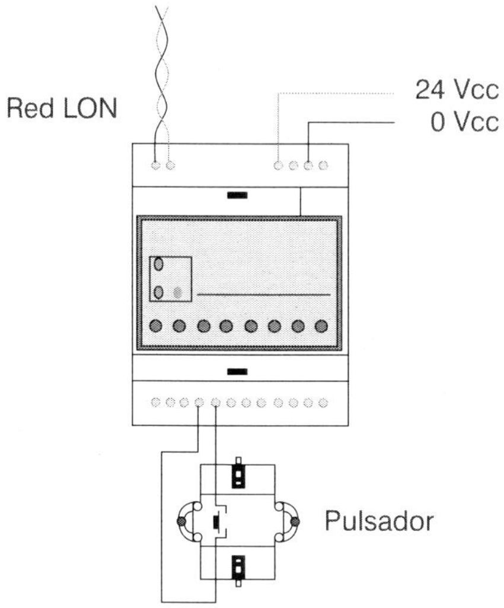

Conexiones eléctricas para el termostato diferencial.

Respecto a la conexión de la resistencia eléctrica, se presentan dos tipos principales según características:

- Serie BGC:
  - ▹ Diferentes potencias de conexión.
  - ▹ Termostato incorporado.
  - ▹ Limitación de temperatura ajustable hasta 80 °C.

▹ Datos técnicos:

Modelo		BGC
Presión servicio adm.		10 bar
Rango temperaturas		Aprox. 10-80 °C
Potencia		1; 2; 3; 4; 5,7 kW 1/N/PE -230 V 3-6 kW 2-3/PE-400 V
Profundidad inmersión		455 mm
Conexión roscada		G 1-1/2
Material	Resistencia	Cobre niquelado
	Tubo protector	Cobre niquelado
	Prolongador	Latón

Resistencia eléctrica, sonda de temperatura.

- Grupos monobloc con vaina para termostato. Serie NOB:
  - ▹ Desde 500 a 3.500 W, 220 V.
  - ▹ Diferentes longitudes.
  - ▹ Con vaina para termostato.
  - ▹ Datos técnicos:

Modelo	Longitud L (mm)	w/cm²	Consumo vatios	Material tubo
PARA AGUA – ROSCA 1-1/4 "				
NOB-11	120	6,5	500	INOX. 304 L
NOB-12	150	7,5	750	INOX. 304 L
NOB-13	315	7,5	1.000	INOX. 304 L
NOB-14	315	7,5	1.500	INOX. 304 L
NOB-15	315	7,5	2.000	INOX. 304 L
NOB-16	285	7,5	2.500	INOX. 316 L
NOB-17	325	7,5	3.000	INOX. 316 L
NOB-18	375	7,5	3.500	INOX. 316 L
NOB-20	290	7,5	750	Cobre
NOB-21	300	8	1.000	Cobre

→

→

TERMOSTATOS PARA MONOBLOC:				
TER-CO-137-0-90F	137			
TER-CO-137-40-150F	137			
TER-CO-270-30-90F	270			
TER-CO-270-90-150F	270			

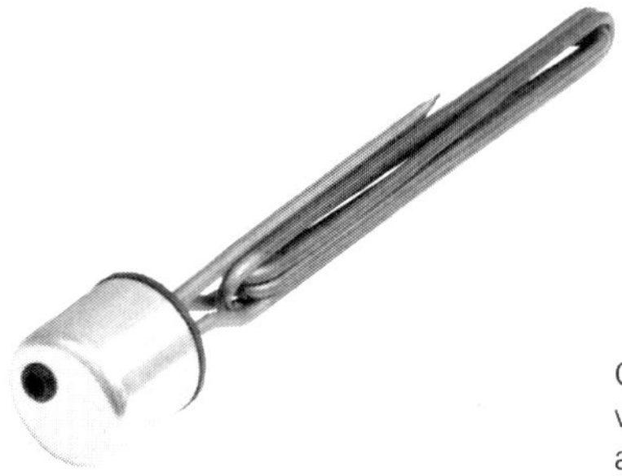

Grupo monobloc de resistencia con vaina para termostato y tapón de acomplamiento.

3. Requisitos de seguridad

Sea cual sea el aparato o mecanismo que use, ya sea de calefacción eléctrica directa o con acumulación, tanto en su montaje como en su instalación se debe cumplir con las normas y requisitos de seguridad que vienen establecidos en la reglamentación eléctrica específica.

Sabiendo que habrá lugares en los que la instalación de equipos eléctricos y la instalación hidráulica se crucen en distintas ocasiones a lo largo de toda la instalación, se debe tener un especial cuidado en cuanto a seguridad, por lo que pueda ocurrir. Se debe pensar en que pueda existir una fuga de fluido y pueda contactar con algún elemento eléctrico.

Como medida de seguridad se decide que a lo largo del circuito de consumo no se debe superar los 60° C, para evitar que si hubiese una fuga no existiese ningún problema con los aislantes de los cables eléctricos.

Cuando en el circuito circule algún tipo de fluido ya sea líquido o gaseoso, debido a la presión que puedan soportar las tuberías, en los conductos, como medida de seguridad, se debe instalar alguna válvula de seguridad, para evitar que si existe algún fallo y la presión se eleva demasiado no se estropee ningún elemento.

La válvula de seguridad debe tener, para su control y mantenimiento, un dispositivo de accionamiento manual tal que, cuando sea accionado, no modifique el tarado de la misma. También como medida de comprobación de la propia válvula de seguridad.

Los dispositivos de seguridad deben diseñarse de acuerdo con las prescripciones que se establecen en UNE 100.157.

Actividades

Práctica

Completa las siguientes características técnicas en los dos tipos principales de conexiones a las resistencias eléctricas.

- Serie BGC
  - ▷ ....
  - ▷ Termostato incorporado.
  - ▷ ....
- Grupos monobloc con vaina para termostato. Serie NOB
  - ▷ ....
  - ▷ ....
  - ▷ Con vaina para termostato.

Responde a las siguientes cuestiones

1. **El sistema eléctrico y de control cumplirá en todos los puntos que sea de aplicación con el Reglamento:**
   a) Electrotécnico de alta tensión.
   b) Electrotécnico de baja tensión.
   c) Electrotécnico de media tensión.
   d) Cualquiera de los tres anteriores.

2. **La conexión se debe llevar a cabo por un instalador autorizado. Una conexión incorrecta podría producir:**
   a) Explosión de los circuitos.
   b) Inutilización del captador.

c) Explosión del tanque.
d) Todas son correctas.

3. **En todos los circuitos cerrados de líquidos y vapores se dispondrá, por lo menos una válvula de seguridad cuya apertura:**
   a) Impida el aumento de la presión interior por encima de la de timbre.
   b) Impida la disminución de la presión por debajo de la de timbre.
   c) Impida el aumento de la presión exterior por debajo de la de timbre.
   d) Impida la disminución de la presión por encima de la de timbre.

4. **En el caso que el consumo de ACS se encuentre durante las horas con poca o ninguna insolación, como por ejemplo, después de las 17:00 horas o antes de las 10:00 horas, se recomienda la utilización de:**
   a) Una válvula de tres vías, la cual activará automáticamente la resistencia durante estas horas.
   b) Un reloj, el cual activará automáticamente la resistencia durante estas horas.
   c) a) y b) son correctas.
   d) Ninguna de las anteriores.

5. **La localización e instalación de los sensores de temperatura deberá asegurar un buen contacto térmico con la parte en la cual hay que medir la misma. Para conseguirlo, en el caso de las de inmersión, se instalarán:**
   a) En sentido del fluido.
   b) En ambos sentidos del fluido.
   c) En contracorriente con el fluido.
   d) No es necesario instalar nada.

Capítulo 4

Determinación y selección de equipos y elementos necesarios para el montaje a partir de los planos de la instalación

eRodio ediciones

Índice

1. Cuadros de mando y protección

Respecto al uso de los cuadros de mando y protección debemos tener en cuenta las siguientes consideraciones:

Si alguno de los terminales diferenciales salta por algún motivo, por superar la intensidad de corriente máxima admitida, no solo se debe volver a conectar el terminal diferencial sino que lo correcto y lo idóneo es buscar y localizar el motivo o causa por el que había saltado dicho dispositivo y así poder solucionar el problema o puede dar información de algún elemento en malas condiciones o mal diseñado y que se deba cambiar por error técnico en el cálculo.

Al igual que lo comentado en el párrafo anterior, si se determina realizar un cambio debido a una ampliación o cualquier otro motivo que no estuviese determinado inicialmente o por error, como lo expresado con anterioridad, se debe hacer por parte de un técnico.

Si por cualquier motivo la instalación se prevé que va a ser desconectada o no usada por un tiempo determinado con una duración considerable, por ejemplo en todo el invierno, o durante un mes, es recomendable desconectar el interruptor general.

Por motivo de seguridad no se debe manipular ni el cuadro eléctrico, ni ningún elemento eléctrico en condiciones de lluvia o con los pies o manos mojadas, ya que entraña un alto riesgo de descarga eléctrica.

Bajo ningún motivo deben suprimirse o puentearse los fusibles e interruptores de seguridad personal, al igual que los interruptores magnetotérmicos, donde tampoco se debe aumentar unilateralmente su intensidad.

Respecto al mantenimiento de los cuadros de mando y protección debemos distinguir los usos según personal que los manipule:

- Por el usuario final:
  - ▹ Los elementos que se usan se deben comprobar si funcionan correctamente mediante una serie de comprobaciones que se describen a continuación:
    - ° Accionar el botón de comprobación del diferencial.
    - ° Desconectar el dispositivo manualmente
    - ° Accionar el dispositivo manualmente de nuevo y comprobar que tiene movilidad y no está encasquillado.
  - ▹ Comprobación del magnetotérmico por sobrecarga del circuito por intensidad.
    - ° Desenchufar aquel aparato que haya provocado el accionamiento del diferencial.

- Recuperar el suministro eléctrico con la activación del magnetotérmico correspondiente.
- Comprobar que la dimensión de magnetotérmico y el aparto que controla están en concordancia.

- Por el técnico o profesional cualificado:
  - ▹ Cuadro general de distribución:
    - Cada año se comprobará el funcionamiento de todos los interruptores del cuadro, mediante el método antes comentado, con el accionamiento manual.
    - Cada dos años se realizará una revisión general, comprobando que todos los componentes, elementos, mecanismos y el cuadro en sí, estén en correcto estado.
    - Inspección visual cada dos años o después de un incidente con la intención de controlar todos los elementos y mecanismos.

2. Conductores activos

La energía eléctrica circulará por conductores que deberán ir siempre aislados a no ser que estén sobre plataformas aisladoras directamente, y siempre serán de cobre o de aluminio.

Para hacer la elección del tipo de conductor se debe hacer el cálculo de la caída de tensión entre el punto de salida y el punto final de la instalación, donde la caída de tensión en todo ese tramo no puede ser inferior a un determinado porcentaje que viene determinado por las instrucciones técnicas. Siguiendo dichas instrucciones y con el cálculo de la caída de tensión se determina la sección del cable conductor a usar. En el interior de viviendas y otras instalaciones receptoras la caída de tensión no puede superar el 3% de la tensión nominal del circuito, mientras que, por ejemplo, para el alumbrado público la caída de tensión puede oscilar entre el 3 y el 5% de la tensión nominal de la instalación.

Existen muchas alteraciones y variaciones que hacen que existan casos particulares. Por ejemplo, hay muchas instalaciones industriales que tienen un transformador propio y que recepcionan la electricidad en alta tensión y con su trafo lo pasan a baja tensión, con lo que las pérdidas admisibles varían y pasan a ser de un 4,5% para alumbrado y del 6,5% en el resto de utilidades.

Existe otro problema que genera la electricidad que es lo que se conoce como armónicos y para lo que también se debe tener unas previsiones con lo que el neutro debe ser del mismo calibre que las fases.

En la siguiente figura aparece ilustrada la coloración en función del tipo de cable:

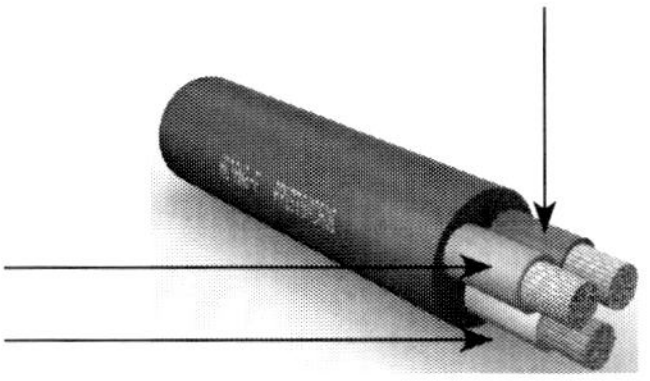

Coloración, según tipo de cable

Cuando se hace una instalación o cuando se visita una instalación, no tenemos por qué haber sido los instaladores, por lo que se debe seguir una pauta y una norma preestablecida de identificación para saber a cuál pertenece cada cable, si es fase, neutro, tierra.

Por lo que se realiza mediante un código de colores de forma que un cable para el neutro suele ser de color azul claro, el cable de tierra siempre es verde-amarillo y los conductores de fase van en colores marrones o negro. Y si existiese la posibilidad de coincidir tres fases distintas se utiliza también la gama de grises.

3. Canalizaciones

Son estructuras o conductos que soportan a uno o varios cables, de modo que aumentan el aislante y facilitan la conducción por las estructuras constructivas.

Las canalizaciones solo se pueden usar para conductores normales y no se podrán usar para circuitos de potencia o de muy baja tensión de seguridad a no ser que siga las siguientes pautas:

- Que el aislamiento para todos los conductores esté determinado por la potencia máxima.
- Igualmente para el aislamiento por tensión y se encuentren instalados en compartimentos individuales.

Conductores y cables	**Sistemas de instalación**							
	Sin fijación	Fijación directa	Tubos	Canales y molduras	Conductos de sección no circular	Bandejas de escalera	Sobre aisladores	Con fijador
Conductores desnudos	–	–	–	–	–	–	+	–
Conductores aislados	–	–	+	*	+	–	+	–

→

→

Cables con cubierta	Multipolares	+	+	+	+	+	+	0	+
	Unipolares	0	+	+	+	+	+	0	+

+: Admitido

–: No admitido

0: No aplicable o no utilizado en la práctica

*: Se admiten conductores aislados si la tapa sólo puede abrirse con un útil o con una acción manual importante y la canal es IP 4X o IP XXD

Elección de las canalizaciones.

Según la situación o emplazamiento de los conductores se presentan los siguientes tipos:

- En tubos protectores: la tensión nominal no será inferior a 450/750 V y se cumplirá con la ITC-BT-21.
- Conductores aislados fijados directamente sobre las paredes: estas instalaciones se establecerán con cables de tensiones nominales no inferiores a 600/1.000 V, provistos de aislamiento y cubierta.
- Conductores aislados enterrados: se establecerán de acuerdo con lo señalado en las Instrucciones ITC-BT-07 e ITC-BT-21.
- Conductores aislados directamente empotrados en estructuras: son necesarios cables aislados con cubierta. Las temperaturas extremas de funcionamiento son desde -5 °C a 90 °C.
- Conductores aéreos: si no están cubiertos deben cumplir con lo establecido en la ITC-BT-06.
- Según la UNE 20.460-5-52 los cables irán colocados en huecos propios de la construcción y donde la tensión nominal no será inferior a los 450/750 V.
- Conductores aislados bajos canales protectoras: este elemento es muy conocido, son las regletas típicamente blancas que van adheridas a la pared y que luego tan solo se coloca una tapadera que va a presión con un clic.
- Conductores aislados bajo molduras: se debe usar en aéreas declaradas secas y se sitúan en las molduras decorativas de locales.
- Conductores aislados en bandeja o soporte de bandejas: solo se utilizarán cables aislados con cubierta, unipolares o multipolares según norma UNE 20.460-5-52.
- Canalizaciones eléctricas prefabricadas: deberán tener un grado de protección adecuado a las características del local por el que discurren. Las de iluminación cumplirán con la norma UNE-EN-60.570 y las de uso general con la norma UNE-EN-60.439-2.

4. Sistemas de cableado

Los sistemas de cableado son un término generalista que engloba a todo el cableado y mecanismos que se encuentran en el accionamiento y funcionamiento de los mismos, como podrían ser los puntos de control, las cajas de conexionado, las cajas que se colocan para acceder al conexionado en caso de averías para poder trabajar por tramos.

En estos puntos de transición del cableado se debe utilizar como puntos de seguridad y ser punto de sellamiento impidiendo el paso de gases o vapores para que no se conecten distintas zonas de la instalación.

Todo sistema de cableado deber cumplir con una serie de requisitos y normas como de las que se ha hablado con anterioridad, como normas de colores, instrucciones técnicas de seguridad y otras muchas más que controlan su colocación.

Cuando se habla de sistemas de cableado y la longitud de los mismos supera los 500 cm deben estar protegidos ante sobrecargas y cortocircuitos. Se debe incrementar la seguridad disminuyendo la intensidad alrededor de un 15%, respecto a lo calculado si los cables estuviesen aislados y no en un sistema de cableado.

A continuación se ilustran los diferentes tipos de cables que puede haber en el mercado:

Tipos de cables.

Cuando el cableado de las instalaciones fijas se realice mediante tubo o canal protector, estos serán conformes a estas tablas:

Característica	Código	Grado
Resistencia a la compresión	4	Fuerte
Resistencia al impacto	4	Fuerte
Temperatura mínima de instalación y servicio	2	-5 °C

→

→

Temperatura máxima de instalación y servicio	1	+60 °C
Resistencia al curvado	1-2	Rígido/curvable
Propiedades eléctricas	1-2	Continuidad eléctrica/aislante
Resistencia a la penetración de objetos sólidos	4	Contra objetos D = 1 mm
Resistencia a la penetración del agua	2	Contra gotas de agua cayendo verticalmente cuando el sistema de tubos está inclinado 15°
Resistencia a la corrosión de tubos metálicos y compuestos	2	Protección interior y exterior media
Resistencia a la tracción	0	No declarada
Resistencia a la propagación de la llama	1	No propagador
Resistencia a las cargas suspendidas	0	No declarada

Características mínimas para tubos.

Característica	Grado	
Dimensión del lado mayor de la sección transversal	≤ 160 mm	> 160 mm
Resistencia al impacto	Fuerte	Fuerte
Temperatura mínima de instalación y servicio	+15 °C	-5 °C
Temperatura máxima de instalación y servicio	+60 °C	+60 °C
Propiedades eléctricas	Aislante	Continuidad eléctrica/aislante
Resistencia a la penetración de objetos sólidos	4	no inferior a 2
Resistencia a la penetración de agua	No declarada	
Resistencia a la propagación de la llama	No propagador	

Características mínimas para canales protectoras.

Actividades

Práctica

Une los términos:

Conductor de tierra	Azul
Conductor neutro	Verde y amarillo
Conductor fase	Marron, negro, gris

Responde a las siguientes cuestiones

1. **Toda modificación en la instalación o en sus condiciones de uso (ampliación de la instalación, cambio de destino del edificio, etc.) se llevará a cabo previo estudio realizado por:**
   a) El propietario de la instalación.
   b) El técnico competente.
   c) El fabricante de la instalación.
   d) Cualquiera de los 3 anteriores.

2. **Cada dos años, o después de producirse algún incidente de la instalación, se comprobará mediante inspección visual:**
   a) El estado del interruptor de corte y de los fusibles de protección.
   b) El estado frente a la corrosión de la puerta del armario.
   c) La continuidad del conductor de puesta a tierra del marco metálico de la misma.
   d) Todas son correctas.

3. **El número de aparatos susceptibles de funcionar simultáneamente, se determinará en cada caso particular mediante:**
   a) Las instrucciones especificadas en el Reglamento de Baja Tensión.
   b) Indicaciones facilitadas por el usuario considerando una utilización racional de los aparatos.
   c) a) y b) son correctas.
   d) Ninguna de las anteriores.

4. **En instalaciones interiores, para tener en cuenta las corrientes armónicas debidas a cargas no lineales y posibles desequilibrios, salvo justificación por cálculo, la sección del conductor neutro será:**
   a) Como mínimo igual a la de las fases.
   b) Independiente a la de las fases.
   c) Igual a la puesta de tierra.
   d) Ninguna de las anteriores.

5. **En el punto de transición de una canalización eléctrica de una zona a otra, o de un emplazamiento peligroso a otro no peligroso, se deberá impedir el paso de:**
   a) Gases.
   b) Vapores.
   c) Líquidos inflamables.
   d) Todas son correctas.

Capítulo 5

Útiles, herramientas y medios empleados en el montaje

Rodio ediciones

Índice

1. Técnicas de utilización

1.1. Redes de distribución

La energía eléctrica se genera en las centrales eléctricas, se transporta a muy alta tensión y se transforma para su consumo a media y baja tensión.

Una vez que tenemos la energía eléctrica en Baja Tensión hay que distribuirla, por medio de otras líneas eléctricas, a los diversos consumidores hasta dejarla en la Caja General de Protección (bloques de viviendas o edificios de oficinas, etc.) o en la Caja General de Protección y Medida (clientes individuales). En este caso se denominan líneas y redes de distribución en Baja Tensión.

Estas líneas y redes pueden ser aéreas y/o subterráneas. Las aéreas podrán ser desnudas con conductores de Al-ac (a extinguir) o aisladas. Las aisladas a su vez pueden ir posadas en las fachadas o tensadas, con conductores trenzados, de Al para los hilos de fase y de Almelec para el neutro autoportante. Las subterráneas podrán ir directamente enterradas en contacto con el terreno o en el fondo de la zanja bajo tubo y en los dos casos los conductores de aluminio serán unipolares. Todos los conductores aislados lo serán para la tensión de 0,6/1 kV.

Red de distribución de una instalación solar térmica.

Por último, para llevar la corriente eléctrica desde la Caja General de Protección hasta los diversos receptores tendremos la instalación receptora o instalación particular, conocida también como instalación "interior". Constará de una línea repartidora y/o derivación individual y un Cuadro General de Mando y Protección del que partirán las diversas líneas de alimentación a cuadros secundarios de distribución y/o los circuitos de alimentación a cada receptor. Aquí los conductores serán todos de Cobre y aislados para 750 V o para 1.000 V según proceda. Los sistemas de instalación podrán ser los siguientes:

a) Al aire o directamente empotrados.

b) Bajo tubos o conductos.

1.2. Tipo y disposición de conductores

Serán de aluminio o cobre los conductores rígidos que se usen las instalaciones. Los conductores flexibles serán únicamente de cobre. Los rígidos apenas se emplean por su gran dificultad de manejo.

Pueden ser de aislamiento hasta 750 V, en cuyo caso se utilizarán las tablas de las Instrucciones ITC- BT- 19 a 24 y sus sistemas de instalación, con sus factores de corrección, si procede.

Para secciones de cierta consideración las intensidades admisibles de los cables de hasta 750 V son muy inferiores a las de los cables o conductores de 0,6/1 KV por lo que en este caso se utilizarán las tablas de las Instrucciones 06 y 07 con los factores de corrección que procedan según el sistema de instalación.

Para cables instalados bajo tubo siempre hay que aplicar un factor de corrección de 0,8.

Para redes subterráneas se utilizarán las tablas (Cu y Al) de la Instrucción 07, con los factores de corrección que procedan.

Para redes trenzadas al aire libre se utilizarán las tablas (Cu y Al) de la Instrucción 06, con los factores de corrección que procedan. Los cables aislados no trenzados ya apenas se utilizan.

También pueden y deben utilizarse catálogos de los fabricantes de cables, los cuales nos dan para cada tipo de cable su intensidad admisible para cada sistema de instalación (al aire, enterrado, bajo tubo, sumergido en agua, armado, antideflagrante, etc.) pero siempre habrá que volver al Reglamento para aplicar los factores de corrección que procedan.

Como se expresó con anterioridad, los sistemas de instalación podrán ser los siguientes:

a) Al aire o directamente empotrados.

b) Bajo tubos o conductos.

Hay una serie de instalaciones que por el modo en que el cableado está colocado se denominan “al aire” y son los siguientes:

a) Grapados directamente sobre paredes.

b) Colocados en huecos, atarjeas, zanjas ventiladas.

c) Situados sobre bandejas perforadas.

d) Suspendidos de un cable fiador o sobre aisladores.

La expresión "directamente empotrados" son aquellos que van en las paredes pero ocultos bajo ellas mismas, se refiere bajo el enlucido, albañilería o en muros o paredes de hormigón.

La expresión "bajo tubo" se aplica cualquiera que sea el tipo de instalación de tubo: al aire, grapado, sobre pared o empotrado, subterráneo, etc.

Las uniones entre distintos tramos del cableado se debe realizar bajo condiciones de seguridad y se debe realizar con fichas que tienen las conexiones metálicas que soportan la intensidad y que están cubiertas por una funda plástica que hace de aislante térmico y eléctrico, además de ser un plástico especial que no propaga la llama.

En instalaciones eléctricas las conexiones entre cables no se pueden realizar por soldadura o por giro de los pelos de cobre de ambos extremos.

Cuando la situación de los cables se encuentre en el exterior, se deben usar materiales especiales que sean capaces de soportar esas condiciones y además el empalme se realice asegurando la unión estanca de los mismos.

Las derivaciones se conectarán en las proximidades de los soportes de línea, y no originarán tracción mecánica sobre la misma.

1.3. Conductores de protección

Para los conductores de protección se rigen por el apartado 543 de la UNE 20.460-5-54. Los conductores de protección tendrán una sección como mínimo igual a la de los cables que transportan la energía eléctrica siempre y cuando sean del mismo material, si no son del mismo material podrán tener secciones distintas. La sección de estos conductores se puede observar en la tabla que se muestra a continuación.

Secciones de los conductores de fase o polares de la instalación (mm^2)	Secciones mínimas de los conductores de protección (mm^2)
$S < 16$	S (*)
$16 < S < 35$	16
$S > 35$	S/2

(*) Con un mínimo de:

- 2,5 mm^2 si los conductores de protección no forman parte de la canalización de alimentación y tienen una protección mecánica.
- 4 mm^2 si los conductores de protección no forman parte de la canalización de alimentación y no tienen una protección mecánica.

Tabla 1. Secciones mínimas de los conductores de protección en función de los conductores de fase o polares de instalación.

La instalación de conductores de protección tiene una serie de características y requisitos que cumplir y que se deben tener en cuenta. Estos se detallan a continuación:

- A cada instalación se le debe aportar un conductor de protección individual cuando se vean instalados en las paredes o techos, el modo de la instalación ya se ha comentado en párrafos anteriores y cómo deben ir colocados; además todas estas reglas se muestran en la ITC-BT 21.
- En instalaciones distintas se debe poner conductores de protección distintos y en tramos donde la tensión nominal no sea la misma se debe colocar cables protectores distintos, ya que la sección debe ser distinta.
- Los conductores activos, que es como se denomina a los que transportan la corriente, se canalizan en el mismo tubo y suele ser tanto común como recomendable que el cable protector lo haga también por el conducto y si no lo hace así, debe ir por el exterior pero siguiendo la misma dirección. Si la canalización es móvil, en este caso todos los cables deben ir en él por el interior de la canalización.
- Hay otro caso en el que el tubo protector debe ir dentro de la canalización, esto ocurre cuando este va aislado con tubos de materiales ferromagnéticos, o con una armadura metálica.

Todo tipo de conductor de protección debe asegurar su mantenimiento en buen estado; en ocasiones el cable protector va situado en el exterior del tubo conductor y está en contacto con los materiales constructivos con lo que se puede ver afectado y se puede corroer, es por ello que este cable debe tener un aislamiento que asegure que no va a verse deteriorado.

Para las uniones y conexiones de estos elementos debemos regirnos por la norma UNE-EN 60.998-2-1, en la que se establece que los materiales a utilizar deban ser de acero inoxidable, que se unan por rosca o por soldadura sin ácido, etc.

Cuando se utilicen materiales de distinta naturaleza se debe tener en consideración que existen materiales que reaccionan químicamente de forma que generan un deterioro químico o una corrosión.

Otro motivo que ya se ha comentado es que con el fin de evitar averías o que cuando estas ocurran y afecten a toda la instalación, las instalaciones se dividirán en sectores.

Por lo que toda instalación se dividirá en varios circuitos, según las necesidades, a fin de:

- Evitar las interrupciones innecesarias de todo el circuito y limitar los problemas que causan dichas averías, de forma que se pueda anular el circuito afectado por la avería y el resto puede seguir dando servicio.
- Repartir la intensidad de la instalación y que por uso y momento de uso la intensidad se reparta y poder poner conductores de menor sección.

1.4. Canalizaciones

La instalación y puesta en obra de las canales protectoras deberá cumplir lo indicado en la norma UNE 20.460-5-52 y en las Instrucciones ITC-BT-19 e ITC-BT-20.

Son varios y numerosos los aspectos a tratar en cuanto a las canalizaciones que se deben colocar en las instalaciones eléctricas, ya se ha visto una gran mayoría de ellas, como es la situación o diseño, como se quiera llamar, a la situación en las paredes y muros. Se recomienda que se hagan en horizontal y/o en vertical y no se hagan de forma oblicua para que si alguna vez se deben reformar o se deben instalar otros sistemas como pueden ser tuberías de fontanería, no quede feo todo cruzado y también por seguridad.

Toda canaleta debe tener su sistema de protección a tierra para que quede asegurada, pero teniendo claro que estas no se pueden usar como conductor de seguridad salvo lo indicado en la Instrucción ITC-BT-18 para canalizaciones prefabricadas.

Si las conducciones eléctricas se cruzan con otras no eléctricas, como se acaba de indicar, debe existir una distancia mínima entre ellas para que exista una seguridad en caso de fuga o avería en algunas de las conducciones, indistintamente del fluido o material que transporten. Si es necesario, para tener seguridad, la instalación de algún tipo de elemento que la aporte, se realizará la instalación de la misma entre las conducciones entre las que pueda existir el riesgo.

Siguiendo en este tipo de medidas a la hora de su instalación, se evitará la colocación de conducciones eléctricas por debajo de otras instalaciones que puedan generar fugas o condensación que pueda derivar en contactos eléctricos con fluidos conductores de la electricidad y que acaben provocando un cortocircuito. Podrá darse esta situación o cuando no haya más remedio que instalarlo de esa manera, se deberá tener la precaución de colocar medidas preventivas.

Instalaciones eléctricas y no eléctricas podrán ir canalizadas en una misma canal, cuando se reúnan las siguientes condiciones:

- Se hayan instalado algunos de los elementos de seguridad que vienen detallados en la ITC-BT-24.
- Estén protegidas ante los motivos comentados en los párrafos anteriores, en lo que se debe tener especial atención a:
  - ▹ La elevación de la temperatura, debida a la proximidad con una conducción de fluido caliente.
  - ▹ La condensación.
  - ▹ La inundación, por avería en una conducción de líquidos; en este caso se tomarán todas las disposiciones convenientes para asegurar su evacuación.
  - ▹ La corrosión, por avería en una conducción que contenga un fluido corrosivo.

- La explosión, por avería en una conducción que contenga un fluido inflamable.
- La intervención por mantenimiento o avería en una de las canalizaciones puede realizarse sin dañar al resto.

Al igual que el paso de las canalizaciones por tabiques y muros se debe realizar como lo comentado con anterioridad, con las siguientes premisas que ahora se recuerdan:

- No se dispondrán empalmes o derivaciones de cables en los tramos en la pared.
- Protección frente a riesgos mecánicos, deterioros químicos, etc.
- Aislamiento de la instalación cuando estén en contacto dos ambientes muy distintos en cuanto a humedad y condiciones.
- Si los locales tienen iguales características, no hay problema, siempre y cuando se respeten las canalizaciones de cada lugar.
- Cuando los tubos a conectar sean de naturaleza distinta, la medida de seguridad debe ser la más estricta de las dos, la que corresponda al material más limitante.
- Como protección mecánica es suficiente con tubo normal cuando en el paso no supere los 20 cm, si no es así deberá atenerse a lo que se especifica en la tabla existente en la Instrucción ITC-BT-21, tabla número 3.

2. Consideraciones generales

Se instalarán cuadros de protección al inicio de las instalaciones con dispositivos contra sobretensiones, cortocircuitos y contactos, que se deben instalar en cada uno de los circuitos que haya montados y además se colocará un dispositivo protector general.

En la siguiente figura se ilustra el esquema de una instalación solar térmica:

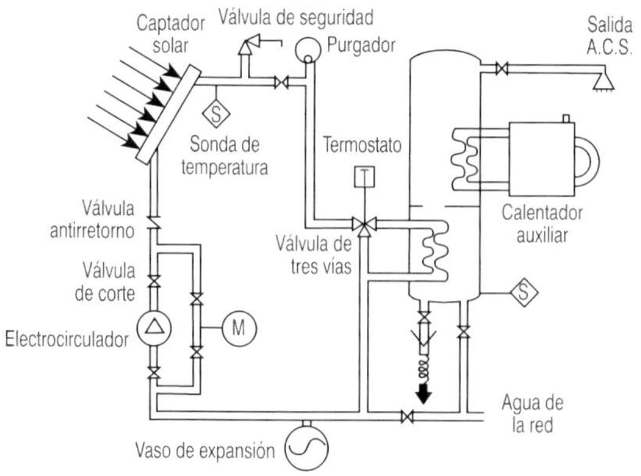

Los cables y conductores se deben instalar según las instrucciones técnicas de las que se ha hablado a lo largo del tema y siempre cumpliendo con los requisitos de seguridad que en ellas se indican.

Siempre teniendo en cuenta que la seguridad es lo que prima sobre todo. Cuando se den casos en los que coincidan conductores de distinta naturaleza o distintas características, siempre se debe colocar la seguridad respecto a las características del conductor de mayor envergadura, es decir, la seguridad máxima aunque para alguno de los conductores sea seguridad de sobra, es preferible seguridad de más que seguridad de menos.

Los materiales a utilizar en los cables deben ser no propagadores de incendios, y ya no solo el material sino la instalación de los mismos debe limitar o no facilitar la propagación de un incendio o gases en caso de que exista.

Los cables con características equivalentes a la norma UNE 21.123, partes 4 o 5, o a la norma UNE 211002 (según la tensión asignada del cable) cumplen con esta prescripción.

Los elementos de conducción de cables con características equivalentes a los clasificados como "no propagadores de la llama" de acuerdo con las normas UNE-EN 50085-1 y UNE-EN 50086-1, cumplen con esta prescripción.

Actividades

Práctica

Completa el siguiente texto:

Serán de aluminio o ___________ los conductores rígidos que se usen las instalaciones.

Los conductores ___________ serán únicamente de ___________. Los rígidos apenas se emplean por su gran dificultad de manejo.

Responde a las siguientes cuestiones

1. **Una vez que tenemos la energía eléctrica en Baja Tensión hay que distribuirla, por medio de otras líneas eléctricas, a los diversos consumidores hasta dejarla en la Caja General de Protección (bloques de viviendas o edificios de oficinas, etc.) o en la Caja General de Protección y Medida (clientes individuales). En este caso se denominan:**
   a) Conexiones puente entre instalaciones.
   b) Derivación de líneas entre instalaciones.
   c) Fuentes de conversión de líneas.
   d) Líneas y redes de distribución de Baja Tensión.

2. **Para secciones de cierta consideración las intensidades admisibles de los cables de hasta 750 V son muy inferiores a las de los cables o conductores de 0,6/1 KV por lo que en este caso se utilizarán las tablas de las Instrucciones:**
   a) 02 y 03 con los factores de corrección que procedan.
   b) 06 y 07 con los factores de corrección que procedan.
   c) 12 y 14 con los factores de corrección que procedan
   d) 21 y 22 sin factores de corrección.

3. No es admisible realizar empalmes por soldadura o por torsión directa de los conductores. Los empalmes deberán soportar sin rotura ni deslizamiento del conductor:

a) El 70% de su carga de rotura.

b) El 80% de su carga de rotura.

c) El 90% de su carga de rotura.

d) El 100% de su carga de rotura.

4. En la instalación de los conductores de protección se tendrán en cuenta:

a) No se utilizará un conductor de protección común para instalaciones de tensiones nominales diferentes.

b) En una canalización móvil todos los conductores incluyendo el conductor de protección, irán por la misma canalización.

c) Los conductores de protección estarán convenientemente protegidos contra el deterioro mecánico y químico, especialmente en los pasos a través de los elementos de la construcción.

d) Todas son correctas.

5. Las canalizaciones eléctricas estarán convenientemente protegidas contra los posibles peligros que pueda presentar su proximidad a canalizaciones, y especialmente se tendrá en cuenta:

a) La elevación de la temperatura, debida a la proximidad con una conducción de fluido caliente.

b) La corrosión, por avería en una conducción de líquidos; en este caso se tomarán todas las disposiciones convenientes para asegurar su evacuación.

c) La sublimación en cualquier parte de la instalación.

d) La a) y la b) son correctas.

Capítulo 6

Soportes y anclajes

eRodio ediciones

Índice

1. Estructuras o soportes

La estructura o soporte es el bastidor donde irán instalados los paneles, fijados normalmente al tejado de la vivienda. Están formadas por perfiles de acero normalizados, cortados, taladrados y galvanizados en caliente, preparados para resistir los efectos de la corrosión, el viento y el agua.

La estructura, formada por varias barras puede agruparse entre sí a través de tornillos de acero inoxidable.

Existen estructuras estándar para 1, 2 y 3 captadores solares, que forman baterías de 4, 5, y 6 unidades.

El peso de cada panel se transmite a un triángulo soporte formado por 3 barras que se unen entre sí con tornillos. Los captadores posteriormente se fijan a la estructura por medio de garras de sujeción, que se realizan a medida y suelen ser 4 por cada panel.

A la hora de realizar la instalación de la estructura debemos tener en cuenta una serie de requisitos como son:

- Tendremos que tener en cuenta que nuestro soporte deberá cumplir con lo establecido en el Código Técnico de la Edificación, CTE-SE.
- El material del que vaya a ser realizado la estructura debe ser resistente a los agentes externos como la corrosión y las radiaciones solares así como a la acción combinada del agua y del viento.
- Las estructuras de acero deberán protegerse con tratamientos anticorrosivos como pinturas orgánicas de zinc o mediante un galvanizado por inmersión en caliente.
- Antes de realizar la protección de la estructura deberán efectuarse todos aquellos taladros que sean necesarios.
- Toda la tornillería o accesorios serán de acero inoxidable o bien deberán ir protegidos adecuadamente con un tratamiento de galvanizado o zincado.

- La estructura soporte o el sistema de fijación de los captadores será diseñada según los cálculos realizados, para que puedan soportar cargas de viento y nieve según indica la Reglamentación establecida.
- Se diseñará y se construirá la estructura y el sistema de fijación de captadores teniendo en cuenta que las dilataciones térmicas no afecten para nada en el funcionamiento de la instalación, por ejemplo al circuito hidráulico.
- En el diseño de la estructura se tendrá en cuenta la orientación e inclinación que debe llevar para el sistema de captación.
- Se diseñará la estructura teniendo en cuenta la necesidad de facilitar un montaje o un desmontaje y tener buena accesibilidad a los captadores.
- El diseño y fabricación de la estructura debe atender a las especificaciones del fabricante del captador solar.
- Los accesorios de sujeción como son los topes de los captadores y la propia estructura, no deberá arrojar sombra alguna sobre los captadores.
- Los apoyos de la estructura no deben impedir la evacuación de agua.

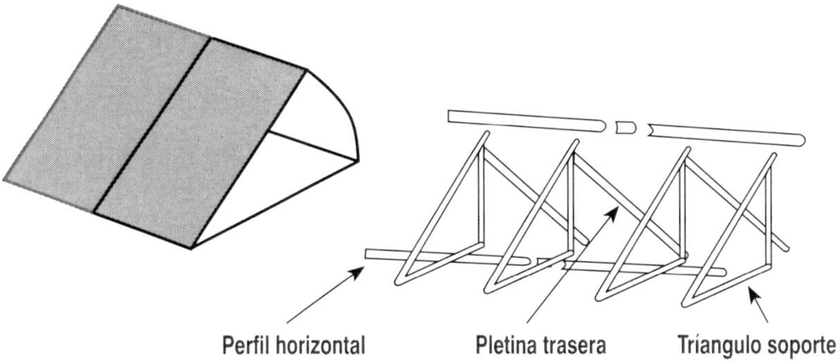

Existen varias posibilidades a la hora de realizar un anclaje de una estructura para captadores solares. Tenemos varios tipos de estructuras atendiendo a las necesidades de cada instalación:

- **Estructura por defecto**. Son aquellas estructuras donde los captadores van instalados paralelos al tejado, y constan de unas bandas moldeables para su fijación. Esta estructura se utiliza para captadores de tubo de vacío.

- **Estructura de tipo K**. Son también aquellas paralelas al tejado pero que constan de soportes rígidos.

- **Estructura tipo S con estructura tipo K**. En este tipo de estructura se combina la estructura tipo S, paralela al tejado con soportes rígidos con la diferencia de que llevan una inclinación con respecto al tejado.

- **Estructura de tipo C**. En este tipo de estructura la diferencia con respecto a los anteriores estriba en que esta es un soporte que se pone sobre tejado metálico.

- **Estructura de TIPO F**. Soporte para superficie horizontal.
- **Otros tipos de estructuras**: también atendiendo al tipo de instalación, si es sobre terraza o sobre tejado, podemos encontrar estos otros tipos de estructuras:
  - ▹ Estructuras para terraza plana.
  - ▹ Estructura para cubierta inclinada.

Las estructuras que van instaladas sobre terraza plana suelen llevar una inclinación de 45° con respecto a la horizontal. Para captadores verticales 40 o 50° si cambiamos la posición de los perfiles.

Para aquellas estructuras con cubierta inclinada como habíamos visto anteriormente, los captadores llevarán la misma pendiente de la cubierta. Se pueden agrupar las estructuras para captadores tanto de terraza como de cubierta sobre tejado tal y como se indica en la imagen siguiente.

Para terraza plana

Para cubierta sobre tejado

También existen estructuras para aquellos captadores que son verticales, tanto para terraza plana como para cubierta inclinada.

2. Pasos a seguir para el montaje de la estructura soporte y los colectores en una instalación solar térmica

Podemos diferenciar los siguientes pasos:

1. El primer paso será fijar las cintas perforadas a la cubierta, quitando si fuera necesario algunas tejas.
2. Una vez colocadas las cintas volvemos a colocar las tejas de forma que la cinta quede por el exterior.

3. Uniremos los soportes inferior y superior a los perfiles verticales, y los fijaremos a las cintas perforadas que pusimos inicialmente.
4. Pondremos los captadores sobre la estructura y los fijaremos mediante garras, usaremos 4 garras por panel.

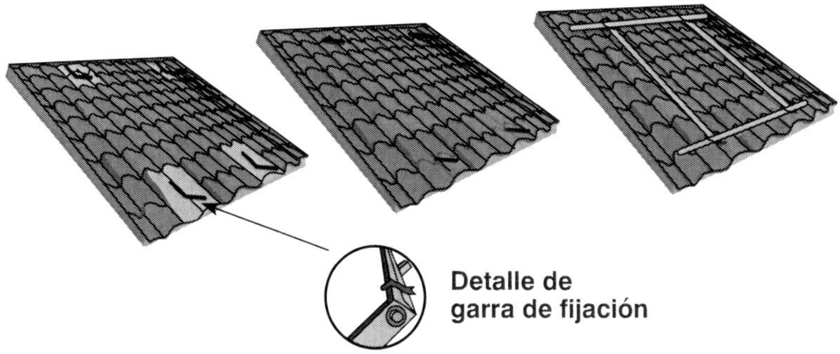

A continuación mostramos algunos de los accesorios que se utilizan en el montaje de las estructuras.

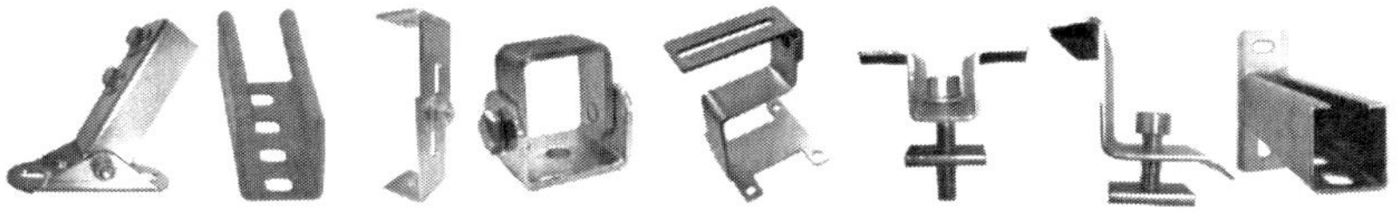

Actividades

Práctica

Explica brevemente los pasos necesarios para fijar una estructura sobre cubierta inclinada.

Responde a las siguientes cuestiones

1. **Las estructuras de acero deberán protegerse con tratamientos anticorrosivos...**
   a) Sólo si se considera necesario por las condiciones ambientales.
   b) Siempre debe protegerse contra la corrosión.
   c) No será necesario nunca.
   d) Todas son falsas.

2. **¿Es necesario realizar los taladros antes de realizar la protección de la estructura?**
   a) No es necesario.
   b) Sí, es necesario realizar antes los taladros.
   c) Antes o después, es indiferente.
   d) Todas son falsas.

3. **Las estructuras pueden ser:**
   a) Solo pueden montarse sobre tejados inclinados.
   b) Solo pueden montarse en terrazas planas.
   c) Pueden montarse tanto en tejado inclinado como en terraza plana.
   d) Todas son falsas.

4. A la hora de fijar el panel a la estructura, normalmente utilizaremos:

a) Cuatro garras por panel.

b) Una sola garra por panel es suficiente.

c) Obligatoriamente dos garras por panel.

d) No es necesario utilizar garras.

5. Las estructuras que van sobre terraza deben llevar una inclinación con respecto a la horizontal de:

a) 20º.

b) 0º.

c) 15º.

d) 45º.

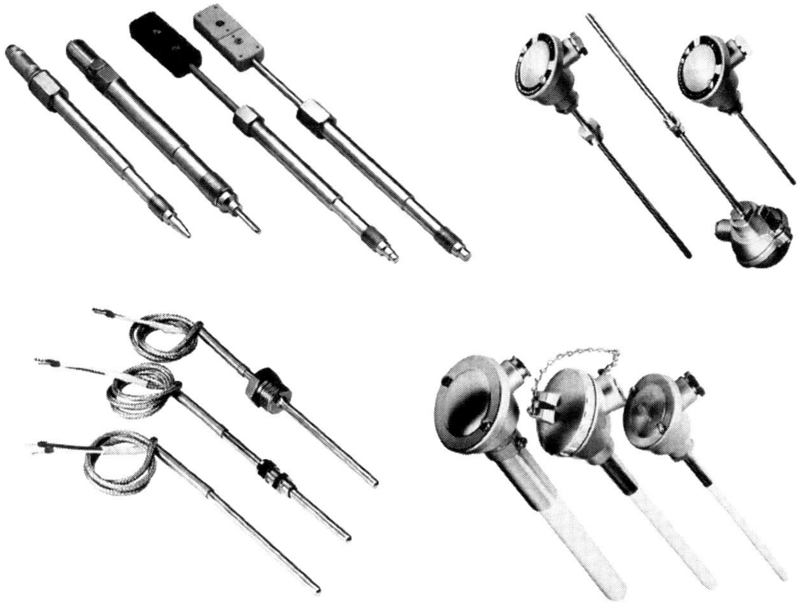

Capítulo 7

Montaje y conexión de elementos de protección, mando, regulación y señalización

Índice

1. Introducción

El Sol en tan solo un segundo emite una cantidad de energía tal que si llegase esa energía hasta la Tierra, aún no hubiésemos sido capaces de consumirla.

De la energía emitida por el Sol solo una parte es la que llega a los límites externos de la Tierra, y de esa energía una tercera parte es reflejada directamente al espacio exterior nuevamente y los otros dos tercios atraviesan la atmósfera. De esta energía llega una parte directa y otra en forma difusa, ya sea reflejada de nuevo por los mares, nieve, etc. que, parte, vuelve a ser reflejada por las nubes hacia la superficie terrestre nuevamente y, otra, se vuelve a ir al exterior.

De la energía que llega los paneles solares térmicos aprovechan dicha irradiación para consumirla y hacerla útil para otros consumos necesarios. También existe la transformación de la energía solar en energía eléctrica con los paneles solares fotovoltaicos.

Los paneles térmicos llevan tiempo existiendo pero quizás en los últimos 5 años han tenido una mayor comercialización y una optimización más grande. Sobre todo por el apoyo por parte de la Unión Europea a las energías renovables, en la que se han dado subvenciones a las instalaciones que se realizaban y que aún en la actualidad siguen existiendo teniendo actualmente en la orden general de incentivos hasta un 30% de subvención.

La energía solar es totalmente gratuita y toda aquella que no se aproveche es desperdiciada, además de ser una fuente de energía considerada inagotable aunque el Sol tenga su fecha de muerte, pero al ser tan lejana se considera que no se agota. Por lo cual las placas solares térmicas son unos aparatos que nos sirven para aprovechar esta energía y transformarla en otro tipo de energía que sí consumamos.

Los paneles tienen numerosas ventajas, entre otras, que no presentan partes móviles, con lo cual la posibilidad de averías se reduce considerablemente. Se pueden instalar lo que se conoce como seguidores para que las placas se muevan y sigan la trayectoria que describe el sol y de esta manera poder aprovechar en todo momento el máximo de la energía incidente solar. Aunque los seguidores suelen ser más comunes en las placas fotovoltaicas que en las térmicas, los colectores solares suelen ser fijos, tan solo se les aplica una inclinación que depende de la latitud y de la optimización en qué época del año se realiza.

El control y regulación de cualquier instalación suele estar centralizada y controlada por un autómata, y más si hablamos de instalaciones grandes y con seguidores.

El diseño perfecto e idóneo técnicamente es la detección en cada momento de la necesidad de energía, es decir, que se sepa en cada momento qué parte necesita el aporte de energía y suministrarlo en dicho lugar, ya sea para ACS, o para el suelo radiante, para radiadores, para la piscina, etc. y así hasta cuantos sistemas tengamos instalados y conectados a los captadores o al sistema de acumulación.

Para este diseño se debe tener colocado un autómata y un accionamiento con un colector, refiriéndose a una tubería colectora, a partir de la cual el autómata pueda distribuir hacia un mecanismo de disipación energética u otro. También puede, y suele ser común en algún momento del año si se ha procurado optimizar la superficie de placas, que se debe dar prioridad a unos elementos frente a otros, debido a que la potencia energética generada no sea suficiente para todos los elementos conectados.

Existen hoy día tecnologías que permiten convertir esta instalación en una instalación de domótica en la que se pueda gestionar el sistema desde un ordenador. De forma que el usuario se pueda conectar desde cualquier sitio y modificar y determinar las preferencias energéticas que posee en cada momento o situación.

El sistema de control se encarga de gobernar el correcto funcionamiento de todos los circuitos y podrá utilizarse como medio adicional a los sistemas de protección y seguridad.

El control del funcionamiento se realiza con el fin de maximizar la energía aportada y minimizar el consumo de energía de apoyo.

El sistema de control podrá utilizarse como medida de seguridad y así evitar que se alcancen temperaturas superiores a las máximas soportadas por los materiales, componentes y tratamientos de cada circuito.

El sistema de control cumplirá con el Reglamento Electrotécnico de Baja Tensión en todos aquellos puntos que sean de aplicación.

2. Sistemas de control

En el circuito primario el control del funcionamiento de las bombas será con un dispositivo de tipo diferencial, actuando en función del salto de temperatura entre la salida de la batería de captadores y el acumulador solar, o en función del salto de temperatura entre la salida y entrada del sistema de captación, mediante las sondas de temperaturas conectadas.

Opcionalmente se podrán utilizar sistemas de control por célula crepuscular u otros dispositivos cuyo funcionamiento garantice las mejores prestaciones de la instalación.

En el resto de circuitos y a través del intercambiador se accionarán los electrocirculadores comparando la temperatura más caliente de un circuito y la temperatura más fría del otro circuito.

En el circuito de carga el control de funcionamiento normal de las bombas será de tipo diferencial, mediante una de las dos opciones:

a) Diferencia de temperaturas entre la salida de captadores y el acumulador solar.

b) Diferencia de temperaturas entre la entrada al intercambiador por el lado del circuito primario y el acumulador solar.

Los sensores de temperatura que reflejen la temperatura de salida de los captadores se colocarán en la parte interna y superior de estos en contacto con el absorbedor o a la salida de la batería de captadores solares a una distancia máxima de 30 cm de la salida de los captadores o de la batería a efecto de medir adecuadamente su temperatura.

Siempre que sean posibles las referencias de temperatura es preferible tomarlas en el interior de los acumuladores antes que en las tuberías de conexión.

El sensor de temperaturas de la parte fría del acumulador solar se situará en la parte inferior del acumulador debido a la estratificación del agua en el depósito, en una zona influenciada por la circulación del circuito de calentamiento, o en su caso, del circuito de consumo, a una altura comprendida entre el 10% y el 30% de la altura total del acumulador y alejado de la toma de entrada de agua fría. En el caso particular de usar un intercambiador de tipo serpentín, se recomienda que se localice en la parte media del intercambiador.

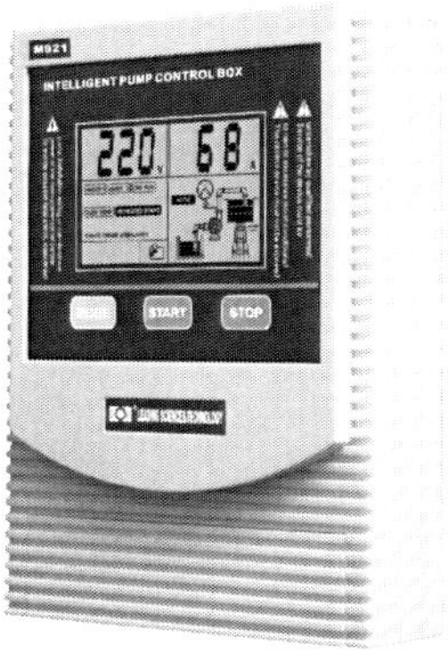

Centro de control.
En función de la variación de temperatura, acciona o detiene el funcionamiento de la bomba

Las bombas funcionarán cuando la diferencia de temperatura sea superior a los 7 °C y se pararán cuando la diferencia entre los circuitos sea inferior a los dos grados, pero eso se puede modificar y poner al gusto. Eso depende de cada instalador.

El funcionamiento de los electrocirculadores abarca un rango de temperaturas entre los -10 y 50 °C.

3. Sistema de medida

Los sistemas de medida de temperatura, caudales y energía proporcionan información del estado de funcionamiento de la instalación y permiten realizar la evaluación de las prestaciones energéticas de la instalación.

Los sistemas de medida de energía cumplirán los siguientes requisitos:

A) Medida de temperatura

Las medidas de temperatura se realizarán mediante sondas de temperatura.

Las sondas de temperatura deben ser, preferentemente, de inmersión y deben estar bañadas por el fluido cuya temperatura se pretende medir o situadas, como máximo, a una distancia de 5 cm del fluido.

B) Medida de caudal

Los caudalímetros tienen distintos métodos de medida, los normales son los que tienen un sistema de resistencia que varía dependiendo de la presión que ejerza el fluido. Muchos de ellos y de los más recomendados son los caudalímetros que además de medir permiten regular el caudal.

Existen también los caudalímetros eléctricos, los hay de distintos sistemas de medida, es decir, distintos mecanismos para calcular el caudal circulante. Existen los caudalímetros de turbina, de molino, por magnetismo, por diferencial de presión, y algunos otros sistemas más pero que suelen ser menos utilizados.

C) Medida de energía térmica

El instrumento encargado de dicha medida es el contador de energía térmica que se encuentra formado por distintos cuerpos, que se nombran a continuación:

- Contador de agua.
- Dos sondas de temperatura.
- Microprocesador electrónico, montado.

La posición del contador y de las sondas define la energía térmica que se medirá.

El microprocesador podrá ser eléctrico y estar conectado a la red eléctrica o ser a baterías (pilas). Este se encargará de tomar la diferencia de temperatura y multiplicarlo por el caudal instantáneo y su peso específico, con lo que se puede tener la cantidad de energía que se está generando de forma instantánea.

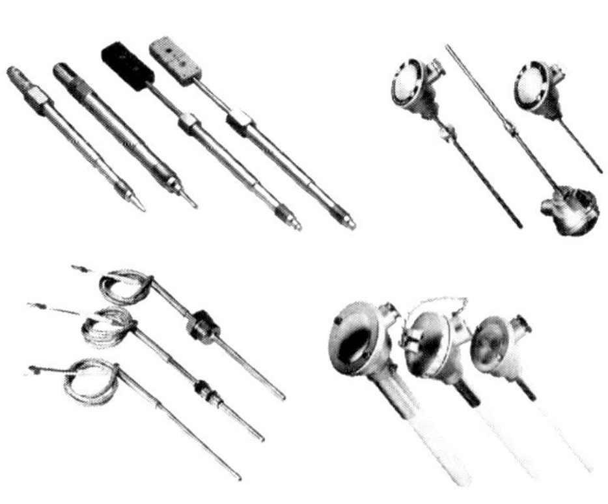

Diferentes tipos de sensores de temperatura

4. Sistemas de monitorización

Se recomienda la utilización de sistemas de monitorización en las instalaciones solares para realizar un adecuado control, seguimiento y evaluación de las mismas.

En este apartado se definen las características y prestaciones técnicas que deben ofrecer los sistemas de adquisición, registro y transmisión de datos.

Las variables a medir y registrar podrán ser:

- Temperaturas de los distintos sistemas, circuitos y ambiente.
- Caudales de fluidos térmicos y agua de los diferentes circuitos.
- Radiación solar global sobre los distintos planos de captadores.
- Presión de trabajo en cada uno de los circuitos.
- Consumo de energía eléctrica.
- Consumo de energía en los sistemas de apoyo.
- Estado de posicionamiento de las válvulas de 3 vías.
- Estado de funcionamiento de las bombas.

Los sensores y transductores que se empleen se adaptarán a las características de las señales que se desean medir. De forma general, para las medidas analógicas se procurará emplear transductores en lazo de corriente (4 ÷ 20 mV) preferiblemente a los de lazo de tensión.

Sin menoscabo de emplear sistemas diferentes cuando se considere técnicamente necesario, se emplearán las siguientes tecnologías de medida:

- Temperaturas entre 0 y 120 °C: sondas resistivas PT-100 y PT-1000.
- Temperaturas mayores de 120 °C: termopares.
- Presiones manométricas: transductores piezoeléctricos.
- Caudales: caudalímetros de turbina con emisores de pulsos.

El sistema de adquisición deberá ser capaz de adquirir las señales, de la totalidad de los sensores, con una frecuencia igual o superior a 4 muestras por minuto.

El cálculo de la energía siempre se realizará de forma simultánea al muestreo de datos.

El sistema empleado realizará el registro de los valores medios de las muestras, con una periodicidad no superior a 5 min. Estos registros deberán guardarse en una memoria no-volátil del equipo remoto que tendrá capacidad para almacenar todos los datos registrados durante, al menos, 20 días de funcionamiento normal de la instalación.

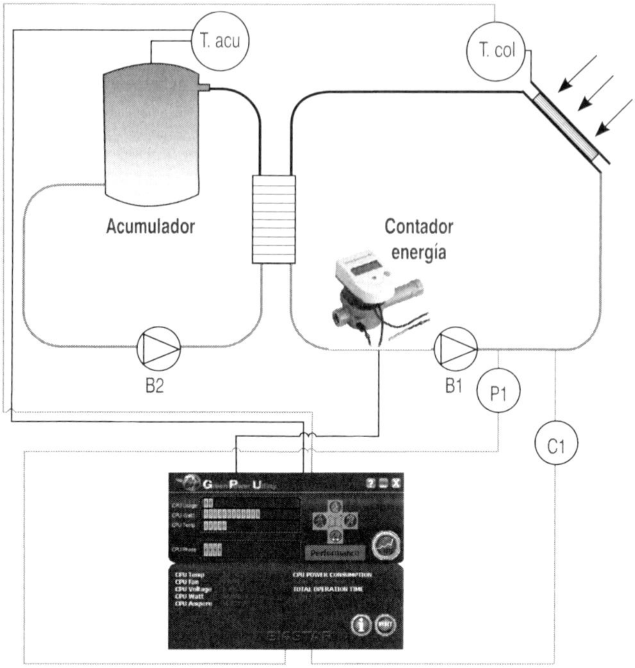

Sistema monitorización

Tener un buen sistema de monitorización en sistemas de energía solar térmica es vital para el correcto funcionamiento de la instalación. Según la figura anterior tenemos la posibilidad de monitorizar todos los datos que se deseen en una instalación, gracias a la versatilidad DAM (*Data Acquisition Module*).

Parámetros monitorizables:

- Tarjeta Térmica.
  - ▷ Temperatura de colectores.
  - ▷ Temperatura de acumulación.
  - ▷ Caudal o interruptor de caudal.
  - ▷ Presión o presostato.
- Medidores de energía.
- Controladores térmicos.
- Entradas digitales.

En la figura anterior, se monitoriza un contador y también se monitoriza la temperatura de acumulación, la del campo de colectores, la presión del circuito primario y el caudal, con lo que se tiene toda la instalación monitorizada.

Todas estas medidas son llevadas al módulo de datos y mediante una tarjeta de Ethernet o GPRS, se puede poner en contacto los datos acumulados con el servidor del sistema del que se guardan y administran los datos. Llegado el caso de detectar cualquier anomalía, incluso se puede programar para que se avisara a los usuarios indicados mediante SMS o correo electrónico.

El principal objetivo del sistema de Supervisión de Energía Solar Térmica es verificar en todo momento el correcto funcionamiento de la instalación. Para ello existe el DGA (Dispositivo Generador de Alarmas).

Con el sistema de supervisión de energía solar térmica, se asegura un correcto funcionamiento y mantenimiento de la instalación en todo momento.

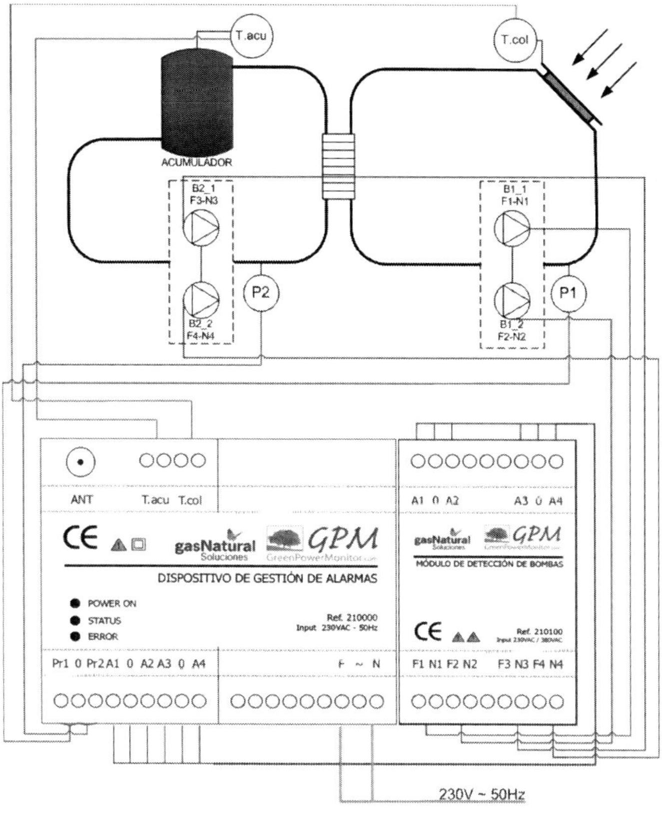

Actividades

Práctica

Completa el siguiente texto:

El control del funcionamiento se realiza con el fin de .... la energía aportada y .... el consumo de energía de apoyo.

El sistema de .... podrá utilizarse para evitar que se alcancen temperaturas superiores a las máximas soportadas por los materiales, componentes y tratamientos de cada ....

El .... de control cumplirá con el Reglamento Electrotécnico de Baja Tensión en todos aquellos .... que sean de aplicación.

Responde a las siguientes cuestiones

1. **No pertenece a las instalaciones o circuitos para paneles solares no constan de:**
   a) Un regulador.
   b) Un convertidor.
   c) Los paneles solares.
   d) Ninguna de las anteriores.

2. **En el circuito de carga el control de funcionamiento normal de las bombas será de tipo diferencial, mediante:**
   a) Diferencia de temperaturas entre la salida de captadores y acumulador solar.
   b) Diferencia de temperaturas entre la entrada al intercambiador por el lado del circuito primario y el acumulador solar.
   c) a) y b) son correctas.
   d) Ninguna de las anteriores.

3. **El sensor de temperaturas de la parte fría del acumulador solar se situará en la parte inferior del acumulador, a una altura comprendida entre:**
   a) 10% y 40% de la altura total del acumulador.
   b) 20% y 50% de la altura total del acumulador.
   c) 10% y 30% de la altura total del acumulador.
   d) Es indiferente la situación del sensor de temperaturas.

4. **Los sistemas de medida de temperatura, caudales y energía proporcionan:**
   a) Información del estado de funcionamiento de la instalación.
   b) Permiten realizar la evaluación de las prestaciones energéticas de la instalación.
   c) a) y b) son correctas.
   d) Ninguna de las anteriores.

5. **Dentro de las características y prestaciones técnicas que deben ofrecer los sistemas de adquisición, registro y transmisión de datos se encuentran:**
   a) Temperaturas de distintos sistemas, circuitos y ambiente.
   b) Consumo de energía eléctrica y energía en los sistemas de apoyo.
   c) Estado de funcionamiento de las bombas.
   d) Todas son correctas.

Capítulo 8

Montaje, conexión y puesta en servicio de circuladores, bombas y motores eléctricos

eRodio ediciones

Índice

1. Introducción

El electrocirculador es el responsable de vencer la resistencia que opone el fluido a su paso por el circuito. Entre los diferentes tipos de circuladores (alternativos, rotativos y centrífugos) se ha optado por los centrífugos, que son los que mejor se adaptan al tipo de trabajo a realizar en las instalaciones térmicas.

Entre los diversos modelos de cada marca se debe de seleccionar aquel que mejor se adapte a los valores que se han calculado, es decir, debe ser capaz de suministrar una altura determinada de mm.c.a en funcionamiento normal y otra distinta en el arranque.

Para la elección de la bomba de circulación hay que calcular previamente las pérdidas de carga en el circuito, a saber de, las tuberías, accesorios, campo de colectores e intercambiador.

La pérdida que se produce en las tuberías se puede hallar en las gráficas que existen donde se muestran las correspondientes pérdidas por rozamiento (en mm.c.a por m) para tubería de cobre, en función del caudal y del diámetro interior.

En instalaciones de un ya considerable tamaño, es recomendable la instalación de otra bomba idéntica y en paralelo con esta para evitar la parada de la instalación por avería o mal funcionamiento de la bomba.

El electrocirculador que se elija deberá ser capaz de suministrar esta caída de presión con un margen suficiente, en torno del 20%, para prevenir futuras pérdidas de rendimiento del mismo.

2. Motores eléctricos

Los motores eléctricos son máquinas eléctricas que transforman la energía eléctrica que reciben sus bornes en energía mecánica.

Atendiendo al tipo de corriente utilizada por su alimentación, se clasifican en:

- **Motores de corriente continua**
  - ▷ De excitación independiente
  - ▷ De excitación serie
  - ▷ De excitación (shunt) o derivación
  - ▷ De excitación compuesta (compund)
- **Motores de corriente alterna**
  - ▷ Motores síncronos
  - ▷ Motores asíncronos:
    - ° Monofásicos

- De bobinado auxiliar
- De espira en cortocircuito
- Universal
- Trifásicos
- De rotor bobinado
- De rotor en cortocircuito (jaula de ardilla)

Todos los motores de corriente continua así como los síncronos de corriente alterna incluidos en la clasificación anterior tienen una utilización y unas aplicaciones muy específicas.

Los motores con menor mantenimiento y más bajo coste de fabricación son los de corriente alterna asíncronos, tanto monofásicos como trifásicos, además de ser los que tienen una aplicación más generalizada.

2.1. Constitución del motor asíncrono

Como todas las máquinas eléctricas, un motor eléctrico está constituido por un circuito magnético y dos eléctricos, uno colocado en la parte fija y otro en la parte móvil.

El circuito está formado por chapas apiladas en forma de cilindro en el rotor y en forma de anillo en la parte fija del motor (estátor)

El cilindro se introduce en el interior del anillo y, para que se pueda girar libremente, hay que dotarlo de un entrehierro constante. El anillo se dota de ranuras en su parte interior para colocar el bobinado inducido (motores de rotor bobinado) o bien se le incorporan conductores de gran sección soldados a anillos del mismo material en los extremos del cilindro (motores de rotor en cortocircuito) similar a una jaula de ardilla, de ahí que reciban el nombre de rotor de jaula de ardilla.

El eje se apoya en unos rodamientos de acero para evitar rozamientos y se saca al exterior para transmitir el movimiento, y lleva acoplado un ventilador para refrigeración. Los extremos de los bobinados se sacan al exterior y se conectan a la placa de bornes.

2.2. Principios de funcionamiento

La forma de funcionar de un motor asíncrono de inducción se basa en la acción del flujo giratorio generado en el circuito estatórico sobre las corrientes inducidas por dicho flujo en el circuito del rotor. El flujo giratorio creado por el bobinado estatórico corta a los conductores del rotor, por lo que se generan fuerzas electromotrices inducidas. Suponiendo cerrado el bobinado rotórico, es de entender que sus conductores serán recorridos por corrientes eléctricas. La acción conjunta del flujo giratorio y las corrientes existentes en los conductores del rotor que originan fuerzas electrodinámicas sobre los propios conductores que arrastran al rotor haciéndolo girar (Ley de Lenz).

La velocidad de rotación del rotor en los motores asíncronos de inducción es siempre inferior a la velocidad de sincronismo (velocidad del flujo giratorio). Para que se genere una fuerza electromotriz en los conductores del rotor ha de existir un movimiento relativo entre los conductores y el flujo giratorio. A la diferencia entre la velocidad del flujo giratorio y del rotor se le llama deslizamiento.

La velocidad de estos motores, según el principio de funcionamiento y la frecuencia industrial, tiene que ser una velocidad fija, algo menor que la de sincronismo. Gracias a los avances en la electrónica de potencia, actualmente se fabrican arrancadores estáticos que pueden regular la velocidad de estos motores a cuando sobre la frecuencia de alimentación del motor, es decir, convierten la frecuencia industrial de la red en una distinta que se aplica al motor. De ahí que reciban el nombre de convertidores de frecuencia, pudiendo regular la velocidad, amortiguar el arranque e incluso frenarlo.

3. Montaje de las bombas

Cuando se instalen bombas en línea se deberá hacer con el eje de rotación en posición horizontal y hay que tener la consideración de dejarle bastante espacio al conjunto motor-rodete para que sea cómodo su desmontaje. El acoplamiento de una bomba en línea con la tubería podrá ser de tipo roscado hasta el diámetro DN 32.

En el momento del montaje de las bombas se deberá tener en consideración las especificaciones de montaje pero a la vez hay que considerar las instrucciones técnicas que corresponden a las reglamentaciones y normativas vigentes que afectan a las bombas y lo que corresponde a su montaje y posterior puesta en funcionamiento.

El instalador deberá avisar al organismo competente de las variaciones sobre las especificaciones motivadas por lo señalado en el párrafo anterior o por otras causas. Y también debe asegurarse de que la estructura del edificio es suficiente como para soportar la instalación de las placas solares térmicas.

Y una vez terminado el montaje, durante el tiempo previo al arranque de la instalación, si se prevé que este pueda prolongarse, el instalador procederá a tapar los captadores.

Nota:

Las tuberías discurrirán siempre por debajo de canalizaciones eléctricas que crucen o corran paralelamente.

La distancia en línea recta entre la superficie exterior de la tubería, con su eventual aislamiento, y la del cable o tubo protector no deben ser inferiores a las siguientes:

- 5 cm para cables bajo tubo con tensión inferior a 1.000 V.
- 30 cm para cables sin protección con tensión inferior a 1.000 V.
- 50 cm para cables con tensión superior a 1.000 V.

Se debe instalar siempre el circulador con la caja de terminales arriba o al lado del motor. Si la caja de terminales queda debajo del motor en el montaje inicial, retire los tornillos de montaje del motor y rote el motor en la posición correcta.

Compruebe que la empaquetadura esté intacta y bien asentada antes de volver a apretar de manera uniforme los tornillos de montaje.

Para cerciorarse de que el rotor siga girando libremente, retire provisoriamente el tapón (ubicado en el centro de la placa) introduzca un destornillador plano en la ranura del extremo del eje del rotor y hágalo girar.

Vuelva a apretar el tapón. Compruebe que no haya fugas de agua en ningún contacto del sello.

Respecto al cableado eléctrico, este debe instalarse estrictamente conforme a la normativa vigente. Y debe tener dos cosas principales que cumplir:

A) Un electricista calificado debe realizar la instalación eléctrica.
B) Compruebe siempre que se haya desconectado la electricidad antes de cablear el circulador.

Para cablear, afloje el tornillo de la tapa de la caja de terminales y retire el tornillo y la tapa. Inserte los cables por el conector de sello. Pele de aislante las puntas de los cables a conectar. Posteriormente ya solo queda insertar los cables en la regleta, desplace la palanca de los terminales en sentido contrario a la abertura del cable y apriételа firmemente. Introduzca el cable pelado en la abertura y suelte la palanca. Tire suavemente del cable para comprobar que esté fijo.

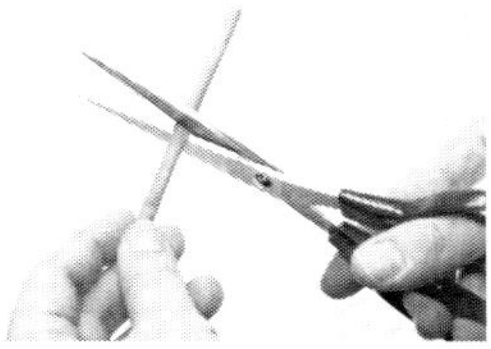
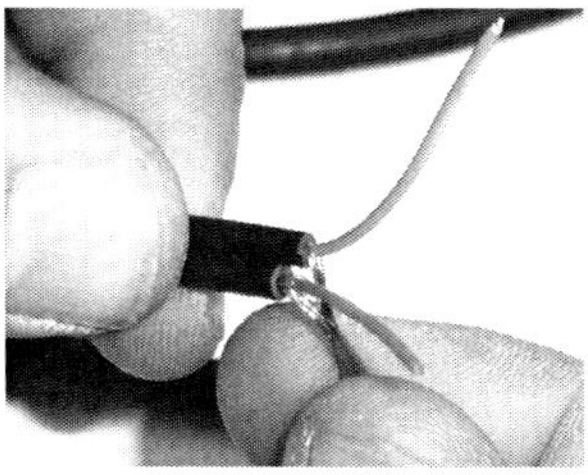
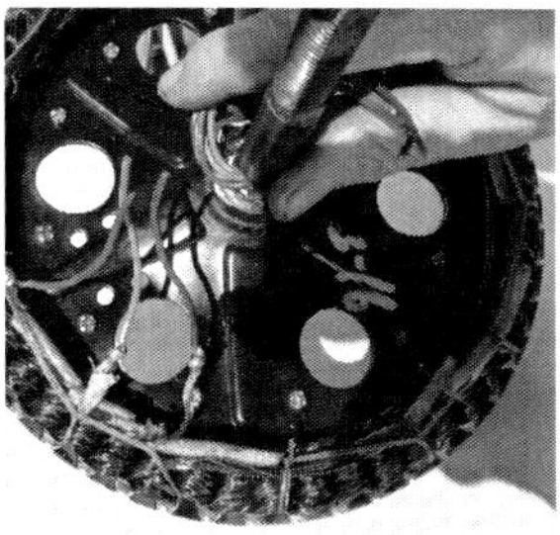

Para finalizar la conexión apriete la tapa de la caja de terminales.

El motor tiene protección térmica, de modo que no necesita protección contra sobrecarga. Todo lo que se necesita es un enchufe con fusible o un cortocircuito en la línea eléctrica. Se puede encontrar información eléctrica en la placa del motor, si es necesario conocer algún detalle más.

Actividades

Práctica

Enumere cuáles son los tipos de motores de corriente alterna de los que se ha hablado en esta unidad.

Responde a las siguientes cuestiones:

1. **El electrocirculador que se elija deberá ser capaz de suministrar la caída de presión determinada con un margen suficiente, en torno del...**
   a) 10%.
   b) 20%.
   c) 30%.
   d) 35%.

2. **¿Son los motores de bobinado auxiliar un motor de corriente alterna?**
   a) No.
   b) Son un tipo de motor de corriente continua.
   c) Sí y además son síncronos.
   d) Sí y además son monofásicos.

3. **¿Qué es el estátor en un motor?**
   a) La parte fija del motor.
   b) La parte móvil del motor.
   c) No es parte del motor.
   d) Es parte del ventilador.

4. ¿Cómo es la velocidad de rotación del rotor en los motores asíncronos de inducción respecto a la velocidad de sincronismo?

a) Igual.

b) Superior.

c) Inferior.

d) No tienen relación.

5. Un motor de excitación independiente es:

a) Monofásico.

b) Trifásico.

c) Asíncrono.

d) De corriente continua.

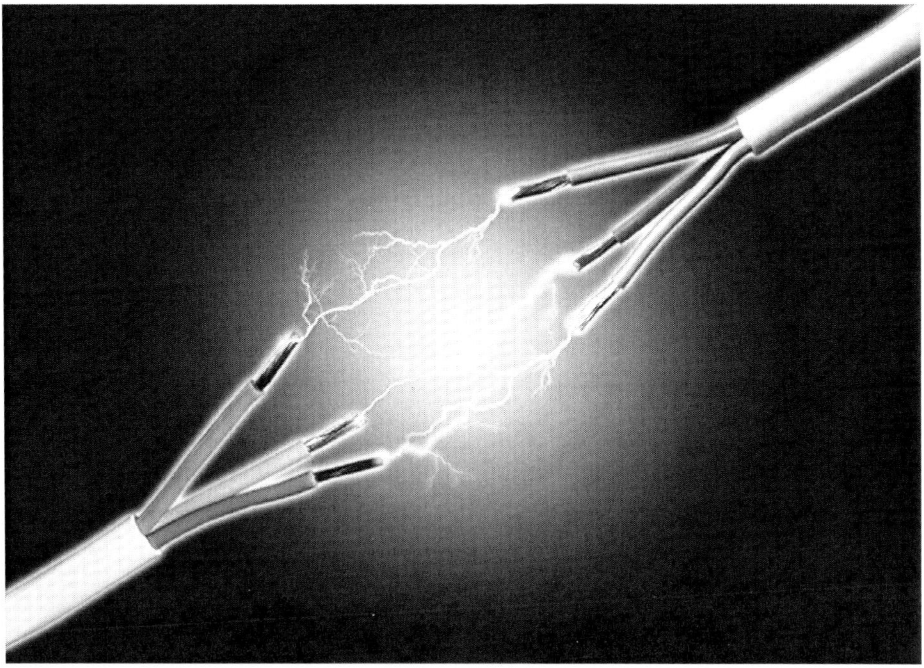

Capítulo 9

Reglamento Electrotécnico para Baja Tensión

Rodio
ediciones

Índice

1. Introducción

Todas las instalaciones eléctricas realizadas en Baja Tensión deben contemplar como normativa legal aplicable el Reglamento Electrotécnico para Baja Tensión (REBT), establecido según Real Decreto 842/2002, de 2 de agosto.

El reglamento se compone de tres documentos:

1. **Parte dispositiva**, formada por el texto correspondiente al Real Decreto 842/2002.
2. **Reglamento Electrotécnico de Baja Tensión**, formado por 29 artículos de carácter general que forman el citado reglamento.
3. **Instrucciones Técnicas Complementarias**, documentos donde se desarrollan conceptos, indicaciones y se establece la forma de realizar las diferentes instalaciones eléctricas que se encuentran en el marco de aplicación del REBT.

Otro documento que debemos destacar es la Guía Técnica de Aplicación del Reglamento Electrotécnico de Baja Tensión, se trata de un documento de ayuda para una mejor comprensión del REBT donde se realizan aclaraciones y ejemplos sobre diferentes puntos. Hay que tener presente que a diferencia de lo que sucede con el Reglamento la Guía Técnica no es un documento vinculante, esto quiere decir que ante una posible discrepancia entre lo indicado en el Reglamento y en esta, debemos aplicar lo indicado en el primero de ellos.

El objetivo que persigue el REBT es aportar las indicaciones técnicas necesarias para que las instalaciones eléctricas en las que es de aplicación reúnan las condiciones técnicas necesarias para garantizar tres cosas fundamentales como son:

1. Preservar la seguridad de las personas y los bienes.
2. Asegurar el normal funcionamiento de dichas instalaciones y evitar que estas puedan provocar perturbaciones en otras instalaciones y servicios.
3. Favorecer la fiabilidad técnica y eficiencia económica de las instalaciones.

¿En qué instalaciones se debe aplicar todo lo indicado en el REBT?

Tal y como se establece en el artículo 2 de la parte reglamentaria, este reglamento debe ser considerado en las instalaciones que **distribuyan la energía eléctrica, instalaciones generadoras de energía para consumo propio** (imagen a continuación) e **instalaciones receptoras.**

Las tensiones límites donde es de aplicación son:

- Para corriente alterna: igual o inferior a 1.000 voltios.
- Para corriente continua: igual o inferior a 1.500 voltios.

En el tipo de instalaciones que nos ocupa son de obligado cumplimiento las prescripciones del presente reglamento, dado que se trata de instalaciones normalmente alimentadas con corriente alterna a una tensión nominal de 230 voltios.

2. Definiciones

A continuación se exponen una serie de definiciones que consideramos necesarias para la comprensión de textos, manuales técnicos y documentación que deberemos manejar en el desarrollo de nuestro trabajo.

- **Instalación eléctrica**: se define como todo conjunto de aparatos y de circuitos asociados en previsión de un fin particular: producción, conversión, transformación, distribución o utilización de la energía eléctrica.
- **Cable**: se define al mismo como el conjunto constituido por:
  - ▷ Uno o varios conductores aislados.
  - ▷ Su eventual revestimiento individual.
  - ▷ La eventual protección del conjunto.
  - ▷ El o los eventuales revestimientos de protección que se dispongan. Puede tener, además, uno o varios conductores no aislados.
- **Corriente de cortocircuito**: sobreintensidad producida por un error de impedancia despreciable (resistencia prácticamente nula), entre dos conductores activos que presentan una diferencia de potencial en condiciones normales de servicio.
- **Envolvente**: elemento de seguridad que aumenta la protección de los materiales contra ciertas influencias externas y la protección, en cualquier dirección, ante contactos directos.
- **Partes activas**, conductores y piezas conductoras bajo tensión en servicio normal. Incluyen el conductor neutro y las partes a ellos conectadas.
- **Receptor**: aparato o máquina eléctrica que utiliza la energía eléctrica para un fin determinado.
- **Sobreintensidad**: toda corriente superior al valor asignado. En los conductores, el valor asignado es la corriente admisible.

Existe un gran número de términos utilizados en electricidad y que es conveniente que el profesional esté familiarizado con ellos. En la Instrucción Técnica Complementaria ITC-BT-01 aparecen algunos de ellos.

Un término que es importante aclarar dado que aparece de manera frecuente y que en muchas ocasiones es entendido es ¿qué se considera instalación interior? Pues bien, las instalaciones interiores no son únicamente aquellas que se encuentran en zonas cubiertas como podía pensarse al leer el término, tales como viviendas, locales comerciales, industrias, etc., sino que además engloba todas las instalaciones receptoras de baja tensión que toman su alimentación a partir de la línea de distribución. Como ejemplo podemos indicar que se consideran instalaciones interiores las de alumbrado exterior, las temporales de obra, las de piscinas y fuentes, etc.

3. Instrucciones técnicas complementarias

Como hemos comentado al inicio de este capítulo, uno de los documentos que forman el Reglamento Electrotécnico de Baja Tensión son las ITC o Instrucciones técnicas complementarias, el documento está formado por 51 instrucciones de las cuales unas son generales y otras específicas. A la hora de realizar una instalación debemos ver si pertenece a alguna de las que se tratan en instrucciones específicas y si no es así consideraremos las de tipo general. Más adelante trataremos aquellas instrucciones específicas que nos atanen. Las ITC se pueden dividir en 5 bloques principales que son:

- **Bloque I**

  Dentro de este se incluyen las ITC-01 a la ITC-05 ambas incluidas. En este se trata la terminología eléctrica, normativa y documentación necesaria tanto para los instaladores como para las instalaciones.

- **Bloque II**

  Incluye las ITC-06 a la ITC-11 ambas incluidas. En estas se determinan las características de montaje y elementos que componen las instalaciones de distribución de energía (aérea y subterránea) e instalaciones de alumbrado exterior.

- **Bloque III**

  Incluye las ITC-12 a la ITC-18 ambas incluidas. En estas se determinan las características de montaje y elementos que componen las instalaciones de enlace, entendiendo estas como las que unen la red de distribución con la instalación interior.

- **Bloque IV**

  Incluye las ITC-19 a la ITC-42 ambas incluidas y las ITC 50 y 51. En estas se determinan las características de montaje y elementos que componen las instalaciones receptoras de todo tipo.

- **Bloque V**

  Incluye las ITC-43 a la ITC-49 ambas incluidas. En estas se establecen las características de los diferentes tipos de receptores como pueden ser: aparatos de caldeo, motores, etc.

A continuación vamos a realizar un pequeño resumen de aquellas instrucciones que consideramos necesarias para el correcto desarrollo de las instalaciones que tratamos en este Certificado de Profesionalidad.

3.1. Prescripciones generales de instalación

Dichas prescripciones vienen determinadas en las instrucciones técnicas y aunque en la Instrucción se extienden a las instalaciones interiores, haremos especial mención de aquellas que se deben de considerar en la instalación de energía solar térmica por las características de la misma.

La determinación de las características de la instalación dependerá de varios criterios:

1. La utilización prevista de la instalación, su estructura y tipo de sistema de distribución utilizado.
2. Las influencias externas a las que está sometida la instalación.
   - ▹ Funcionamiento a temperaturas muy bajas o muy altas o condiciones de humedad.
   - ▹ Presencia permanente de sustancias corrosivas o contaminantes o con polvo abundante.
   - ▹ Presencia en el lugar de instalación de agua en forma de gotas, pulverización, proyecciones, chorros o posibilidad de inundación intermitente o permanente.
   - ▹ Instalaciones de intemperie con radiaciones solares altas.
   - ▹ Instalaciones en zonas de actividad sísmica no despreciable.
   - ▹ Capacidad de las personas usuarias de la instalación según su conocimiento de los riesgos eléctricos. Por ejemplo en guarderías y hospitales.
   - ▹ Tipo constructivo del edificio, por ejemplo si el edificio es combustible (de madera).

3. Compatibilidad de los materiales eléctricos con otros materiales, servicios y con la fuente de alimentación.

   Estas características ser refieren por ejemplo a sobretensiones transitorias, variaciones rápidas de potencia, intensidades de arranque, etc.

4. Facilidad de mantenimiento.

Las instalaciones eléctricas deben realizarse de forma que toda verificación periódica, ensayo, mantenimiento o reparación necesaria en el transcurso de su vida útil pueda realizarse de forma fácil y segura. Además la fiabilidad de los materiales instalados debe permitir el funcionamiento de la instalación durante toda su vida útil.

A) Naturaleza de los conductores

Los conductores y cables serán siempre de cobre y/o de aluminio y se encontrarán siempre aislados, en las instalaciones que se realicen. Su tensión de aislamiento será como mínimo 450/750 voltios.

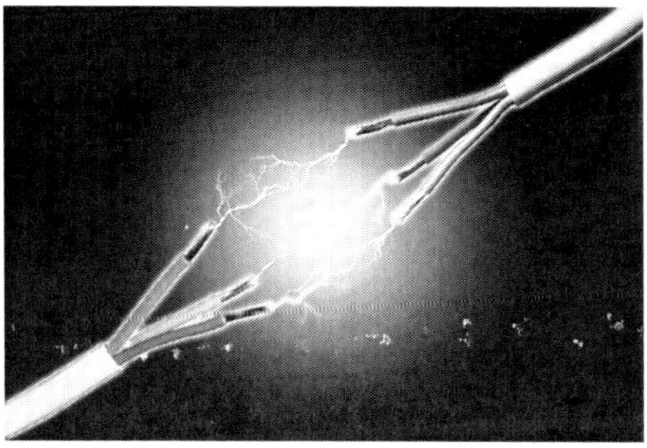

B) Sección de los conductores

A la hora de elegir técnicamente la sección de cable a colocar se debe tener en cuenta las instrucciones y las condiciones que indica la reglamentación, de modo que la caída de tensión entre el punto más alejado de la instalación y el punto de entrada de la red no puede superar el 3% de la tensión nominal, en el interior de viviendas o instalaciones interiores.

El conductor neutro debe tener la misma sección que el resto de cables para aumentar la seguridad.

La sección de los conductores además debe ser adecuada a la intensidad máxima que pueda circular por los mismos, que es función de la potencia de las cargas conectadas al circuito. En esta ITC encontramos una tabla donde se indica la intensidad máxima admisible en los conductores a una temperatura ambiente de 40 °C y para distintos métodos de instalación, agrupamiento y tipos de cables.

Cuando se trata de circuitos trifásicos la simbología se indica con 3x y si son monofásicos se hace con 2x.

La sección que deben tener los conductores que se usan para protección debe ser como mínimo la que se refleja en la tabla que a continuación se muestra:

Secciones de los conductores de fase o polares de la instalación (mm^2)	Secciones mínimas de los conductores de protección (mm^2)
$S \leq 16$	S(*)
$16 < S \leq 35$	16
$S > 35$	S/2

(*) Con un mínimo de:

2,5 mm^2 si los conductores de protección no forman parte de la canalización de alimentación y tienen una protección mecánica.

4 mm^2 si los conductores de protección no forman parte de la canalización de alimentación y no tienen una protección mecánica.

C) Identificación de conductores

Como la instalación y el posterior mantenimiento o modificación no tienen por qué hacerlo la misma persona, existe una norma para la identificación de los cables a través de un código de colores. De tal forma que aunque no haya sido la persona que lo haya instalado cuando llegue al sitio sea capaz de reconocer qué conductor es la fase, cuál el neutro o cuál el toma tierra.

Conductor	Coloración		
Neutro (o previsión de que un conductor de fase pase posteriormente a neutro)	Azul		
Protección	Verde-amarillo		
Fase	Marrón	Negro	Gris

D) Subdivisión de las instalaciones

A lo largo de una instalación se colocarán cajas de conexión y puntos de control para que la instalación se pueda seccionar y en caso de avería tener localizado la zona de afectación y no tener que localizarla en toda la instalación y en caso de sustitución de un tramo, pueda hacerse por tramos y no la instalación completa.

Se realiza la división en varios circuitos con el fin de:

- Evitar las interrupciones innecesarias de todo el circuito y limitar las consecuencias de un fallo.
- Facilitar las verificaciones, ensayos y mantenimientos.

E) Medidas de protección

La instalación eléctrica se debe diseñar de tal forma que no genera en sí un riesgo o peligro ni para las personas, ni animales ni tan si quiera cuando pueda haber una avería. Las medidas de protección y aislante deben ser útiles y funcionar tanto en condiciones normales como cuando exista una avería. De forma que las protecciones colocadas sean funcionales contra contactos directos e indirectos.

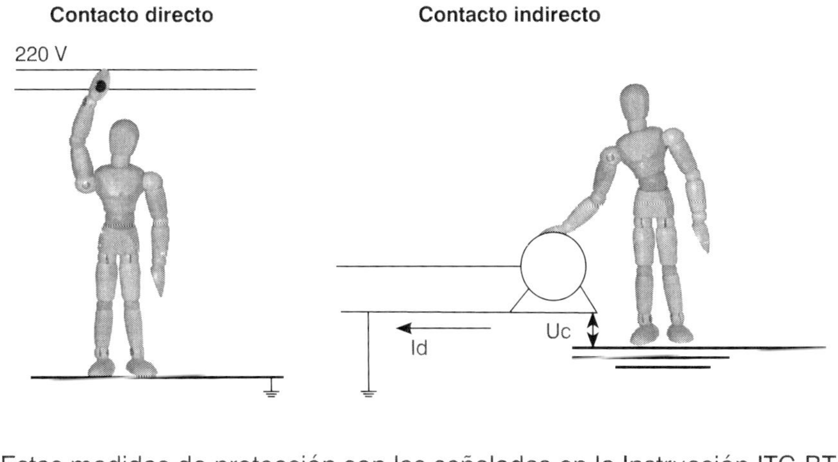

Estas medidas de protección son las señaladas en la Instrucción ITC-BT-24.

F) Conexiones

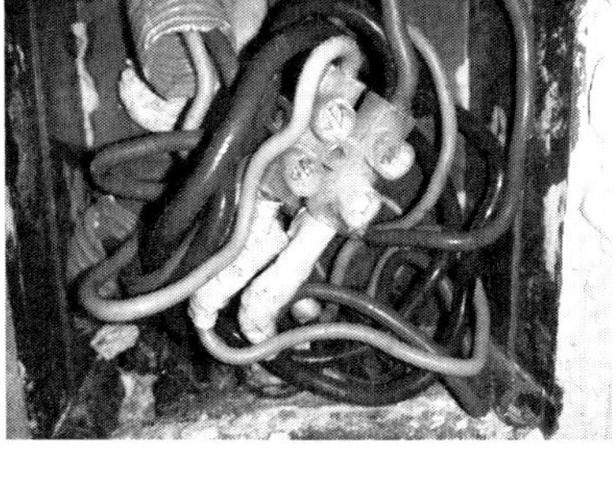

Las conexiones que se realicen entre conductores se deben hacer de forma correcta y con fichas de empalme, no son válidas derivaciones retorciendo los conductores o métodos similares.

Se deberán realizar siempre en fichas de empalme ya sean de forma individual o conjuntas.

G) Sistemas de instalación

Los sistemas de instalación se describen en la ITC-BT-20, la selección del tipo de instalación se realizará en cada instalación en función de sus características particulares.

Los sistemas de instalación utilizados en el tipo de instalación que estamos estudiando son:

- Conductores aislados bajo tubos protectores.
- Conductores aislados bajo canales protectoras.

H) Tubos y canales protectoras

Las características, prescripciones de instalación y otras consideraciones a tener presente en la instalación aparecen reflejadas en la ITC-BT-21.

Los tubos protectores pueden ser:

- Tubo y accesorios metálicos.
- Tubo y accesorios no metálicos.
- Tubo y accesorios compuestos (constituidos por materiales metálicos y no metálicos).

Se clasifican:

- Sistemas de tubos rígidos.
- Sistemas de tubos curvables.
- Sistemas de tubos flexibles.
- Sistemas de tubos enterrados.

I) Prescripciones generales en la instalación y colocación de tubos

Se tendrán en cuenta las siguientes indicaciones generales en la instalación de instalaciones bajo tubo:

- Las canalizaciones se realizarán en horizontal o vertical, siguiendo las líneas de las paredes, no como muchas veces se ven oblicuas.
- Utilizando una cola que haga el ensamble estanco y siempre en caliente se permite la unión de tubos aislantes rígidos curvables.
- Cuando un tubo se curve no puede formar pliegues que reduzcan su diámetro, ni que opriman a los conductores que lleva en el interior.

- Si la instalación se hace correctamente, la introducción de los cables por los tubos será cómoda y fácil. La distancia máxima entre cajas no será mayor a 15 metros para tramos rectos y el número de curvas entre dos registros no superará las 3.
- Las cajas pueden tener la única misión de facilitar la introducción de los cables a la vez de ser un tramo divisible.

- Como las conexiones son uno de los puntos más críticos en una instalación eléctrica, estas se realizarán dentro de una caja apropiada
- Los tubos se colocarán en las paredes o techos utilizando bridas o abrazaderas protegidas contra la corrosión y sólidamente sujetas. La distancia entre estas será, como máximo, de 0,50 metros.
- Con idea de evitar posibles alcances y daños por fuerza mecánica, la colocación de los tubos se aconseja a una altura igual o superior a los 2.500 milímetros.
- Los tubos de canalización se deben introducir en las paredes y muros lo suficientemente como para que no se vean afectados, ni deteriorados por golpes o por cambios ambientales.

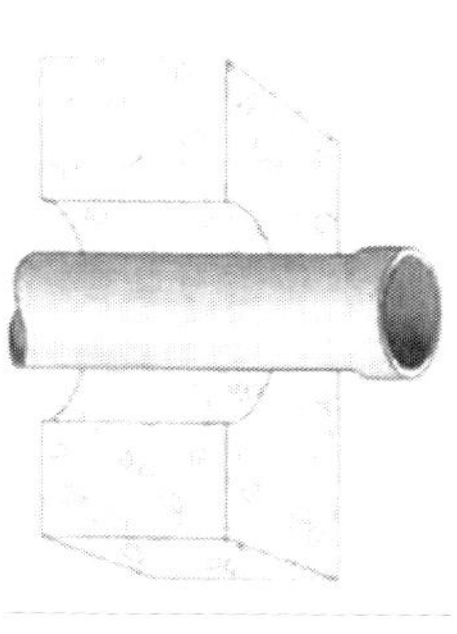

J) Protección contra sobreintensidades

Todo circuito estará protegido contra los efectos que pueda producir sobre el mismo la exposición a sobreintensidades. Las sobreintensidades pueden venir provocadas por las siguientes causas:

- Sobrecargas debidas a los aparatos de utilización o defectos de aislamiento de gran impedancia.
- Cortocircuitos.
- Descargas eléctricas atmosféricas.

K) Protección contra sobrecargas

Se garantizará que el dispositivo de protección tenga una intensidad de disparo inferior a la intensidad máxima admisible por los conductores del circuito protegido.

El dispositivo de protección podrá ser un interruptor automático de corte omnipolar o cortacircuitos fusibles calibrados.

L) Protección contra cortocircuitos

En toda instalación, al inicio de la misma se colocará un dispositivo de protección contra cortocircuitos. Los dispositivos estarán tardos a la intensidad de cortocircuito máxima admisible de los elementos de la instalación. Y a la vez de dispositivos por circuitos se conectará también un cortacircuitos general que proteja a los circuitos derivados.

Para la correcta elección del dispositivo de protección deben tenerse en cuenta las siguientes características:

- **Intensidad nominal o calibre**: es la intensidad máxima que el dispositivo es capaz de soportar sin que se produzca la apertura del circuito.
- **Poder de corte**: intensidad máxima que es capaz de cortar el dispositivo, expresado en kA.
- **Curvas**: determina los tiempos de corte en función de la intensidad que circula por el dispositivo.

Actividades

Práctica

1. **Indica cuáles de las siguientes afirmaciones son verdaderas y cuáles son falsas.**
   a) Preservar la seguridad de las personas y los bienes es uno de los objetivos del REBT.
   b) La tensión límite para corriente alterna donde es aplicable el REBT es de 1.500 voltios.
   c) El conductor neutro no se considera una parte activa de la instalación.
   d) El alumbrado exterior de una urbanización también se considera instalación interior.
   e) La sección del conductor neutro será como mínimo igual al conductor de fase.
   f) Un magnetotérmico es un dispositivo de protección contra sobreintensidades.

Responde a las siguientes cuestiones

1. **¿Cuál es el objeto del Reglamento Electrotécnico para Baja Tensión?**
   a) Preservar la seguridad de las personas y los bienes.
   b) Contribuir a la fiabilidad técnica de las instalaciones.
   c) Contribuir a la económica de las instalaciones.
   d) Todas las respuestas anteriores son correctas.

2. ¿Cuáles son los límites de las tensiones nominales de las instalaciones eléctricas reguladas por el Reglamento Electrotécnico para Baja Tensión?

a) Hasta 1.000 V en corriente continua.

b) Hasta 1.500 V en corriente continua.

c) Hasta 1.500 V en corriente alterna.

d) Ninguna de las respuestas anteriores es correcta.

3. ¿Cuáles pueden ser las causas de una sobreintensidad de un circuito de una instalación interior?

a) Sobrecargas debidas a los aparatos de utilización.

b) Defectos de aislamiento de gran impedancia.

c) Cortocircuitos o descargas eléctricas atmosféricas.

d) Todas las respuestas anteriores son correctas.

4. ¿Cómo deben realizarse las conexiones de conductores en una instalación interior?

a) Por retorcimiento de los conductores.

b) Por arrollamiento entre sí de los conductores y aplicando posteriormente al menos una capa de cinta aislante.

c) Utilizando bornes de conexión o regletas de conexión.

d) Todas las respuestas anteriores son correctas.

5. ¿Qué características mínimas tendrán los conductores a instalar bajo tubos protectores?

a) Serán de tensión asignada no inferior a 300/500 V.

b) Serán de tensión asignada no inferior a 450/750 V.

c) Serán de tensión asignada inferior a 450/750 V.

d) Serán de tensión asignada igual a 0,6/1 kV.

Bibliografía y Webgrafía

Bibliografía

- RITE 2009. *Reglamento de Instalaciones Térmicas en los Edificios.*
- Código Técnico de Edificación -CTE DB HE4.
- *Sistemas profesionales de montaje solar*. SCHLETTER ESPAÑA S.L. Alcobendas (Madrid)
- *Manual de procedimientos generales de la calidad*. 2005. Instituto Juan Antonio Castro. Talavera de la Reina.
- *Manual de prevención de riesgos laborales en trabajos en altura de fraternidad* MUPRESPA**.** 2005. Editorial Borrmart.
- *Dossier de información al usuario* (Manual de uso y mantenimiento). 2004. PLC Madrid SLU.
- *Apuntes de la Cátedra de Ingeniería rural* de la Escuela Universitaria de Ingeniería Técnica Agrícola de Ciudad Real.
- AENOR. 2010. *RITE, Instrucciones Técnicas y selección de normas UNE para empresas instaladoras.* Editorial Rústica.
- *Electrotécnica*. Mujal Rosas, Ramón Mª. Ediciones UPC. Aula Politécnica (2002).
- Ley de Prevención de Riesgos Laborales (Ley 31/1995, de 8 de noviembre. BOE nº 269 de 10 de noviembre).
- Reglamento de los Servicios de Prevención (Real Decreto 39/1997, de 17 de enero. BOE nº 27 de 31 de enero).
- Reglamento sobre la utilización de Equipos de Protección Individual (Real Decreto 773/1997, de 30 de mayo BOE nº 140 de 12 de junio).
- Reglamento sobre comercialización de Equipos de Protección Individual. (Real Decreto 1407/1992 de 20 de noviembre. BOE nº 311 de 28 de diciembre, modificado por el Real Decreto 159/1995 de 2 de febrero. BOE nº 57 de 8 de marzo, y por la Orden de 20 de febrero de 1997. BOE nº 56 de 6 de marzo).
- Real Decreto 363/1995 de 10 de marzo (BOE 5.6.95). Reglamento sobre notificación de sustancias nuevas y clasificación, envasado y etiquetado de sustancias peligrosas.
- Real Decreto 1435/1992 de 27 de noviembre (BOE 11.12.92) relativo a la aproximación de las legislaciones de los Estados miembros sobre máquinas.

Webgrafía

- www.censolar.es CENSOLAR (Centro de Estudios de la Energía Solar)
- www.idae.es Instituto de diversificación y ahorro energético – IDEA.
- www.insht.es; Instituto nacional de seguridad e higiene en el trabajo
- www.juntadeandalucia.es
- www.uco.es
- www.solarelectric.es
- www.coitiab.es
- www.baxi.es
- www.boe.es
- www.asit-solar.com
- www.solaris.es
- www.cener.com
- www.wurth.es
- www.ffii.es
- www.mityc.es

Solucionario

eRodio ediciones

Bloque 1. Seguridad en el montaje eléctrico de instalaciones solares térmicas

Capítulo 1. Planes de seguridad en el montaje eléctrico en instalaciones solares térmicas

Práctica

Factores técnicos

- Mal diseño.
- Falta de mantenimiento preventivo a equipos y maquinaria.
- Falta de equipos de protección individual.
- Mala ubicación.
- Falta de condiciones en lugares de trabajo.
- Falta de señalización.
- Falta de dispositivos de seguridad en los equipos de trabajo.
- Falta de comunicación entre empresa y trabajadores/as.
- Falta de orden y limpieza.
- Uso inadecuado por parte de los trabajadores de equipos, etc.

Factores humanos

- Falta de aptitudes para el trabajo a desarrollar (edad, estado de salud, capacidad física...).
- Falta de experiencia en determinada tarea.
- Exceso de confianza.
- Imprudencia del trabajador.
- Falta de información en cuanto a los riesgos a que se expone.
- Mal procedimiento de trabajo.

Responde a las siguientes cuestiones:

1. d) Todas las respuestas anteriores son objetivos de la ley de PRL.

2. c) Se deben adoptar medidas de protección colectiva antes que individuales.

3. c) El coordinador de seguridad y salud.

4. a) Exceso de confianza.

5. b) Inspección de seguridad.

Capítulo 2. Prevención de riesgos profesionales de origen eléctrico en el ámbito de las instalaciones de energía solar térmica

Práctica

Contacto directo: a), d) y e).

Contacto indirecto: b), c) y f).

Responde a las siguientes cuestiones:

1. a) Los efectos de la caída, si un operario recibe una descarga eléctrica estando subido en un andamio y cae.

2. b) 10 mA.

3. a) La intensidad y el tiempo de paso de la corriente eléctrica a través del cuerpo.

4. d) Todas las respuestas anteriores son correctas.

5. b) Paso de la corriente por el corazón, provocando la ruptura del ritmo cardiaco.

Capítulo 3. Medios y equipos de seguridad

Práctica

1. ⟶ d)
2. ⟶ c)
3. ⟶ a)
4. ⟶ b)

Responda a las siguientes cuestiones:

1. d) Ninguna de las respuestas anteriores es correcta.
2. c) Bartolejo.
3. a) Temperatura del lugar de trabajo.
4. b) Orejeras.
5. c) Reponer aquellos EPI deteriorados por el uso.

Capítulo 4. Prevención y protección medioambiental

Práctica

1. Cambio climático.
2. Deforestación.
3. Efecto invernadero.
4. Lluvia ácida.
5. Contaminación.
6. Agotamiento del agua.

7. Destrucción de la biodiversidad.
8. Desertización.

Responde a las siguientes cuestiones:

1. b) Conjunto de componentes físicos, químicos, etc., capaces de causar efectos sobre los seres vivos y las actividades humanas.
2. c) $CO_{2.}$
3. a) Sección HE4.
4. d) Los edificios rehabilitados con piscina climatizada cubierta.
5. d) Todas las respuestas anteriores son correctas.

Capítulo 5. Emergencias

Práctica

1.

1. Determinar la falta de respuesta.
2. Apertura de la vía aérea.
3. Respiración de boca a boca.
4. Toma de circulación.
5. Inicie la reanimación.
6. No interrumpir RCP hasta que llegue ayuda.

2.

- Señal de alarma general.
- Itinerarios.
- Opciones de salida.

- Puntos de reunión exterior.
- Normas de conducta.
- Información y simulacro.

Responde a las siguientes cuestiones:

1. a) Movilizar lo menos posible a la víctima.

2. b) Proporcionar líquidos al accidentado.

3. d) Si la persona afectada sufre convulsiones, tratar de bloquearlas.

4. b) Usar hielo sobre la herida.

5. c) Usar ascensores o montacargas para la rápida evacuación.

Capítulo 6. Zonas de trabajo

Práctica

1.

TIPO DE SEÑAL DE SEGURIDAD	FORMA GEOMÉTRICA	COLOR			
		PICTOGRAMA	FONDO	BORDE	BANDA
ADVERTENCIA	**TRIANGULAR**	**NEGRO**	AMARILLO	NEGRO	
PROHIBICIÓN	REDONDA	NEGRO	BLANCO	**ROJO**	**ROJO**
OBLIGACIÓN	REDONDA	BLANCO	AZUL	BLANCO O AZUL	
LUCHA CONTRA INCENDIOS	RECTANGULAR O CUADRADA	**BLANCO**	ROJO		
SALVAMENTO O SOCORRO	**RECTANGULAR O CUADRADA**	**BLANCO**	VERDE	BLANCO O VERDE	

Responde a las siguientes cuestiones:

1. a) Los servicios higiénicos y locales de descanso.
2. d) Todas son ciertas.
3. c) Amarillo.
4. a) Redondeada.
5. c) Indicar objetos o situaciones que pueden poner en peligro la salud del trabajador.

Capítulo 7. Normativa de aplicación

Práctica

1.

1. b) Reglamento de Instalaciones Térmicas en los Edificios.
2. a) Criterios higiénicos sanitarios para la prevención y control de la legionelosis.
3. d) Disposiciones mínimas de Seguridad y Salud para la utilización por los trabajadores de los Equipos de Trabajo.
4. c) Disposiciones mínimas para la Protección de la Salud y Seguridad de los trabajadores frente al Riesgo Eléctrico.

Responde a las siguientes cuestiones:

1. c) Facilitar a los trabajadores la localización de los medios de extinción de incendios.
2. a) Sección HE-4.
3. c) Reglamento de Instalaciones Térmicas de Edificios.
4. b) Circuitos cerrados de calefacción.
5. d) Todas las respuestas anteriores son correctas.

Bloque 2. Accionamiento y control eléctrico en instalaciones solares térmicas

Capítulo 1. Fundamentos de electricidad

Práctica

a) Interruptor unipolar de dos posiciones, en su forma unifilar.

b) Símbolo de puesta a tierra.

c) Símbolo general de lámpara.

d) Símbolo general de una bobina.

Responde a las siguientes cuestiones:

1. a) Por la Norma UNE-EN 6061-7.

2. a) Tantas líneas como conductores tengamos en la instalación.

3. c) Sí, es correcto.

4. d) Esquemas desarrollados

5. b) Esquema sinóptico.

Capítulo 2. Clasificación de instalaciones de suministro de energía eléctrica

Práctica

Según establece el Reglamento Electrotécnico de Baja Tensión REBT, en su artículo 10, los suministros se clasifican en:

- Suministro Normal.
- Suministro Complementario, que a su vez se clasifica en: suministro de socorro de reserva y duplicado.

Responde a las siguientes preguntas:

1. b) Generadores, líneas, transformadores y cargas.
2. d) Todas son falsas.
3. c) Acometida, caja general de protección, línea repartidora y derivación individual.
4. d) b) y c) son verdaderas.
5. c) Tiempo medio en el que una zona queda sin servicio.

Capítulo 3. Acometidas y cuadros de protección general

Práctica

Contactos de cobre electrolítico, cámara de extinción de arco, cámara de ruptura, bimetal, relé electromagnético, conductor del arco, mecanismo de desconexión, manecilla de maniobra, dispositivo de señalización.

Responde a las siguientes cuestiones:

1. c) Se expresa en kA.
2. c) Sobrecargas y cortocircuitos.
3. a) La mayor intensidad de cortocircuito que puede cortar el interruptor a una tensión determinada.
4. d) Amperimétrica, cronométrica y filiación.
5. c) Tipo B, tipo C, tipo D, tipo Z, tipo MA.

Capítulo 4. Canalizaciones y conducciones

Práctica

Las partes que componen un conductor eléctrico son: alma, aislamiento, cubiertas protectoras.

Responde a las siguientes cuestiones:

1. b) Unipolares y multipolares.
2. c) El grosor de un conductor.
3. c) 3×4 mm^2.
4. d) Al conjunto de elementos que se utilizan para guiar a los conductores, y para su fijación y protección mecánica.
5. d) a) y c) son correctas.

Capítulo 5. Máquinas de generación de corriente eléctrica

Práctica

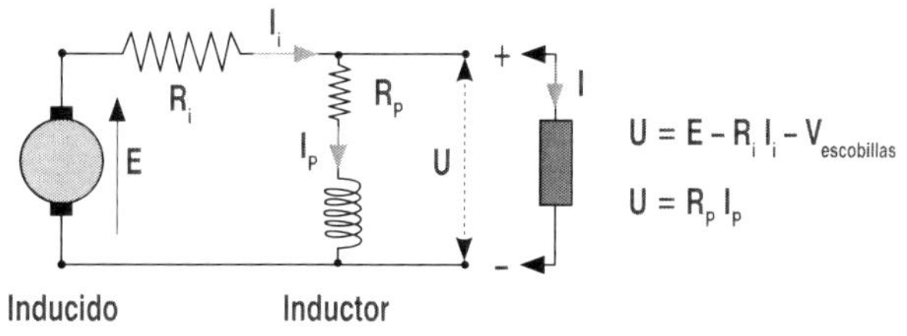

Responde a las siguientes cuestiones:

1. b) Transforma la energía mecánica en energía eléctrica.
2. b) Generador compuesto acumulativo y diferencial.
3. d) Variando el valor de la resistencia de campo y modificando la velocidad de giro.
4. c) De rotor liso y de polos salientes.
5. b) 1.000 rpm.

Capítulo 6. Motores y bombas

Práctica

- Regulador de velocidades múltiples.
- Regulador de velocidad con reóstato secundario.
- Reguladores de velocidad de corriente continua.

Responde a las siguientes cuestiones

1. c) Protección térmica con dos bobinas conectadas en serie con el circuito a proteger.
2. a) Arranque en estrella triángulo.
3. d) Las tres anteriores son las más utilizadas.
4. c) Directos a la línea y manual.
5. b) De acción continua, de acción impulsional y de relés.

Capítulo 7. Diferentes tipos de motores

Práctica

- Motor de excitación independiente.
- Motor en serie.
- Motor shunt o derivación.
- Motor Compound.

Responde a las siguientes cuestiones:

1. a) Transformar la energía eléctrica en energía mecánica por medios electromagnéticos.
2. b) La parte fija del motor y el inductor.
3. d) Dispara su velocidad cuando desarrolla un par de arranque elevado.
4. b) De corriente alterna.
5. c) Tres cables: dos para alimentación y uno para el control.

Capítulo 8. Medida de magnitudes eléctricas

Práctica

1. Voltímetro.
2. Amperímetro.
3. Contador de energía.
4. Ohmímetro.

Responde a las siguientes cuestiones:

1. b) En serie con el receptor.
2. b) En paralelo con el receptor.
3. c) Puede medir además intensidades de corriente y tensiones.
4. c) Los aparatos electrotérmicos.
5. d) Pinza.

Capítulo 9. Elementos eléctricos de maniobra en baja tensión

Práctica

a) Interruptores para maniobra en vacío.
b) Interruptores para maniobra en carga.
c) Interruptores para motores.
d) Interruptores de potencia o disyuntores.

Responde a las siguientes cuestiones:

1. c) Interruptores en carga y motores.
2. c) Aíslan de la red el equipo de mando.

3. a) Protegen a sus devanados frente a un calentamiento por sobrecarga.

4. b) Para corriente alterna.

5. d) Contra subtensión.

Capítulo 10. Principios de regulación y control

Práctica

Encendido y paro de motor eléctrico

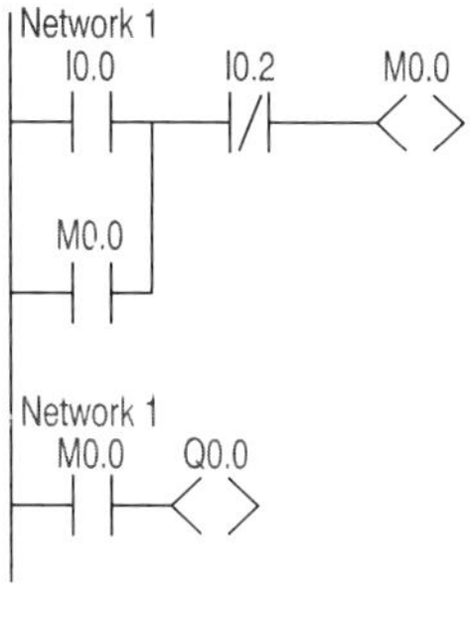

Responde a las siguientes cuestiones:

1. c) b) y c) son correctas.

2. c) Realizar las operaciones lógicas, operaciones aritméticas, lectura y modificación de datos.

3. b) De lectura y escritura.

4. a) Analógicas digitales y especiales.

5. a) Compactos y modulares.

Bloque 3. Montaje de circuitos y equipos eléctricos de instalaciones solares térmicas

Capítulo 1. Especificaciones de montaje

Práctica

- Bombas de circulación.
- Sistemas de regulación y control.
- Depósito acumulador secundario.

Responde a las siguientes cuestiones:

1. a) En montaje superficial o empotrado.

2. b) 1 interruptor magnetotérmico para cada circuito.

3. b) Cobre.

4. b) Manguera tripolar y cable unipolar con aislamiento de PVC, EPR o XLPE.

5. d) En las cajas de derivación.

Capítulo 2. Montaje de circuitos y equipos eléctricos de instalaciones solares térmicas

Práctica

- Diseño del trazado.
- Apertura de rozas.
- Colocación del tubo, cajas de derivación y cajas de mecanismos.
- Enlucido.

Responde a las siguientes cuestiones:

1. a) Cortar la alimentación del cuadro general pulsando la tecla de test del diferencial.
2. c) En paralelo o perpendicular a las aristas de la pared.
3. b) Conductores de fase (negro, marrón o gris), neutro (azul) y protección (amarillo-verde).
4. d) Prensaestopas.
5. b) Multímetro.

Capítulo 3. Organización del montaje de circuitos y equipos eléctricos de instalaciones solares térmicas

Práctica

- Serie BGC
  - ▹ Diferentes potencias de conexión.
  - ▹ Termostato incorporado.
  - ▹ Limitación de temperatura ajustable hasta 80 °C.
- Grupos monobloc con vaina para termostato. Serie NOB
  - ▹ Desde 500 a 3.500 W, 220 V.
  - ▹ Diferentes longitudes.
  - ▹ Con vaina para termostato.

Responde a las siguientes cuestiones:

1. b) Electrotécnico de baja tensión.
2. c) Explosión del tanque.
3. a) Impida el aumento de la presión interior por encima de la de timbre.

4. b) Un reloj, el cual activará automáticamente la resistencia durante estas horas.
5. c) En contracorriente con el fluido.

Capítulo 4. Determinación y selección de equipos y elementos necesarios para el montaje a partir de los planos de la instalación

Práctica

- Conductor de tierra-Verde y amarillo
- Conductor neutro-Azul
- Conductor fase- Marrón, negro, gris

Responde a las siguientes cuestiones:

1. b) El técnico competente.
2. d) Todas son correctas.
3. c) a) y b) son correctas.
4. a) Como mínimo igual a la de las fases.
5. d) Todas son correctas.

Capítulo 5. Útiles, herramientas y medios empleados en el montaje

Práctica

Serán de aluminio o cobre los conductores rígidos que se usen las instalaciones.

Los conductores flexibles serán únicamente de cobre. Los rígidos apenas se emplean por su gran dificultad de manejo.

Responde a las siguientes cuestiones:

1. d) Líneas y redes de distribución de Baja Tensión.
2. b) 06 y 07 con los factores de corrección que procedan.
3. c) El 90% de su carga de rotura.
4. d) Todas son correctas.
5. d) La a) y la b) son correctas.

Capítulo 6. Soportes y anclajes

Práctica

1. El primer paso será fijar las cintas perforadas a la cubierta, quitando si fuera necesario algunas tejas.
2. Una vez colocadas las cintas volvemos a colocar las tejas de forma que la cinta quede por el exterior.
3. Uniremos los soportes inferior y superior a los perfiles verticales, y los fijaremos a las cintas perforadas que pusimos inicialmente.
4. Pondremos los captadores sobre la estructura y los fijaremos mediante garras, usaremos 4 garras por panel.

Responde a las siguientes cuestiones:

1. b) Siempre debe protegerse contra la corrosión.
2. b) Sí, es necesario realizar antes los taladros.
3. c) Pueden montarse tanto en tejado inclinado como en terraza plana.
4. a) Cuatro garras por panel.
5. d) 45°.

Capítulo 7. Montaje y conexión de elementos de protección, mando, regulación y señalización

Práctica

El control del funcionamiento se realiza con el fin de maximizar la energía aportada y minimizar el consumo de energía de apoyo.

El sistema de control podrá utilizarse para evitar que se alcancen temperaturas superiores a las máximas soportadas por los materiales, componentes y tratamientos de cada circuito.

El sistema de control cumplirá con el Reglamento Electrotécnico de Baja Tensión en todos aquellos puntos que sean de aplicación.

Responde a las siguientes cuestiones:

1. d) Ninguna de las anteriores.

2. c) a) y b) son correctas.

3 c) 10% y 30% de la altura total del acumulador.

4. c) a) y b) son correctas.

5. d) Todas son correctas.

Capítulo 8. Montaje, conexión y puesta en servicio de circuladores, bombas y motores eléctricos

Práctica

- **Motores de corriente alterna**:
  - ▹ Motores síncronos.
  - ▹ Motores asíncronos:
    - ◦ Monofásicos
    - ◦ Trifásicos

Responde a las siguientes cuestiones:

1. b) 20%.
2. d) Sí y además son monofásicos.
3. a) La parte fija del motor.
4. c) Inferior.
5. d) De corriente continua.

Capítulo 9. Reglamento Electrotécnico para Baja Tensión y demás normativa de aplicación

Práctica

a) Verdadero.

b) Falso.

c) Falso.

d) Verdadero.

e) Verdadero.

f) Verdadero.

Responda a las siguientes cuestiones:

1. d) Todas las respuestas anteriores son correctas.
2. b) Hasta 1.500 V en corriente continua.
3. d) Todas las respuestas anteriores son correctas.
4. c) Utilizando bornes de conexión o regletas de conexión.
5. b) Serán de tensión asignada no inferior a 450/750 V.

Made in United States
North Haven, CT
06 November 2026

21878618R00235